江南文化研究

陆家嘴与上海文化——上海陆氏家族文化研究

朱丽霞　周庆贵　薛欣欣　著

上海人民出版社　　上海书店出版社

出版说明

　　江南文化是长三角地区共同的精神家园，是长三角区域高质量一体化发展的文化基础。为推动江南文化研究的深入开展，推出一批江南文化创新研究的最新成果，在上海市委宣传部的直接指导和宣传部理论处、市哲学社会科学规划办公室的大力支持下，上海市社会科学界联合会组织开展了"江南文化研究"系列课题研究工作。经专家评审鉴定，19 项课题成果顺利结项。评审专家对系列课题研究整体质量表示肯定，认为课题成果总体体现了沪上江南文化研究的较高水准，既有对江南文化的总体框架性研究，也有针对江南文化重大问题的具体专题性研究，一定程度上填补了江南文化研究的一些空白领域，在江南文化研究的理论提升方面也有所突破。经遴选，挑选其中 8 项富有一定创造性和创新价值的研究成果以"江南文化研究"丛书的形式公开出版，为推动打响"上海文化"品牌，服务长三角高质量一体化发展贡献力量。

总　序

熊月之

　　江南文化是中华文化家园中的重要组成部分，是江南人民在漫长历史中创造的、有别于其他区域、极具活力的地域文化。

　　江南，泛指长江以南，不同时期内涵有所不同，有大江南、中江南、小江南之分。所谓"大江南"，泛指长江中下游地区，有时也包括长江上游部分地区；所谓"中江南"，主要指长江下游地区，包括江西一带；所谓"小江南"，主要指长江三角洲及周边地区。先秦时期所说江南多指大江南，唐代以后所说江南多指中江南，明清以来（包括今人）所说江南多指小江南。小江南亦有基本范围与核心范围之分，基本范围以太湖流域为中心向东、西两侧延伸，包括今江苏南京、镇江地区，浙江绍兴、宁波等地区，也包括安徽芜湖、徽州等地区，江西的婺源及长江以北的江苏扬州、泰州、南通等地区；核心范围仅指太湖流域，包括南京、镇江、常州、无锡、苏州、杭州、嘉兴、湖州与上海。

　　江南地区山水相连，壤土相接。自秦汉至明清，两千多年间，其行政建置，先为一体，唐代同属江南道，明代大部分属南直隶，清代前期大部分属江南省；后为毗邻省份，乾隆二十五年（1760）以后分属江苏、安徽、浙江三省。彼此人民语言相近，习俗相通，有无相济，流动频繁，认同感强，亲密度高，故文化一体化程度很高。

关于江南文化特质，学界已有很多种各能自洽的概括，今后一定还会有很多种概括。据我有限目击，以下四个方面是为较多学者所述及的。

其一，开放包容，择善守正。

江南地区经济文化的发展，得益于持续的开放与交流。

秦汉时期，江南地区地广人稀，经济文化落后于中原地区，东晋以后才快速发展，很重要一个原因，便是由于中原战乱。西晋永嘉之乱、唐代安史之乱与宋代靖康之乱，使得中原大量人口向江南迁移。北人南迁不是难民零星迁移，而是包括统治阶层、名门望族、士子工匠在内的集群性迁移，是包括生产方式、生活方式、文化知识、价值观念、审美情趣等在内的整体性文化流动，即所谓"衣冠南渡"，这对江南影响极大。这种迁移，从全国宏大范围而言，是中国内部不同区域之间的迁移，但对于江南而言，则是一种全面的文化开放与交流交融。

江南地区的开放，也包括面向世界的开放。古代中国与东亚以外的世界联系，主要通过两个方向，即今人所说的两条丝绸之路。一条是西汉张骞出使西域打通的横贯亚洲、联结亚欧非三洲的陆路丝绸之路；另一条是海上丝绸之路，形成于秦汉时期，发展于三国隋朝时期，繁荣于唐宋以后。前者以长安为起点向西，与东南沿海地区没有太大关联；后者或以泉州、广州为起点，或自杭州、扬州等港口直接出航，所载货物，或为丝绸，或为瓷器等，这就与江南地区有了直接关系。中国历史上，凡是偏向于东南地方的政权，都比较重视海洋。宋朝注意发展市场经济，拓展海上贸易。朝廷带头经营，民间积极参与，江南地区处于对外贸易前沿，江阴、青龙镇、刘河、温州、明州（今宁波）、乍浦、上海，都曾是重要港口。

江南文化长期引领中国对外开放潮流。明末清初，徐光启等知识分子与来华的西方传教士利玛窦等人，共同掀起第一波西学东渐热潮，将《几何原本》等大批西学介绍到中国来，其中代表性人物徐光启、杨廷筠、李之藻、王锡阐等，都是江南人。鸦片战争以后，上海成为第二波西学东渐中心，其代表性人物，李善兰、徐寿、华蘅芳、徐建寅、王韬、马相伯、李问渔等，也都是江南人。五四前后介绍马克思主义热潮中，亦以江南人为多，陈独秀、陈望道、沈玄庐、瞿秋白、张太雷、恽代英等，均为江南人。

江南地区在吸收大量来自外地、外国优秀文化的同时，一直有自己的选择与坚持。诚如近代思想家苏州人冯桂芬所说，"法苟不善，虽古先吾斥之；法苟善，虽蛮貊吾师之"，吸收的过程，就是比较、鉴别与选择的过程，吸收精华，排斥糟粕，唯善是从，坚守优秀。海纳百川与壁立千仞，开放与坚守，是高度统一的，其标准便是唯善是从。明清时期江南学术、文学、艺术的全面兴盛，便是典型。近代以来的海派文化，则是以江南文化为基础，吸收了西方文化的优秀部分发展起来的。

其二，务实创新，精益求精。

无论是经济领域，还是文化领域，江南人都相当务实，勇于创新，秉持实践理性。江南多数地方自然禀赋优越，气候温润，土壤肥沃，物产丰盛，人们容易解决温饱问题，故读书人多，识字率高，所以，江南进士、举人比例特高。但科举仕途太窄，绝大多数读书人在由学而仕的道路上行走不通。于是，他们除了务农，还有很多人当了塾师、幕僚、账房、讼师及各种专业性学者或艺术人才。他们有文化，竞争力强。无论何种领域，从业人员愈多，则分工愈细，分工愈细则创新能力愈强。康熙雍正年间，苏州加工布匹、丝绸的踹坊，就有450多家，苏州工艺种类多达五十余种，且加工精细，水平高超。苏绣、苏玉、苏雕、竹刻、"四王"的绘画，顾炎武、钱大昕、阎若璩的考据，方以智的哲学，桐城派的文学，各种顶尖的学术、艺术，都是沿着精益求精路子，获得成功的。

务实创新，精益求精，使得江南文化成为中华文化精致绚烂的时尚中心与审美高地。诚如明代人评论以苏州为核心的吴地文化时代所言："夫吴者，四方之所观赴也。吴有服而华，四方慕而服之，非是则以为弗文也；吴有器而美，四方慕而御之，非是则以为弗珍也。服之用弥博，而吴益工于服；器之用弥广，而吴益精于器。是天下之俗，皆以吴侈，而天下之财，皆以吴啬也。"[1]

最为典型的例证，是清朝宫廷对苏州艺术的欣赏与垂青。学术界研究成果表明，明清两代紫禁城，从自然景观到人文环境，都浸润着苏州文化元素。紫禁城是苏州工匠领导建造的；皇家建筑使用苏州金砖、玲珑的太湖石、精美的玉雕山景；宫廷殿堂使用苏造家具，墙壁贴着吴门画派的山水画，屋顶挂着苏州花灯，桌上摆着苏州钟表，衣饰、床帐、铺垫为苏州刺绣，吴罗、宋锦等织绣；皇室享用的绣品，几乎全出于苏绣名艺人之手，服饰、戏衣、被面、枕袋帐幔、靠垫、鞋面、香包、扇袋等，无不绣工精细、配色秀雅、寓意吉祥。康熙、乾隆皇帝十二次南巡，前后在苏州驻留114天。乾隆皇帝对于苏州文化，已经到了痴迷的地步。孔飞力说，江南是让清朝皇帝既高度欣赏又满怀妒忌的地方。如果有什么人能让一个满族人感到自己像粗鲁的外乡人，那就是江南文人；如果有什么地方让清朝统治者既羡慕又恼怒，那就是江南文化，"凡在满族人眼里最具汉人特征的东西均以江南文化为中心：这里的文化最奢侈，最学究气，也最讲究艺术品位"。如果满人在中国文化面前失去自我的话，那么，正是江南文化对他们造成了最大的损害。[2]

这一特点到了近代，更为突出。穆藕初以一个普通的海归，能在不太长的时间里成为全国棉纺业大王，陈光甫能在金融业中脱颖而出，商务印书馆能长期执中国出版业之牛耳，难计其数的以精致著称的"上海制造"，都是务实创新、精益求精的结果，都是务实创新、精益求精的典型。当代江南，万吨水压机、人造卫星、神威·太湖之光超级计算机、蛟龙号深海探测船、上海振华龙门吊等大国重器不断涌现，无不体现江南人务实创新、精益求精的品格。

其三，崇文重教，坚强刚毅。

江南普遍重视文化，重视教育。归有光说："吴为人材渊薮，文字之盛，甲

---

[1] 章潢：《三吴风俗》，《图书编》卷三六。

[2]〔美〕孔飞力著：《叫魂：1768年中国妖术大恐慌》，陈兼、刘昶译，上海三联书店1999年版，第94页。

于天下。"[1]江南地区自宋代以来便书院林立，讲学兴盛，明代无锡东林书院、武进龙城书院、宜兴明道书院、常熟虞山书院、嘉兴仁文书院，清代苏州紫阳书院、杭州诂经精舍、南京钟山书院等，不胜枚举。江南所出文人儒士之众，诗词文章之繁，为天下之最，苏州作为"状元之乡"的名声早已举世闻名。科举之外，凡与文相关的方面，文赋诗词、书法绘画、戏曲音乐、雕刻园林，江南均很发达。当代江南所出两院院士，在全国人数最多，比例最高。

江南民性有小桥流水、温文尔雅一面，也有金刚怒目、坚强刚毅一面。宋末元军南下，在江南遭到顽强抵抗，常州以2万义军抵抗20万元军的围攻，坚守半年，被誉为"纸城铁人"。明初宁海人方孝孺，面对朱棣的高压，宁愿被诛十族，也不愿降志辱身，成为刚正不阿的千秋典范。清兵南下，江阴、嘉定、松江、浙东都爆发了气壮山河的抗清斗争，涌现出侯峒曾、黄淳耀、陈子龙、夏完淳、张煌言等一批刚强激越的英雄。绍兴人刘宗周宁愿绝食而死，也不愿入清廷为官。近代章太炎、徐锡麟、秋瑾，均以不畏强权、铁骨铮铮著称于世。江南人在这方面已经形成了延绵不绝的文化传统。越王勾践卧薪尝胆的故事，每到改朝换代之际，就会转化为强大的精神力量。顾炎武的名言"天下兴亡，匹夫有责"，早已成为妇孺皆知、沦肌浃髓的爱国主义营养。

其四，尚德重义，守望相助。

江南文化具有浓厚的宗教性内涵，信奉佛教、道教者（包括信奉妈祖）相当普遍，民众普遍尚道德，讲义气，重然诺。徽商、浙商、苏商均有儒商传统，崇尚义利兼顾。这种传统到了近代上海，就演变为讲诚信，守契约，遵法治，其中相当突出的现象是商业规范与信用系统的建立。诚如著名实业家穆藕初所说：数十年来，"思想变迁，政体改革，向之商业交际，以信用作保证者，今则由信用而逐渐变迁，侧重在契约矣。盖交际广、范围大，非契约不足以保障之"。

贫富相济，守望相助，是江南社会一大特色。近代以前，江南慈善事业就相

---

[1] 归有光：《震川先生集》卷九，周本淳点校，上海古籍出版社2007年版，第191页。

当普遍而发达，设立义田、义庄、义塾以资助贫困子弟读书，设立育婴堂、孤儿院、清节堂等慈善机构，以救助鳏寡孤独等弱势群体，是江南社会重要传统。古代中国最早的义庄，便是宋代范仲淹在苏州所设。近代以后，上海则是全国城市慈善事业最为发达的地方，也是全国慈善救助中心。近代上海有二百多个同乡组织，他们联系着全国各地，每个同乡组织都有慈善功能。从晚清到民国，全国性慈善中心上海协赈公所就设在上海。从事慈善组织活动的中坚人物，经元善、盛宣怀、谢介福等，都是江南人。每遇内地发生水灾、旱灾、传染病与战乱，上海慈善组织总是发挥领头与关键性救助作用。

以上四点，或从整体精神方面，或从经济、文化与社会方面，共同构成了江南文化的普遍性特点。这些特点，植根于江南历史，体现于江南现实，是江南地区的共同精神财富，也是我们今天所倡导和正在进行的长三角一体化文化认同的基础。

长三角地区一体化，有个从自发到自觉的发展过程。历史上，从杭州到扬州运河的开通，太湖流域多项水利工程，近代沪宁铁路、沪杭甬铁路的开通，长三角区域内河航线轮船的运行，多条公路的运行，密切了长三角内部的联系。这可视为长三角地区一体化的自发行为。

长三角地区地形的多样化，导致地区内物产的多样性，有利于区域内经济品种专业化程度的提高。自宋代以后，地区内就形成了产粮区、桑蚕区、植棉区、制盐区的有机分工，这也促进了地区内的人员流动。包括商人、学人、技术人员在内的各种人员，在区域内的频繁流动，诸如徽商到杭州、苏州、常州、扬州等地创业，绍兴师爷到江苏、安徽等地发展，近代宁波、温州、绍兴、无锡、常州、合肥、安庆等地无数商人、学人、艺人到上海谋发展。这可视为长三角地区一体化的自然基础与人文基础。

江南文化是长三角地区共同的文化标记。吴韵苏风、皖韵徽风、越韵浙风和海派文化，虽各具特色，但都是江南文化一部分，或是在江南文化基础上发展起来的。要推动长三角更高质量一体发展，比以往任何时期都更加需要江南文化提供精神资源和精神动力。

江南文化是内涵极其丰富的宝藏。对于江南文化的研究，可以从多领域、多角度、多方法入手。由上海市哲学社会科学规划办公室和上海市社会科学界联合会策划的这套"江南文化研究"丛书，涉及士人生活、江南儒学、典型家族、家风家训、海派文化、医药文化、近代报刊与新型城镇化等诸多方面。它们有的从宏观上整体把控江南文化的特征与变迁，勾勒出文化史的发展线索；有的则从某一领域着眼，深入发掘儒学、医学、新闻学等在江南这片土地上结出的硕果。书中既有能总括全局的精深见解，也不乏具体而微的个案研究。各位作者，都在相关领域里长期耕耘，确有创获，或独辟蹊径，或推陈出新。这套丛书中的作品均经上海社联邀请相关领域学者严格评审、遴选，它的出版必能为江南文化研究提供新的视角与成果。

江南文化研究的先哲顾炎武，曾将原创性学术成果比喻为"采山之铜"。可以相信，这批成果的问世，对于拓展、深入理解江南文化的内涵，对于推动江南文化研究，对于推动长三角地区一体化，都会有重要的价值。

特此遵嘱为序。

2021 年元月 23 日

目录

1   总序 / 熊月之

1   绪　论　上海：陆氏家族与陆家嘴

33   第一章　陆家嘴与黄浦江
34   第一节　浦江水系变迁与陆家嘴的形成
40   第二节　上海建置与陆氏家族的选择

52   第二章　陆氏家族与江南文化
53   第一节　陆深与松江书派
55   　　　一、陆深与台阁书风
59   　　　二、苏、松之争：陆深与文徵明
66   　　　三、陆深的书论
70   第二节　俨山书院与上海文化
70   　　　一、陆深的书院认同
79   　　　二、俨山书院与书籍刊刻
100   第三节　俨山园与江南园林
102   　　　一、三十六峰环江浦——俨山园的兴建
112   　　　二、陆氏与园林文化
116   　　　三、俨山园之殇
119   　　　四、俨山园与明末上海园林

126　　第四节　陆楫的奢靡观与江南时尚

127　　　　一、席卷而来的"尚奢"狂潮

129　　　　二、文人的视角：认同与否定

132　　　　三、颠覆传统：陆楫的新学说

141　　**第三章　陆氏家族与明代文坛**

141　　第一节　陆深的诗文观与诠释系统

143　　　　一、经世文学观与诗学意义

151　　　　二、文翰通乎世变

154　　第二节　陆楫的进化论与夷夏观

155　　　　一、历史上的"华夏正统"论

162　　　　二、陆楫的《华夷辩》

164　　第三节　《古今说海》与嘉靖上海文坛

164　　　　一、陆氏家族与《古今说海》

169　　　　二、黄标与《古今说海》

177　　第四节　陆深与王阳明

178　　　　一、道统与师统的对立：思想学术的辩论

184　　　　二、从《风闻论》看陆深与王阳明的交谊

190　　第五节　陆深与严嵩

191　　　　一、陆深与严嵩的同年之谊

199　　　　二、嘉靖十五年（1536）

203　　　　三、严嵩入阁：逐渐疏离的交谊

210　　**第四章　陆锡熊与《四库全书》**

210　　第一节　陆氏先贤对陆锡熊的影响

211　　　　一、陆深与陆锡熊

216　　　二、陆瀛龄与陆锡熊

221　　第二节　陆锡熊与《四库全书》的编纂

222　　　一、筹备《四库全书》馆

226　　　二、编定条例及纂辑《提要》

232　　　三、陆氏藏书与《四库全书》

237　　第三节　乾隆盛世与陆锡熊的诗文

237　　　一、《篁村集》的传世意识

242　　　二、应制诗与盛世精神

245　　　三、盛世高歌：《宝奎堂集》

249　　第四节　陆锡熊的家国情怀

249　　　一、史地研究与文化担当

254　　　二、家学传承与经济思想

258　　　三、和平策略与军事书写

261　　**参考文献**

清　徐璋《松江邦彦图·陆深》

跋邊伯京千文

書法獎於宋季元興作者有工而以

趙吳與鮮于漁陽為巨擘終元之

世出入此兩家是卷千文為邊隴西

伯京書自叙出於漁陽結構潤密

波瀾煥發殆未易優劣也按史元

陆深《跋边伯京草书千文》（局部）（台北故宫博物院藏）

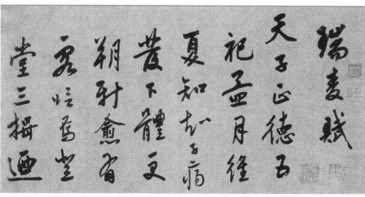

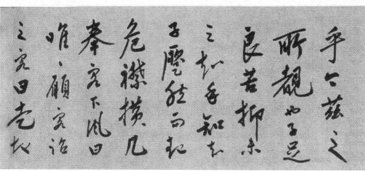

陆深《瑞麦赋卷》（局部）（北京故宫博物院藏）

陆家嘴的变迁：1900 年、1990 年、2000 年、2020 年（按从上到下顺序）

绪　论

上海：陆氏家族与陆家嘴

陆姓，始于战国时期齐宣王封其少子田通于平原陆乡（今山东平原县），田通后代遂以先祖封地为姓。"陆氏，本虞妫田齐之裔，自元侯通封于平原陆乡，始得姓"[1]。祖上为中原人，北宋靖康之难，随宋室南渡，定居华亭，逐渐发展为一方大户。陆深《陆氏先茔碑》："其先汴人，建炎南渡来华亭。居华亭，大有赀积，称巨室。"（《俨山集》卷八十二）可知陆深祖上善于治家理财，从事商贸，积资致富。而真正有记载的华亭陆氏的奠基者是元朝末年陆子顺，华亭名士潘升于顺治九年（1652）撰《陆氏宗谱序》云："自秦汉以来，（陆氏）伟人林立，未更仆数，至明兴，业祥云间者实惟子顺始。"将上海陆氏的起家直接追溯到陆子顺。陆氏后裔陆钺《重编家谱纪略》亦云："至元季子顺，居华亭，称巨室。"[2] 潘升

---

[1]［清］陆钺《重编家谱纪略》："陆氏，本虞妫田齐之裔，自元侯通封于平原陆乡，始得姓。元侯十七传至汉尚书令阂，阂六传至吴九江都尉骏，生二子：长，大丞相华亭侯逊；次，吏部尚书瑁。瑁再传至晋中书侍郎璪。璪五传至齐散骑常侍文盛。文盛十传至唐礼部尚书偁子兵部尚书同平章事谥宣公贽。又九传至宋大学士开国公佃。佃七传而至元季子顺。"《陆氏宗谱》不分卷，陆钺纂修，清乾隆二十年（1755）抄本。

[2]［清］陆钺：《重编家谱纪略》，《陆氏宗谱》不分卷，清乾隆二十年（1755）抄本。

1

云陆子顺于明朝初年"业祥云间",据此可知,华亭陆氏崛起于元末明初。

这是个贯穿明清两代、门祚极长的家族,也是明清时期声望极高的豪门望族。清初上海文人叶梦珠《阅世编》记载了明清之际上海许多豪门的盛衰,其中多有关于陆氏家族的记载:

> 东门陆氏,自文裕公俨山先生深于弘治辛酉应天发解,乙丑,登进士,官至大宫詹,晋阶少宗伯。其后代有闻人,如小山楫、舜陟岑,虽不登科甲,俱以才名显。至万历中,从孙襟玄与侄起龙,先后登乙榜,为邑令。起龙字云从,弟起凤字云翔,以明经荐。云翔仲子鸣珂,成顺治乙未进士,司教广陵,旋以奏销诖误,家居几二十载。至康熙十五年丙辰,援例纳复,补常州教授。十七年,升国子监博士。自文裕迄今百七十余年,衣冠奕叶,子孙蕃衍,旧第宽广,至不能容,因而别营第宅者甚众,若其聚族所居,从未有他姓窜入,亦吾乡所仅见者。[1]

叶梦珠所了解的上海陆氏家族概况——一个族大众繁的衣冠锦绣之家。陆铖《重编陆氏家谱》保存了潘升为陆氏家谱所撰的原《序》,又有吴门董宏度于顺治九年(1652)所作《陆氏族谱序》以及内阁大学士宋德宜于康熙十八年(1679)所撰《陆氏族谱叙》等,这些为陆氏族谱作序的名士在明末清初的江南皆声高名著,也可知陆氏家族在江南地区的巨大影响。基于陆氏家族门祚悠长,支脉众多,本书只讨论陆深和陆深的同父异母兄陆沂两支。

自定居华亭后,陆氏家族逐渐发展为江南巨室。到元代末年,由于战乱,陆余庆迁出华亭,定居魏塘马桥,至陆余庆的儿子陆德衡因家难逃离马桥,外出流浪。《俨山集》卷八十二《陆氏先茔碑》:

> 余庆自华亭出,居于魏塘之马桥北庄,盖陆氏之别业也。门有巨

---

[1] [清]叶梦珠:《阅世编》卷五"门祚二",上海古籍出版社,1981年版,第126页。

槐，株可十六七，载列孔道。时元乱未艾，盗白昼行劫。一日，群盗从东方掠一人来，被掠者急抱槐不可解，大呼求援。余庆严户，外视贼势张甚，即从中大言应之。贼巨测，散去。去，抽刃划抱槐者两吻抵耳，即不能出声，死。死者有子，踪迹得贼所，溯冤直走金陵。时太祖高皇帝初混一天下，凡民间幽隐皆得径达。由是从中遣人急逮贼，并逮余庆。余庆逮时，竹居府君才数岁耳。上多女兄，行第七，最末，从以两婿。两婿者，陈某某也。两婿皆衣食余庆家如儿。贼既戮，坐余庆不救护杀人，律谪戍。国初法，凡当戍……乃乘间牵守者并入于江。江流悍急，殁其尸，竟不谪戍云。盖戍者既遣，有地，死，即其子袭戍。若死于未遣前，未地，即其子不袭戍，令然也。遂招魂，葬马桥。今马桥有冢，盖衣冠之藏云。竹居既丧父，家产尽为诸婿所据，又不自安，乃流落去外。且三十又二矣，来上海。上海有章某者，长乡赋，雄于一方。一见竹居，即奇遇之。归语其室曰："……以吾女妻之，决矣。"逾年，产一子，是为我筼松府君也，讳璿。又产一女，后嫁为樊某妻。

竹居府君既受室，既有子女，即别产于章氏，有田一廛，有屋一楹，在黄浦之东。由是始定籍于上海，而魏塘之产弃不理矣，独岁时持纸钱上冢，一往来耳……始来居浦东时，乡里共来持短长，不兼容。竹居以好语慰遣之。即来需索，不如意立致恶语。或隐几而卧，他日待之复如故，盖长者云。妾黄氏生三子：曰玑、曰珮、曰瑾。玑有二子；珮，庳生，早卒，无后；瑾有一子。惟筼松府君有五男子，五男子复各有子，于是始彬彬矣。

可知，陆子顺子陆余庆即陆深高祖，自华亭迁出后，居于魏塘之马桥北庄。陆氏祖先在马桥有建庄园别业，临官道，车马往来，交通便利。元末大乱，一人为盗贼所追，至陆氏门前树下，陆余庆见贼多势众，力不能敌，未敢开门营救，其人遂为贼所杀。事后，陆余庆因犯见死不救之罪而被罚戍边。赴边途中为不连累幼子寻机沉江自杀。家产被诸婿瓜分。五龄孤儿陆德衡遂孤身流浪。

陆德衡，陆深曾祖，号竹居，上有六姊，当父陆余庆自杀时，陆德衡方数岁，家产被众姊夫所占。陆德衡漂泊流落至上海。直至32岁时，上海富户巨室章姓，资产雄于一方，视陆德衡有德行，体格健壮，遂召为上门女婿（《陆氏先茔碑》，《俨山集》卷八十二）。元代，沿海地区有男子入赘习俗，清初上海张云章高祖张台，字子方，"少赘于江湾镇之沈氏"[1]。台州人陶宗仪入赘上海巨商费氏，婚后遂加入海上贸易的船队中。自五代以来，东南沿海一带，盐业发达，上海地区的盐场集中在浦东鹤沙。

鹤沙，又名下沙，唐代，下沙范围极广，泛指今日浦东，元人陈椿《熬波图》序云："浙之西，华亭东百里，实为下砂。滨大海，枕黄浦，距大塘，襟带吴松、扬子二江，直走东南。"宋元以后，下沙（鹤沙）便确定为某一地名。《南汇县志》记载："下沙镇，又名鹤沙镇，是本县古集镇之一。"盛产丹顶鹤的鹤窠村相传即为东吴名将华亭侯陆逊养鹤之地，陆逊在此修建别墅，故下沙亦称鹤沙。《俨山续集》卷十《鹤沙家庆图记》："云间山水自西来结沧海东汇，其最胜地曰鹤沙，晋华亭侯别业也。"华亭鹤唳，世人为纪念西晋张翰，特为他在下沙修墓祭祀。宋南渡时一批王公大臣选择定居下沙，即基于位置偏僻，历史上属远离战争之地。靖康之难，宋名相王旦五世孙王逊扈跸南渡，至松郡，爱鹤沙，遂定居下来；高邮秦氏南渡，秦知章居川沙九团，秦知柔居闸港；安徽宣城吴潜随父寓居下场，嘉定间中进士，成为名相。陆九渊的元孙陆文样由山东南来，隐上海之富丰庄著书立说；宋祁国公九世孙杜元芳迁居鹤沙。元代，著名书画家赵孟頫和文学家杨瑀等一批文士相聚鹤沙，诗酒雅集。仙鹤高雅，喻人文情怀，"鹤鸣于九皋，声闻于天"（《诗经·鹤鸣》）。以至于春秋时期，卫懿公因痴迷于鹤而招至亡国。仙鹤孤高傲世，象征君子之德，赏鹤养鹤，修养心性。鹤可以成为达官显贵之间增进友谊的媒介。陆深任职京师，其上海友人特将两只云间仙鹤千里迢

[1]［清］张云章：《郡别驾韩城张公署嘉定县德政碑》，《朴村文集》卷二十三，《四库禁毁书丛刊》集部168册，北京出版社，1997年版，第75页。

迢送至陆深京师别墅绿雨楼。官员文士钟情于鹤沙，地僻清幽，这固然是鹤沙独特的地理优势，但更重要的是鹤沙的经济机遇。

下沙有上海著名的三大盐场。早在隋、唐时期，下沙已有煮海熬波制盐的行业。唐末，钱镠建吴越国，为增强国家经济实力，开始官方设置煮海制盐之业。宋代，浦东鹤沙盐场，是东南沿海著名的三大盐场之一。宋元时期，设下沙盐场盐监司，而两浙盐场松江盐监司的办公地点也设置于下沙，统辖下沙、青村、袁埠、浦东（吴淞江支流上海浦以东，非今日浦东）、横浦（原南跄）五大盐场，分布于金山、柘林及吴淞江沿岸，下沙又分下沙、新场、川沙三大盐场。盐场下设团，团下设灶等盐业机构。以至于浦东地区许多村庄以团、灶命名，可知，明清时期浦东地区的发展与盐业密切相关。周浦是鹤沙的一个盐库，后形成繁华的市镇。下沙镇官商云集，是当时松江东部的政治、经济、文化中心。元明时期，浦东地区出现了许多因盐业而起的巨商豪族。元代昭武大将军、海道漕运都万户黄溍《费氏先墓石表》说："祖讳寀，出赘嘉兴刘氏，宋季以策干两淮制阃得官，累阶武节郎，任浙西兵马钤辖，权提举上海市舶司事，因侨居其地。上海后为县，故今以占籍为松江之上海人，仕皇朝。"[1] 上海费氏祖上也入赘嘉兴刘氏。后以武官起家，任上海市舶司提举，利用职权之便，费氏家族开始出海贸易，迅即发财致富。暴富后的费氏，注重子弟教育与自身文化的提升，努力营建家族氛围，提升家族文化品位和文化形象。费寀晚年谢事后，"往来苏杭山水佳处，自号耐轩老人"[2]，游览苏杭，结交颇有文化声望的文人。文化名人也希望交往财力雄厚的富豪，彼此接纳，相得益彰。与费家结亲的都是江浙一带有名望的文化世家，如湖州德清赵孟頫、台州陶宗仪。[3] 海外贸易的巨大利润，连颇有艺术气质

---

[1] [元] 黄溍：《金华黄先生文集》卷三十，《续修四库全书》集部 1323 册，上海古籍出版社，2002 年版，第 398 页。

[2] [元] 牟巘：《费寀墓志》，《全元文》第 7 册，江苏古籍出版社，1998 年版，第 740 页。

[3] [元] 郑元祐：《侨吴集》卷一二《白雪漫士陶君墓碣》，《四库提要著录丛书》集部 257 册，北京出版社 2011 年版，第 277 页；[元] 陶宗仪：《南村辍耕录》卷七《斛铭》，文化艺术出版社，1998 年版，第 92—93 页。

的皇室后裔赵孟𫖯也因为婚姻关系而关注商业，开始投资商业，他多次将自家资产兑为现钞，请费拱辰代为附舶经营。[1]而受赵孟𫖯等文化人的影响，费氏家族体现出对艺术的浓厚兴趣。富商费雄即对名画有极高的鉴赏能力，也与文化名人昆山郭翼、会稽王艮、天台柯九思、京兆杜本等时常共赏书画，时相往来。[2]元代王逢《浦东女》："浦东巨室多豪奢，浦东编户长咨嗟。丁男殉俗各出赘，红女不暇亲桑麻。"[3]"丁男殉俗"所指即元代浦东盐区男子倒插门做上门之婿的风俗。《俨山集》卷八十一《敕封文林郎翰林院编修先考竹坡府君行实》："陆氏出自华亭，洪武初，竹居府君再自马桥婿于浦东之章氏，因家焉。"陆德衡入赘盐商章氏即时代风会使然，亦无损于陆氏门庭。

在岳父的资助下，陆德衡举家迁到今浦东洋泾（今陆家嘴金融中心区一带）。洋泾原为地势低洼的近海滩地，成陆于唐代。古时洋泾浜被黄浦江隔开，分为西洋泾浜、东洋泾浜、北洋泾浜。元代，洋泾建制，归上海县。交通便利，经贸发达，成为著名的江南市镇。陆德衡婚后数年，生一子一女，子曰陆璿，女长大后嫁樊某为妻。之后即别产于章氏。在今浦东洋泾修屋造房，开垦荒田，在此创建浦东陆氏最早的家业，尽管屡遭浦东土著居民排挤欺凌，"乡里共来持短长，不兼容"，而陆德衡凭其真诚与善行感化乡里，忍而不争，最终在浦东洋泾稳定下来。陆德衡妻章氏，生子陆璿，号筠松；姜黄氏生三子：陆玑、陆珮、陆瑾。玑有二子；珮，庶生，早卒无后；瑾有一子。陆璿生五子，五子复各有子。于是，子孙繁衍，逐渐成为一方富室，至陆深已百余年。

陆璿（？—1496），号筠松，陆德衡长子，陆深祖父，从事商贸，积累家业。陆璿外公章氏是浦东富商，由此可推知，陆璿所从事的贸易亦当与章氏商业相

［1］［元］赵孟𫖯：《与万户相公亲家书》，《全元文》第19册，江苏古籍出版社，2001年版，第37页。

［2］朱存理辑录，韩进、朱春峰校证：《铁网珊瑚画品第一卷·文湖州竹》，《铁网珊瑚校证》（下册），广陵书社，2012年版，第671页。

［3］［元］王逢：《梧溪集》卷四下，［清］鲍廷博辑，［清］鲍志祖续辑：《知不足斋丛书》第29集，上海古书流通处，1921年影印本。

关。商贸积累了丰厚的财力，为浦东陆氏的发展奠定了坚实基础。《俨山集》卷八十二《筠松府君碑》：

> 自华亭来迁者曰竹居府君，讳德衡，配章孺人，实生我府君。府君生数岁而章孺人殁……府君慷慨任真，以信义自持，能赴人之急难，卒然捐数十百金不吝也。乡里皆尊礼之，既而县令尊礼之，府太守又尊礼之，然卒不以干守令。是时邑中贤豪有金彦英、陆大用、陆有常者，凡数辈。独府君后起，尤见重云……其于弟子若诸孙，必教之修仕学……每见古法书名画，三代鼎彝器，必重购之……是时号博古者，必归府君就正焉……府君年八十有三卒。其配尤孺人，世家嘉定。父讳德衡，又里中贤豪，有五男子，曰：太、平、定、震、寅；女三，嫁罗俊、许容、顾澄。诸孙十八人：涵、澜、沔、淮、浙、沦、沂、深、溶、汉、渭、河、溥、瀚、博、洲、汀、汶。以某年月日，葬洋泾之北原。

可知，陆瑢坚守信义，急人之难，这是商人致富必备的精神品质。商业史的发展证明，凡是门祚绵长的家族，其最重要的家族精神即是诚信至上，富有慈悲情怀。陆瑢的乡邦关怀，乐善好施奠定了陆氏家族的地方声望。在陆瑢步入商业之始，上海已有豪族金彦英、陆大用、陆有常等数辈，但陆瑢能够后来居上，超越前人，即在于他坚守商业道德。陆瑢经商致富后，曾输粟赈饥，以个人的力量解救国家危难，为此，朝廷特赐予承事郎爵位，明代属于正七品官阶，虽然是虚职，但因皇帝所赐，代表的是荣誉和身份，这极大地提升了陆氏家族的社会地位，陆氏家族开始在上海地区产生影响，政治上逐渐浮出水面。同时，陆瑢也努力提升家族的文化品位，他极重视后辈的教育，"崇古尚学"，聘请资深博学的老儒教授子孙，为家族后辈提供最优质的教育。此外，陆瑢也是中国传统文化的传承者，他商贸余暇重金购买唐宋名画、古玩彝鼎。古器是古代文化存在的实物见证，收藏古器，可以触摸过去厚重的历史，可以穿越到历史的情景之中。唐代张氏家族，从高祖起即从事收藏，历经五代，至张彦远，遂基于丰富的家藏，编著了中国历史上第一部画史专著《历代名画记》，收录370余名画家传记，是对唐代以前画史的全面整理与总结，在艺术史上产生了极大影响。宋代李清照夫妇收集金石碑刻，才会为后世留下著名的《金石录》。陆璿对于古器的专注说明他努力将未来的家族打造成在某一文化领域能为后世提供帮助的文化家族。作为上海早期的收藏家，陆璿不仅对陆深的收藏产生影响，也引领了上海地区收藏行业的发展。基于祖父陆璿丰富的收藏，陆深撰《古奇器录》一书，对家藏古器分别记述。陆深对古董彝器的爱好，显然来自于祖父的熏陶。他希望通过对家藏古器的一一记载，将祖父的文化家业传承下去。

自郑和下西洋以来，海上丝绸之路已经打通，海上贸易蓬勃兴起，明朝的经济已经卷入全球化的时代，海上贸易直接带来的结果是明代中期商品经济的空前繁荣。经济繁荣的明显标志之一是私人园林在江南的普遍崛起。上海位于海上丝绸之路的龙头，与金陵、苏州、杭州同时，私人园林蓬勃发展，豪门显贵大力投资于园林。在新文化的冲击下，陆璿也开始营建园林，购石筑山，修建画廊亭阁。这个未竟的园林后来由陆深继承，继续扩建，这就是扬名江南的俨山园。陆璿娶尤氏，封孺人，出嘉定大族。生五男三女。陆深父陆平是陆璿仲子。陆璿季女陆素兰（陆平妹妹、陆深姑妈）嫁同郡望族顾澄，生子顾定芳，成为嘉靖朝著名御医。陆深《俨山集》卷六十三《顾母陆孺人墓志铭》载，陆氏至陆璿时期，家族已经"一爨指逾百数"。说明，陆家已是家仆成群的地方大户。

在陆璿的18个孙子中，陆深的聪慧很快在众兄弟中突显出来，得到祖父陆璿的重视。陆璿将陆氏家族未来的希望寄托于陆深。唐锦《詹事府詹事兼翰林院学士俨山陆公行状》："丙辰春三月，筠松翁疾革，呼诸孙嘱后事，乃就榻探数十金授公曰：'汝必显吾门阀，以此资汝灯烛之费。'"（《龙江集》卷十二）陆璿临终，留给陆深一笔"灯烛之费"，希望陆深努力进取，科举夺第，光宗耀祖。这给予陆深以极大鼓励，从此，陆深以"不坠家声"自我砥砺。多年后，当陆深擢经筵讲官，得封祖上三代时，陆璿重孙陆楫为曾祖陆璿撰行实。

陆平（1438—1521），字以和，号竹坡，陆深父，自称"远安老人"。《俨山集》卷八十一《敕封文林郎翰林院编修先考竹坡府君行实》：

> 先生治经学大通，已乃弃去。事远游，出入两都，北走三边诸关，南泛于湘沅之间。多从名公卿游。名公卿无不爱之重之。遇义事辄推百金，成之不难也。赒贫乏、恤死亡，于乡人尤多。复尝输粟赈边，大司徒偿以品官章服。长于理财，积至千金。辄复散施无余。既以此佐筠松府君起其家……竹坡府君既筑室黄浦之东，辄事游览，奉筠松府君、尤孺人以老。弘治丙辰，葬我筠松府君。至于癸亥，合葬我尤孺人，送终之备，无不丰厚。人称其孝；府君上奉伯兄，下抚诸弟，至于垂白，无一间言，人称其友。平居勤慎诚恪，思致极精，凡器物房舍，一经其指授，罔不造妙。鸡初鸣即起，率家人事生产，臧获以数百指，皆循循然在田亩间。有以土地求售者，必与之高直，其远者收息。数年复召其主而还之……所居去县治二三里许，以浦水为限，未尝轻入公府……祖居百有余年，皆自府君渐次充拓。凿池种柳，郁然成林泉之胜。因田高下，以修水利，皆为膏腴。扶杖行阡陌间，课耕观植，若有至乐存焉，岁以为常。时或持酒一盃，蔬果饼饵各一筐，以饷勤者……晚年尤精明，时时灯下读细书，或作蝇头字满纸。蚤善笔札，真行草书，皆有晋唐人风致。其于我朝典章条格，习熟通练……（深）壬戌下第，忽从上东门入，牵衣劳之曰："吾固知有是也。故复来，来与俱归耳。"乙丑成进士，乃真不来，而以吾母来。复以一弟最幼者侍……明年庚午，权奸诛殛，得复被诏起……深是以有丙子之行。既来供职，获与礼闱校文，手书问所得士。自后遗书但勉以国事。

陆平弃儒经商，北走三边诸关，出入两都，远走湖广巴蜀，交游名公巨卿，积至千金，输粟赈边，长官赏以品官章服。虽然陆深并未明言陆平所从事的职业，但

9

从陆平精通朝廷官制的一面看，当与商业贸易有关，否则北赴边关，南泛湘沅，如何能够迅速积至千金？陆深高祖陆子顺即从事商贸，不无家族渊源。陆平"长于理财"，不但擅长经商，也长于经营土地，"有以土地求售者，必与高直。其远者收息"。相应农副产品的经营，包括粮棉等也转化为家族经济的来源。更重要的是，陆平不仅擅长治家，而且仗义好施，勤苦、孝敬、友爱，这是陆氏家族代代传承的家族精神。

陆平娶妻三人及妾一人：初娶瞿氏，赠左军都督府经历瞿晟之女、中宪大夫云南临安府知府瞿霆（字启东，号南山）之妹，《俨山集》卷六十二《中宪大夫云南临安府知府致仕瞿公墓志铭》即为瞿霆而撰。瞿氏早卒，生一子陆沔（1461—1519，字宗海，娶薛氏）。瞿氏卒后，陆平继娶吴氏，即陆深生母，嘉定豪族之女。吴氏23岁归陆平为继室，28岁生陆深，妇道母道，为宗党之冠，对陆深的成长极有影响。母爱的滋润，使得陆深成为一个富有家国情怀和家族责任感的官员；陆平三娶梅氏，妾高氏，生子二：陆溥（娶曹氏）、陆博（娶曹氏）。陆深后来也娶梅家女为妻，梅夫人捐金修城的义举使得她在上海地方史志中占有重要席位，赢得后世敬仰。陆氏与梅氏数代婚姻，梅夫人也亲自做媒将其娘家侄女嫁入陆家。陆深同父异母兄弟陆溥、陆博未能取得功名，长期追随陆深的宦迹，协助陆深处理家务，传递信息，成为陆深的私人助理，生活上陆深则给予这对异母兄弟以极大关照。

吴氏卒后，陆深亲自为慈母撰传记，《俨山集》卷八十一《先孺人吴母行实》：

> 母吴氏讳（按，原阙），嘉定之清浦旧族。父讳士实，以信义服其一乡人，闺闱斩然……尝冬夜风寒，率群婢纺木绵。居旁有积薪，燎于火。孺人乃指挥群婢，从下风堕其薪于塘中，风炽而火灭。事定，一族长老皆惊。年二十有二，归于竹坡府君为继室。前孺人瞿有子曰沔，九年矣……孺人累举不育，姒娌之子咸趋以为母，孺人抚之咸当。或脱簪

珥，资之游学，或聚而教之家塾，馆谷惟厚。筠松府君尝升堂拊掌曰：
"乡居有读书声，与机杼之声相间作，不已乐乎？此吴妇之勤也。"沔子
当授室，悉推奁具与之。竹坡府君时事远游，或间岁归。家务整整，一
不以累。年近三十，始举深……深不得孺人一语，必不敢去左右也。夜
或张灯映月，坐南轩，手织作，必坐之膝旁，使读书，或背覆之，不
得遗一字。殆长娶妇，为邑诸生，犹未问所业。闻售书者必售之……曰
溥、曰博。盖孺人所为置高氏出也。辛酉之岁，深举乡试，从竹坡府君
归。拜孺人于堂，相向而泣曰："恨筠松府君之不及见也。"明年会试下
第归，当携家入南雍，乃辞于竹坡府君，随之以往。在南雍见举一孙，
命之曰"继恩"。喜甚，致书速竹坡府君来视，欢如也……继恩夭。甲
子之春，奉以东归。乙丑，深成进士，是秋遂迎来京，濒行，挈博子与
俱，曰："兹行不亦有所规劝矣乎?"迎来京师，甚安适。至于纺绩之
业，尤勤于家间……庚辰秋九月，忽遘末疾，终于旅舍，享年六十云。
深扶柩南还，阖族之人无不哭失声。道路奔迎者，累累数十里外。

据此可知，陆深生母吴氏虽然只育陆深一子，却家教极严，与族人和睦相处。在
陆深的读书成长中，一直纺绩伴读，斥资为陆深购买书籍。为夫家香火，主动为
陆平娶妾高氏，对陆平的众子一视同仁。当陆深居京师高官后，对陆家嘴的关怀
即受其母的影响。

陆平擅行草，刚劲有力，颇具晋唐风致，陆深继承其父书法造诣，青出于
蓝，成为明清时期上海著名书法家。陆平热情真诚，人生乐观，晚年身体健康如
壮年，八十高龄之年尚能登山览水，陆深颇为慨叹，认为是世所罕见的"奇事"
（陆深《与顾东川表弟二首》）。卒后，陆深亲为撰像赞。嘉靖十七年（1538），皇
上特恩，凡是两京文职并在外五品以上、四品官在任未及三年考满者，皆可恩荫
追赠相应官职。陆平因子陆深贵得封翰林院编修，赠詹事兼学士。《俨山集》卷
二十八《乞恩追赠前母事》：

追赠臣祖父（陆）璿、臣父平皆如臣官，臣祖母尤氏、臣母吴氏皆为淑人，臣不胜感激……臣有前母瞿氏，是臣父结发夫妻，不幸早世……如蒙圣慈，俯垂矜鉴，特赐允俞，敕下该部，查照前例，将臣前母瞿氏一体追赠。

又，《俨山集》卷二十八《乞恩比例改给诰命追赠前母事》：

荫一子入监读书，钦此。钦遵续该吏部题准，追赠臣祖父璿、加赠臣父平，俱太常寺卿兼翰林院侍读学士，臣祖母尤氏、臣母吴氏、臣妻梅氏，皆为淑人，臣子楫行取入监……臣有前母瞿氏系臣父结发夫妇，未及沾荣有恩，可乞仰惟皇上仁圣，必能曲成，故敢冒昧请之。

因陆深显达，陆氏家族得封赠三代，由此，陆家嘴陆氏成为当时上海地区地位最显赫的贵族。皇恩浩荡，声名远播。陆家嘴陆氏至此达到巅峰，陆深《古诗对联序》："余家自先曾祖竹居府君卜居于黄浦东涯，已百余年，而子孙蕃衍，内外族人已及千指。"可知，陆氏家族到陆深，族人已达"千指"百余口，陆氏无论声望、地位、财富，都是上海地区引人瞩目的豪门望族。

陆深（1477—1544），字子渊，号俨山，成化十三年（1477）生于上海浦东洋泾里。弘治十四年（1501）金陵乡试，得解元，是年25岁。弘治十八年（1505）中进士（传胪）。正德二年（1507），授编修。受刘瑾迫害，遣南京礼部主事。正德五年（1510），瑾诛，复职，充册封淮府副使。正德十二年（1517），41岁，充会试同考官，得舒芬、夏言等。以外艰去。正德十三年（1518），42岁，荐起为祭酒，擢国子监司业。左迁延平府同知，擢山西提学副使。主持山西乡试时，罢黜晋府优人之子入学资格，谓"宁可学校缺一人，不可以一人污学校"。补浙江，晋江西布政司右参政，改四川布政使，主调兵食有功，赐金币。

可知，陆深不仅是个造诣极深的理学家，也是个颇知兵法的军事家。嘉靖十四年（1535），召为光禄卿转太常卿兼侍读学士，与修玉牒。世宗南巡，掌行在翰林院印，晋詹事府詹事。官至翰林院大学士。陆深为人严肃，不苟言笑，做事极为严谨。嘉靖十八年（1539），陆深63岁，擢詹事府詹事兼翰林院学士。据嘉庆《松江府志》卷三载，嘉靖十八年（1539），立皇子载壡为皇太子，选置东宫僚属。夏言、顾鼎臣举荐陆深、王教、华察、罗洪先、唐顺之、黄佐等37位天下名儒入宫辅导东宫太子，陆深顺利地成为太子的经筵讲官。同年，应天巡按欧阳铎檄知县梅凌云在上海县城长生桥北为陆璿、陆平、陆深祖孙三人立"三世学士"牌坊[1]，作为学子励志的典范。陆氏家族在上海的文化声望登峰造极。嘉靖二十年（1541），致仕。两年后，嘉靖二十三年（1544），辞世。赠礼部右侍郎，赐谥"文裕"。唐锦为撰《詹事府詹事兼翰林院学士陆文裕公行状》（《龙江集》卷十二）。

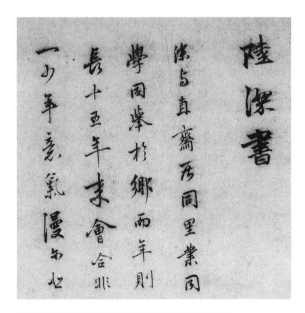

陆深《行书赠直斋诗卷》（局部）（天津博物馆藏）

---

[1] 嘉庆《松江府志》卷三："解元。在学宫左，为陆深立。"

13

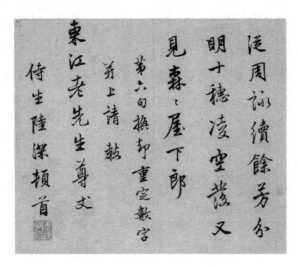

陆深《芣苢诗册》(局部)(北京故宫博物院藏)

陆深一生出入馆阁几四十年,"踪迹甲科,擢居禁侍,位跻九列。历事三朝,学冠词林。望隆海宇,衿缨九族。逾四十年封诰五花,追隆三叶"[1]。陆楫将其父陆深的一生功绩作为家族的荣耀记录下来,使得家族后辈不仅不能忘怀,而且以此砥砺前行,不坠家声。尤侗《明史拟稿》谓陆深"翰苑文学之臣,雍容安坐可致台阁,而陆深抗论执政,独以风采自见。及为外台,复能排御史而去之,岂非铁中铮铮出乎?其性者哉!虽未枋用,独受主知,其文学亦传于世"[2]。对陆深政治与文学成就做了中肯评价,尤其对陆深的人格作了充分肯定。尤侗认为,陆深的人生其政治上的成就远在其文学之上,尽管尤侗认同的是陆深的人格,但陆深的文学艺术成就也足以令人仰望。陆深练达朝章,兼通古今,历事三朝,学冠词林。秦荣光《上海县竹枝词》谓:"今古兼通陆俨山,农书徐相著朝班。"[3]将陆深的博学与徐光启浩大的学术工程《农政全书》等量齐观,将陆深和徐光启视为

[1] [明]陆楫:《家庙奠新主祭文》,《兼葭堂稿》卷三,《明别集丛刊》第3辑第1册,黄山书社,2015年版,第469页。

[2] [清]尤侗:《明史拟稿》卷二,清康熙三十一年(1692)刻本。

[3] [清]秦荣光:《上海县竹枝词》,顾炳权编:《上海历代竹枝词》,上海书店出版社,2018年版,第342页。

上海文化的双璧。

陆深不仅书法扬名天下，其文章著述也著称于世，秦荣光《上海县竹枝词》又称："俨山书法致翩翩，博洽才高笔涌泉。"[1]"笔如泉涌"恰当地说明陆深极为丰富的创作，涉猎天文、地理、政治、经济、社会风俗、博物考古、历史和文学等多个领域。其中，诗文集《俨山集》《续集》《别集》共一百八十卷；《俨山外集》是随笔札记合编，包括：《传疑录》《河汾燕闲录》《春风堂随笔》《圣驾南巡日录》《知命录》《大驾北还录》《封淮日记》《平胡录》《南迁日记》《金台纪闻》《愿丰堂漫书》《溪山余话》《玉堂漫笔》《停骖录》《续停骖录》《豫章漫抄》《科场条贯》《蜀都杂抄》《中和堂随笔》《史通会要》《春雨堂杂抄》《同异录》《蜀都杂抄》《古奇器录》《书辑》等，另有《俨山续集》十卷。此外尚有《北平录》《平汉录》《平吴录》《平蜀记》《道南三书》《南迁稿》等著述以及陆深的从曾孙陆起龙所汇编的陆深散佚作品《陆文裕公行远集》《陆文裕公行远外集》。陆深后裔陆铙辑《文裕遗稿》十卷，补刻《俨山文集》百余篇。明人何良俊《俨山外集序》中盛赞陆深："其于历代典章、群籍、隐义、阴阳历律之变、天文、地理、人事之纪，莫不毕备。"[2]陆深是上海地区第一位卓有成就的学问家，对上海地区乃至江南文化都极有影响。清代画家徐璋绘《松江邦彦图》选取明代松江府（华亭、上海、青浦三县）100余位杰出人物，为其画像，其中有进士、忠臣、循吏、烈士，文人学士，也有高蹈隐士，实际上是明代松江府的群英图像。百名群贤中只有陆深图像上特别绘出证明其显贵身份的腰牌——可辨识出"詹事"二字。腰牌"詹事"，作为官职的象征，体现了陆深显要的身份，这说明绘图者对陆深这位文化乡贤的高度敬仰。乾隆四十八年（1783），陆锡熊回乡丁母忧期间，应徐镐之请，为这套《松江邦彦图》册题跋。

---

[1]［清］秦荣光：《上海县竹枝词》，顾炳权编：《上海历代竹枝词》，上海书店出版社，2018年版，第328页。

[2]［明］何良俊：《何翰林集》卷八，《明别集丛刊》第2辑第71册，黄山书社，2015年版，第415页。

1935 年 11 月 18 日上海《号外画报》刊登的陆深手迹及画像。

画像下的小字为："上海陆家浜之明侍郎陆深㊤著有《俨山集》，其徐阶序文云：'深以经济自许，在翰林，在国子监数上书言事，督学于晋，参藩于楚，宣政于蜀，则皆有功德于士民，而惜其独以文章见寀。'其书法仿李邕，见㊦图（云间双壶书屋藏）。其详传见本日时报。"

陆深娶梅氏。徐阶《世经堂集》卷十七《梅淑人墓志铭》：

詹事府詹事兼翰林院学士赠礼部侍郎谥文裕上海陆公厥配梅淑人既卒之六年，其嗣孙官生郊走京师……以少司成朱君状请予铭。予昔在翰林，公方以文章有盛名，于后辈少所许可，而独深器予。先夫人之墓铭，公笔也。然则铭淑人，予岂得辞？按状，梅，故上海巨族，有号太初处士者，以隐德称于乡，实生淑人。淑人于归时，公犹未第……及为祭酒，谪延平，淑人朝夕慰解公甚至。公以詹事致仕归，日具酒肴，延诸门下士与公游。公故达，不以仕宦得失为意……公卒，淑人哭泣不欲生。会子楫卒，无嗣，遗曰："我死，谁与陆氏计门祚者？"遂辍哭。疏

16

于朝，立郏为楫后。补公荫，读书成均。又命郏割田五百亩助乡人役，出金二千两城其邑，而自以金三百筑邑之小东门，其胸襟智虑殆出丈夫右……淑人生成化丙申，卒时年七十八，子一，即楫；女一，嫁思州推官瞿学召，亦先卒。

梅夫人出生嘉定豪门，信义之家，孕育了其严谨的大家风范。治家有方，深明大义，捐田 500 亩为乡邻免除劳役，捐银 2000 两助修上海县城墙，捐银 300 两修筑城门，其格局之高远非常人所比，在古代女性史上亦实属罕见。后人为纪念梅夫人的功绩，称上海县城门之"小东门"（即宝带门）为"夫人门"。陆深卒后，梅夫人携子孙迁居上海县城，即在其所修筑的小东门内，其后，小东门发展为上海最繁华的商业区。

万云桥石刻

陆深有子女 13 人，多夭折，《俨山集》卷一《宣悼赋》自注："陆子羁旅两都，三年之间四哭子女，天永地厚，控诉焉如，作《宣悼赋》。"

余客南都，癸亥，以七月哭吾女四岁者；明年三月，哭吾儿两岁者；今丙寅，客北都，亦以七月哭吾儿八日者。十月未尽一日，吾女京姐又死，且三岁矣，余又哭之。三年之间，四哭子女于客舍。（《俨山集》卷七十六《京女志铭》）

"癸亥"弘治十六年（1503），陆深27岁；"丙寅"为正德元年（1506），30岁，正值壮年，三年之间，痛失四子，悲痛欲绝。《俨山集》卷七十六共收录5篇伤悼文章：一篇是《先孺人墓志铭》纪念其母吴孺人，四篇写夭折的儿女，《京女志铭》写三岁夭折的京姐，其余三篇分别是长女陆清、三女定桂、儿子陆继恩：

女清，年十三病痘，死于京师。痘凡岁余，更数医，竟莫能治……京师之医尽之矣……女讳清，姓陆，上海人，父深，母梅氏，为初举女，许配乡进士董君怿之仲子，以丙辰腊月望前一日生，以戊辰五月望后一日死。余挈之走四方，居南都者三载，居京师者四载云。（《清女权厝志》）

女乳名定桂，上海陆子渊之第三女也……生以弘治庚申之八月廿八日，死以癸亥之七月廿五日。（《不成觞女权厝志铭》）

吾年二十有七，始生汝……汝生两月，遭汝季姊之殇……弘治甲子三月一日……腹泻，发疹不可药，九日死矣……儿陆姓，继恩其乳名也，是为志。（《不成殇儿子志》）

弘治十六年癸亥（1503）、弘治十七年甲子（1504）、正德元年丙寅（1506），陆深中进士前后数年间连续痛失子女，文章中可感知陆深失去子女的巨大伤痛：

正德十六年，岁次辛巳腊月辛卯日，陆子自京师归榇儿椟前曰：甲申葬我太史公，遂举而祔之殇位，乃抆泣为文，祭之曰：呜呼，予年三十有八，得抱此儿，一何迟也？汝才七龄，弃予而夭，又何早也？汝之同胞兄弟姊妹凡十三人，是何多也？今所存者一弟一姊，抑又何寡也？（《俨山集》卷八十三《祭榇儿文》）

自十月五日八郎死后，苦痛万状，此儿聪慧过人，今既夭死，后事可知矣。往时虽屡遭此，但今气血已衰，尤觉难忍。幸九郎得好，室人渐健，客中聊尔遣日。(《俨山续集》卷十《奉宗溥从兄七首》其二)

弘治、正德年间，陆深连连遭受失去亲人、子女的伤痛。陆深至45岁前，所生13个儿女中仅剩1儿1女，余皆夭折。

陆沔（1461—1519），字宗海，号友琴，娶薛氏。陆深同父异母兄，系前母瞿氏所生。在众兄弟中，陆沔与陆深感情最深，卒后，陆深撰《先兄友琴先生行状》：

先生讳沔，字宗海，封翰林编修竹坡府君长子也。母瞿氏，赠左军都督府经历晟之女……九岁而瞿孺人殁，即能哀毁思慕，终身不替。吴孺人继室。竹坡府君教之学，文理蔚然，将事科第，以总家政遂弃去，事筠松府君极其敬畏。竹坡府君或远出经岁，先生应门户、课耕织事，皆斩斩有条目。事伯叔、处兄弟，务止于理。每馆谷名士，以教子弟。深少学时，得今南京礼部郎中张约斋先生为师。先生时时至塾中视，供张致殷勤焉。尤好宾客，酒醴肴核，非甚精洁不以享。至于用财，未尝妄费一金以上。盖其俭约天性也……好鼓琴，时时闭户抚弄。风月之夕，寻理古曲，声调清越，有振木遏云之趣。尝得名琴，抱曰："此吾友也。"人以友琴先生称之。暇日，则浇花种竹，治亭馆，修水边林下之操，架石为山，窟土为池以自适……乙丑秋，奉吴孺人就养来京邸，留两月，接名士大夫，必歆慕移时。得所遗片纸只字，皆藏以为宝。先世所藏法书名画彝器，掌视唯谨。丙子之秋，深起告时，方病痛疾，涕泣为别……己卯春三月十九日竟不起云。生于天顺辛巳，享年五十有九。娶薛氏，同邑旧族，父埙，母谈氏。(《俨山集》卷八十一)

可知，陆沔虽然科第未举，但也是个诗书琴画无所不知的风雅之士，他对于古器的鉴赏和收藏也极大地影响了陆深。陆深同父兄弟除陆沔外，有陆溥、陆博，系庶母高氏所生。陆深从兄弟，则有陆涵、陆澜、陆淮、陆浙、陆沂、陆溶、陆渭、陆汉及季叔陆寅所生的陆沦、陆河、陆汀、陆瀚、陆洲、陆汶，共14人。唐锦《龙江集》卷九《素庵陆公孺人张氏合葬墓志铭》："奚氏孪生二男：长淮，字宗泽；次即素庵公，讳浙，字宗溥。"方知，陆淮与陆浙是双胞胎兄弟。《俨山续集》卷十《奉宗溥从兄七首》其二："两月来心事愦愦，百念灰冷。闻宗润兄病已全愈，但澄之兄尚未脱体，不知近来如何？吾一辈兄弟，数年来衰谢若此。"据此可知，众兄弟中与陆深交往较多的是陆浙和陆淮，其他兄弟陆深则少有交往，故乏记载。

陆楫（1515—1552），字思豫，号小山。陆深子，以父荫入太学，《俨山集》卷二十八《乞恩比例改给诰命追赠前母事》："嘉靖十八年二月初四日，恭遇皇上郊庙礼成，涣颁诏，旨内一款，两京文职三品以上官未及三年考满者俱与应得诰敕，仍荫一子入监读书……臣子楫，行取入监。"可知，陆楫恩荫监生。由于陆深的精心培养，陆楫受到优越的家庭教育。他生逢阳明心学蓬勃发展的时代，热心拥抱新思想新学说，成为明清时期重要的启蒙思想家，也是上海地区大力推广阳明心学的学者。惜乎早卒，陆楫墓出土的《陆楫买地券》载："信士陆郊，伏为显考恩阴大学生小山陆楫，存年三十八岁，原命乙亥九月二十八日受生。"[1]天妒英才。嘉靖三十四年（1552）卒，年仅38岁。陆楫举路坎坷，多次科考均未成功，但他却是陆深家产管理的得力助手。置地建房，扩大家业方面，陆楫投入了大量时间和精力。假以时日，陆楫的未来将不可估量。叶梦珠《阅世编》卷五"门祚"载陆氏家族自陆深中举，"其后代有闻人。如小山楫、舜陟岑，虽不登科甲，俱以才名显"。陆楫虽未登仕路，仍扬名于世。

陆深《晚自西堤携楫儿散步》："稚子偏怜我，相携过竹溪。"（《俨山集》卷七）陆楫生命短暂，但其生前却将家族精神发扬光大，他曾将陆氏远方田产无偿赠予平民百姓，在士林中树立了极高声誉。陆楫的文学、文化潜力尚未充分施展便辞别人

---

[1] 王正书：《上海浦东明陆氏墓记述》，《考古》1985年第6期，第544页。

世，但其颠覆传统的思想却极大地影响了上海文坛，他的学说推动了阳明心学在上海的传播和弘扬。他与表兄黄标（字良式）共辑中国古代文学史上第一部小说丛书《古今说海》，极大地推动了明清小说的发展，推动了江南文化的进展。其《蒹葭堂稿》八卷是陆楫视野中的上海新文化，也是阳明学新思潮在上海发展的标志，而其《荣哀录》十卷则是记录父陆深恤典及人们的哀挽之作，是家族荣耀的象征；《东篱唱和》为陆楫集同人唱和之作，可知，陆楫在当时上海文坛的凝聚力。此外，尚著《经世志》《陆文裕年谱》以及为其父陆深刊刻了一百五十卷文稿，使得陆深的学说、思想得以传承于后世。陆楫涉猎极广，明代的政治、经济、思想等领域都有独立的思考，他在经济上推崇时尚，鼓励消费，其消费拉动经济发展的观点成为后世经济学的重要理论。其独特的学术识量体现于《禁奢论》和《华夷辩》。在政治上，他提出弱化明宗室的身份，让其自食其力，以此减轻宗室岁供；思想上主张华夷之间民族平等，说明陆楫对于社会发展的洞察力，体现了陆楫思想的深度和睿智。吴门陈仁锡（1581—1636）题陆楫像赞云："虽后起者克昌，而平原是推为继美。""忌才者但能沮公一日之科名，而不能阻公千秋之金紫。"[1] 将陆楫视为云间陆机之后陆氏家族中最卓越者的学者。陆楫生四子，皆夭殇，其母梅氏以同宗幼儿陆郊为嗣。基于陆氏宗族的社会声望和祖上情谊，长大成人后的陆郊请同姓名宦陆树声为嗣父陆楫撰《墓志铭》，陆树声高度评价陆楫非凡的才华。清代，陆楫后裔陆锡熊特撰《六世从祖小山先生遗像赞》以彰显家族荣耀。

陆郊，字承道，号三山。陆深嗣孙，陆楫多病，无子。陆深致仕后，即在浦东宅邸置酒大宴族党，物色家业继承人。经过认真考察，最后选中陆郊。于是，陆深将年仅 10 岁的陆郊蓄养于陆邸，着意栽培。这成为陆深生前完成的最后一件大事。陆深过世后，梅夫人即正式将陆郊过继为嗣孙。陆郊之所以会被陆深选中为嗣孙的一个重要原因是，陆郊的父亲陆标为人忠厚真诚，其人品极得陆深认可，陆深在与陆楫的家书中便提及："处族之道，当以孝弟为本，而其尊敬当施

---

[1]［清］陆铖纂修：《陆氏宗谱》，乾隆二十年（1755）抄本。

之贤者。至于任用，必量其才，力过则有悔，而恩义于是不终矣。吾家诸侄中，惟标、模可托、可教，外族惟黄标可与议论，此外非老耄所知也。吾儿要须泛爱亲仁始得。"（《俨山集》卷九十八）可知，陆标即陆深同宗堂侄，以贤德为乡里所知，李延昰《南吴旧话录》：

> 陆俨山子楫多病而未有孙，意颇忧之。乃置酒大会族党，阴求可备为继者。陆三山疏属又酷贫，乃最后至。时甫十岁，布衣草履，礼毕隅坐，饮食自若……俨山大喜，遂蓄于家。公卒，梅夫人竟以继楫嗣。陆郊，号三山，文裕公嗣孙，以荫起家都察院都事。台长以郊世族少年，心易之。及议事，郊援引典故，风发泉涌，始肃然改礼焉。后升石阡守。[1]

陆郊以祖荫官都察院都事，授贵州石阡府知府。以德理政，造福一方，不坠门庭，维护了陆氏家族祖上所树立的声望。卒后与祖父陆深并祀乡贤祠，祖孙并为一方表率，成为上海乡邦文化的典范。

陆郊在文学艺术领域缺乏父祖辈的建树，但他在家族文化传承方面却起到了重要作用，曾多次用重金搜集流落在民间的陆深书法作品，并为嗣父陆楫刊刻文集。陆楫的启蒙思想因此得以传承。《陆氏家谱》谓陆郊："事母孝，遇族有恩，纪家门肃雍，无忝先训。"[2] 陆郊始终以"不坠门庭"作为肩负的责任鞭策自己。

陆郊长子陆堣，字舜封，号四山，博闻强识，蔚有令德；次子陆玶，字舜陟，精通书法，董其昌称赞陆堣、陆玶兄弟为有"二陆词翰"。陆炫，字汝晦，陆郊胞弟，陆标之子，任宜春县丞，官至大宁都司。陆深从孙陆钟任潼川州同知。[3]

明清易代后，虽然陆深一支在清代仍然不乏才华横溢的文士，但仕途不显。

[1]［清］李延昰：《南吴旧话录》，上海古籍出版社，1985 年版，第 238 页。

[2]［清］陆铚纂修：《陆氏宗谱》，乾隆二十年（1755）抄本。

[3] 宋如林修，孙星衍等撰：嘉庆《松江府志》卷五十四，《续修四库全书》史部地理类第 688 册，上海古籍出版社 1997 年版，第 643 页。

较有影响的是陆深的五世孙陆济、陆济子陆天锡、天锡子陆文然祖孙三代，皆以诗文书画知名于世。陆济著有《画史》《竹谱》等。陆文然，字裕可，号望俨，邑庠生，奉祀候补典籍。此后，陆家嘴陆深一支光辉渐退，成为旧时王谢。但陆家嘴迁出的陆寅一支却为家族迎来新的辉煌。叶梦珠《阅世编》："至万历中，（陆深）从孙禗玄与侄起龙，先后登乙榜，为邑令。起龙字云从，弟起凤字云翔，以明经荐。云翔仲子鸣珂，成顺治乙未进士，司教广陵。"[1] 所叙陆深从孙、从侄都是陆寅的直系子孙，从陆家嘴迁出的陆寅一支传承陆氏的文化传统，科第连绵，举人进士，才俊迭出。更重要的是他们仍然将陆深敬为家族中最光辉的祖辈，陆深的博学和成就仍然是鼓励陆氏后代进取的精神动力。

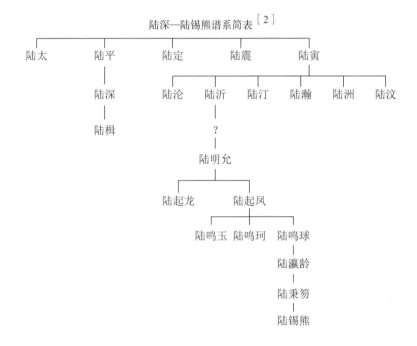

陆深—陆锡熊谱系简表[2]

叶梦珠《阅世编》载："东门陆氏……自文裕迄今百七十余年，衣冠奕叶，子孙蕃衍，旧第宽广，至不能容，因而别营第宅者甚众。"[3] 可知叶梦珠努力维护

［1］［清］叶梦珠：《阅世编》，上海古籍出版社，1981年，第126页。
［2］赵贤慧：《陆锡熊及其诗歌》，安徽大学硕士学位论文，2017年。
［3］［清］叶梦珠：《阅世编》卷五"门祚二"，上海古籍出版社，1981年版，第126页。

上海这位乡贤的声望，将陆寅迁出的事实归之于祖宅难于容纳日渐增多的家族人口。这固然是陆寅迁出的原因，但更重要的原因是宗族内的统系之争。陆寅，陆深五叔，官朝散郎。当陆深居朝廷高位后，在家乡另建宗祠，并立圣旨碑。陆深将其父陆平、祖陆璙供奉于祠堂正中，而作为叔族的陆寅一支则置于旁支。陆寅因不满在浦东陆氏宗祠中的边缘地位而愤气迁出，与陆家嘴一支逐渐疏远。于是陆深一支家族聚居之地被称为"陆家嘴"。但由于迁出的陆寅一支后辈都卓有成就，迁出事件并未影响他们后辈的鱼水情深，陆寅子陆沂，孙陆明允、陆明扬，曾孙陆起龙、陆起凤，玄孙陆鸣玉，都是在上海文化史上留有声望的文化名士，而且都将陆深奉为家族中最光辉的先祖。

陆寅（陆太季子），即陆深的五叔，官朝散郎。当陆深另建宗祠后，陆寅带领其子孙离开陆家嘴，举家迁到川沙桥，据《陆氏宗谱》载：川沙桥，"在高昌乡二十二保十四图"（即今浦东新区陆行）。

陆明扬，字伯师，陆沂子，陆深从子，诸生，被冤系狱于青浦。弟明允负糇粮走百里视兄狱中，前后三年，青浦令屠隆为其平反。陆明扬冤案昭雪后，发愤为学，于万历三十一年（1603）得中举人，官靖江教谕。奖掖士类，发展教育，改善风俗，人心向学。殁后崇祀名贤祠。著《紫薇堂稿》。

陆明允，字臣受，号襟宇，陆明扬弟，陆寅孙，懂风水堪舆之学，擅书法，曾孙陆锡熊。陆明允于明末斥资购买下上海县城内梅家弄大夫坊中的私家名园——"日涉园"，本是上海名士陈所蕴的私家园林。陈所蕴，万历十七年（1589）进士，官至南京刑部员外郎，其祖宅在上海县城梅家弄。万历二十四年（1596），陈所蕴购买邻宅富室唐姓约二十余亩废园，营建花园，聘请当时上海著名建筑师张南阳叠山造园。张南阳，号张山人，别号卧石生，明中期著名叠石家，誉满江南，声达京师。许多江南官员任职京师后因思念江南风景便聘请张南阳赴京为其京师别墅打造山水景点。张南阳的声名由江南传播到京师，私人宅第的"江南风格"不久在京师形成新潮流。由京师传播开去，山东地区的章丘、邹平、淄川等地的豪门权贵也多邀请张南阳为叠石造山，山东长白山，留下了张南阳的身影。上海潘氏豫园、太仓王世贞弇山园都出自张南阳之手。日涉园中次第修建了竹素堂、尔雅堂、飞云桥、明月亭、白云洞等三十六景，其友人著名画家林有麟为绘《日涉园三十六景图》(册页，今存 10 幅，藏上海博物馆)，寄托了陈所蕴对其园林的珍爱。日涉园与潘氏豫园、顾氏露香园合称明代上海"三大名园"。明末清初，陈氏家道中衰。陆明允悉数购买下陈所蕴的全部祖产包括日涉园。其后，陆明允在原园林基础上增建五老堂、石友轩等，将这座典雅的园林修建得更为精致。乾隆四十九年（1784）《上海县志》谓:"（日涉园）水石之胜，为一邑冠。"其后，陆明允将园林传给孙子陆秉笏。

陆起龙，陆明允子，陆深从曾孙，万历四十年（1612）举人，官永宁知县。在陆氏后辈子孙中，陆起龙是陆深文化遗产的大力弘扬者。陆起龙搜集汇编从曾祖陆深的散佚作品为《陆文裕公行远集》二十三卷、《陆文裕公行远外集》一卷。不仅搜集出版陆深佚文，而且将陆深的书法《片玉堂词翰》十二册刊刻出版（前五册上海县陆深书，后七册陆垹书），极大地推动了明清时期上海书法的发展。明末李延昰《南吴旧话录》云:"（永乐）时，云间征辟者日众，擅书名者多显贵。"所载永乐年间，不少上海地区的书法家被征召入京，成为皇帝的御用书记。不仅是永乐年间，贯穿明清两朝，上海地区因书法得擢拔京师步入青云的大有人在，陆深的姻亲张电即是嘉靖间直接征召入京的书法家，皇宫的许多匾额都由张电题写。

陆起凤，字云翔，陆起龙弟，以明经荐。尝受知于熊廷弼，天启元年（1621）副榜，以岁贡终，著《随庵集》《日涉园诗稿》《孝经正文》《圣朝经济录》《服宫庭训》《性理易简编》《读书默》等，著述之多，可比先祖陆深，成为上海著名的学问家。《文渊阁四库全书存目提要》"经部八"评其《周易简编》云:"自序其学渊源，所出在屠隆与归有光。有光笃志宋儒，隆则希踪两晋，二家学问分道扬镳。书中义理切实处当由宗法于归，词旨轻隽处当由渐染于屠矣。"可知，陆起凤融合前人所长，推动了江南《易》学的发展。

陆明允有孙三人：陆鸣珂、陆鸣玉和陆鸣球。

陆鸣珂，字天藻，又字曾庵，号次山，陆起凤仲子。顺治十二年（1655）进士，初任扬州府教授，以奏销罢。康熙十五年（1676），起补常州府学教授。康熙十七年（1678），升国子监博士，累迁至户部郎中，典四川乡试，三次充会试同考官，出为山东按察司佥事，提督学道。分修高堰河工，以布政司参议致仕。著《使蜀草》《幼学集》《广陵吟》《毗陵吟》《金门集》《莱青集》《湖滨集》《文集》四十卷等，陆鸣珂不以学问著称，却是陆氏家族诗文创作领域的佼佼者。妻陶婉仪，字令则，著《然脂集》，早卒。

陆鸣珂手迹

陆鸣玉，陆鸣珂兄，有文名。

陆鸣球，字文中，廪贡生，陆鸣珂弟。时人誉陆鸣玉、陆鸣柯、陆鸣球三兄弟为"浦东三凤"。陆鸣球著《日涉园诗稿》，由陆敏时、倪匡世点定；《使蜀草》一卷，王士禛序；《鞠怀草》，思亲之作；《忆旧诗》，悼亡之作。另有《幼学集》《广陵吟》《金门集》《莱青集》《湖广集》及《文集》四十卷。妻支氏，昆山人，能诗会文，著《日涉园稿》[1]。

陆起城，字宗维，号衰山。陆明扬子，庠生，务实学，著《西林辟释者说》《群害说》《求贤弭党诸策》《水利三答问》，切中时弊，有益实学。

---

[1] 胡文楷：《历代妇女著作考》谓支氏诗集名《涉园小稿》，上海古籍出版社，1985年版，第222页。

陆铖，陆埙子，字符美，著《百一诗集》。辑《宗谱》四卷，体现了其对家族的高度责任感，同时他努力将祖上陆深的文化成就发扬光大，辑《文裕遗稿》十卷，补刻《俨山文集》百余篇。

陆铠，号幼光，陆埙次子，以诸生终。

陆瀛龄，字景房，号仰山，又号柳村，陆鸣球子，工书法。与曹一士齐名于文坛。雍正元年（1723）拔贡。素善章奏，两江皆邀之助，数陈郡县利病。除石埭教谕，发展教育，士习丕振。著《赘翁诗遗》一卷、《杂著》一卷、《仰山杂记》二卷、《母乳录》四卷、《吟坛修绠》四卷、《斑观书》四卷、《鸡窗随笔》三卷、《禄隐漫笔》四卷、《退闲录》四卷等，皆录古人琐事杂说，足资考证。又有《金台集》《白门集》《赘翁胜语》等。自陆深后，陆氏家族最博学的就是陆瀛龄。子：秉笏。

陆鸣球《日涉园诗稿》

陆瀛亮，字熙载，陆鸣玉子，拔入紫阳书院，名噪一时，推动了乾隆朝上海文坛的进展。乾隆十五年（1750）副榜。著《濯烟阁未定稿》，张照、凌如焕、陈大受评阅。另有《恒堂诗文稿》。

陆瀛荨，字秋谷，陆鸣珂子，与楼俨、周铨唱和。性慷慨，善赒恤。多次开私仓出粟赈饥，颇著地方声望。其《山左闲吟》乃瀛荨随父鸣珂视学时所作，张藻功序。另有《不群居诗草》等。

陆瀛儒，字希杜，著《煦亭诗存》。妻支氏，通书史。

陆秉绍，字绳山，陆瀛亮子，陆深从六世孙，乾隆十五年（1750）副贡。著《揖星楼诗稿》二卷。《集古类编》，仿吴讷《文章辨体》录文自汉迄清止，凡一百八十七类。

陆秉笏，字长卿，号葵霭，陆瀛龄子。乾隆六年（1741）顺天举人。以子锡熊贵。著《云间殉节诸臣传赞》《传经书屋诗文稿》《淞南小隐集》《葵霭杂稿》。明人顾从敬辑《草堂诗余》十七卷，陆秉笏重刊，推动了清人对明代词坛的认知。陆秉笏因自号淞南老人，画家杨基为绘《淞南小隐》一轴。乾隆四十八（1783）重修邑志，出任总宪，未葺事而卒，终年78岁。陆秉笏继承高祖陆明允所购买的陈所蕴日涉园，在原有规模基础上增建藏书楼——传经书屋，再传至陆锡熊，因乾隆皇帝将明代上海画家杨基的《淞南小隐》图轴赏赐陆锡熊，图轴上有乾隆御题七绝。为纪念这一珍贵的恩遇，陆锡熊遂将传经书屋更名为"淞南小隐"，并请著名书法家榜眼沈初题匾。其后，又将"淞南小隐"更名为"书隐楼"。而日涉园后来则由郭万丰号船主郭俊纶购得。郭家是清代上海著名的海商，原籍福建，世代从事东南亚远洋贸易。乾隆间，郭氏家族兴盛之时，开创船号、茶号、本行、银号、钱庄，买地置产，造园修宅，成为上海炙手可热的海商巨富。光绪年间，郭氏家道中落，售宅卖第，后仅剩"书隐楼"为家居之所。据载，书隐楼占地二千多平方米，前后共有五进院落，有房间七十余间。有花园、假山池沼和船厅、戏台、藏书楼、宅楼，雕梁画栋，金碧辉煌。后郭家衰败，家业不守，书隐楼成为百姓群居之所。

陆秉笏继室曹锡淑（1709—1743），字采荇，上海人，兵科给谏、工科给事中曹一士次女。曹锡淑三岁失恃，由祖母赵太宜人抚育成人。八岁入家塾。辑《唐宋律赋举隅》，包括唐赋十七篇，宋赋九篇，评注前人作赋方法六则，体现出独立的文论思想。卒后，其夫陆秉笏辑其诗集《晚晴楼诗稿》并为之立传。黄之隽（1668—1748）为《晚晴楼诗稿》题辞曰："给事吟坛旧往来，久闻娇女在瑶台。魏朝父子多风雅，却少闺中绣虎才。"三国时期，曹氏父子与建安七子共同开创了建安风骨的新时代。尽管建安文学集团影响巨大，成就辉煌，却缺少女性的声音。曹锡淑姊采蘩、表姊赵莪芸彼此唱和，书笺往来不断，成为上海早期的女性文人社团。在清代文学史上、在女性文学史上，曹锡淑都占有重要席位。《四库全书总目提要》："锡淑承其家学，具有轨范。大致以性情深至为主，不规规于俪偶声律之间。"

按：曹一士，字谔廷，号济寰。雍正八年（1730）进士。由翰林擢御史，寻转工科给事中，充纂修官。著《四焉斋诗集》，其妻陆凤池著《梯仙阁余课》。曹氏家族多才女，曹锡珪，曹一士长女，字采蘩，初名榛龄，自号半泾女史，常山知县叶承室，著《拂珠楼偶钞》；曹锡淑，曹一士次女，嫁陆秉笏；曹锡堃，字采藻，曹一士三女，归陆秉笏为继妻。

从陆家嘴迁出的陆深叔父陆寅一支延续明清两朝，并在清代达到鼎盛：诞生了家喻户晓的著名学问家陆锡熊。

陆锡熊，字健男，号耳山，秉笏子。陆深七世孙。乾隆六年（1741）顺天举人，乾隆二十六年（1761）进士，乾隆三十年（1765）典山西乡试，承修《通鉴纲目辑览》，直军机处。乾隆三十三年（1768）典浙江乡试，迁宗人府主事。乾隆三十五年（1770）典广东乡试，升刑部郎中。乾隆三十六年（1771）、三十七年（1772）两充会试同考官。改授翰林院侍读，充日讲起居注官，文渊阁直阁事。累迁侍读学士，擢光禄寺卿，晋大理寺卿，福建学政，著《云间殉节诸臣传赞》《传经书屋诗文稿》，乾隆四十八年（1783）重修邑志，任总宪。乾隆五十二年（1787）任都察院左副都御史。擢《四库全书》副总纂。陆锡熊死后，其子陆庆循于嘉庆十五年（1810）为父辑刻诗集《篁村集》十二卷，后又将辑陆锡熊《石埭少作》《炳烛偶钞》及考证史事之文统编为《宝奎堂文集》十二卷，"旋以海疆不靖，板毁于火。"（严良训《宝奎堂遗稿序》《宝奎堂文集》卷首）道

陆锡熊书隐楼"古训是式"门圄

29

光二十九年（1849），陆锡熊的孙子陆成沅任豫章司理，重为付梓，严良训《宝奎堂文集序》云："哲孙成沅为枭司李，惧其遗泽将隐，就行箧所携原集，谋复刊刻。"（《宝奎堂文集》卷首）陆锡熊诗文终于重见天日。

陆锡熊是继陆深之后陆氏宗族社会地位和家族精神的鼎力弘扬者，也是陆深文化声望的维护者，他是陆氏家族保存陆深遗物的关键人物。秦荣光《上海县竹枝词》载陆锡熊家族收藏陆深石刻一事："麦瑞双歧五六歧，俨山图就赋成时。为苏大用书刊石，惜在吾园毁不遗。"[1] 其自注云："陆文裕深有《瑞麦赋》，为苏大用文契书，前有图，石刻藏城西陆氏。"体现了陆锡熊对于家族文化的珍视。民国时期，杨钟羲《雪桥诗话续集》卷四记载："陆耳山为文裕裔孙，有嘉靖经筵所赐宫扇，藏于家。"[2] 由此可知，陆深的许多遗物，历经动荡战乱，仍然能在浦东陆行的陆氏家族一支得以保存两百余年之久。陆深手迹，卒后多散佚，陆锡熊也是收集保存陆深手迹最多的后辈，其《篁村集》有《濒行儿子庆勋以先文裕公〈秋兴诗八首〉墨迹卷请题字携置行筐舟中无事感念生平因尽次原韵以窃比于〈秋兴〉之义为附书卷尾其卒章则专及本事也》一组诗，其末章云："千章乔木俨山园，秋雨颓垣忍更言。幸有墨痕留茧纸，方知诗思在江村。纵横健笔摩云鹘，惨澹哀音动峡猿。慎守通天旧时帖，莫教铁石涴朱门。"[3] 流露出家族兴衰的无奈之感。陆锡熊所感慨的正是延续数百年之久的陆深家族的凋零。明末倭寇的侵扰，陆家嘴俨山园遭遇损毁，陆深、陆楫一脉在清代艰于仕途，家道逐渐凋零，唯有陆深的部分书法作品因陆行一支得以保存，传承至今。

除了陆行一支，浦东川沙也是陆氏集中居住的区域，大多为明以后陆续移入。如城厢仓桥一支为明代陆麟仪从高桥迁来；塘桥一支为陆寅十世孙陆锦芬之后；九团一支亦于明时由上海陆家宅迁来。川沙陆氏，历代名人不断，至民国时城陆炳麟

[1]［清］秦荣光：《上海县竹枝词》，顾炳权编：《上海历代竹枝词》，上海书店出版，2018年版，第295页。

[2]［清］杨钟羲：《雪桥诗话续集》卷四，民国间吴兴刘氏求恕斋刻本。

[3]［清］陆锡熊：《篁村集》卷十一，嘉庆十三年（1808）松江无求安居刻本。

（1857—1938）即为川沙著名的诗人和学者，被黄炎培尊为"川沙之活字典"。

"难得一门风雅盛，祖孙郡邑祀乡贤。"（秦荣光《上海县竹枝词》"人物二十九"）陆氏家族是上海地区明中期崛起贯穿明清两代的豪门望族，科第连绵、诗书传家，直至清末陆氏宗族尚"代有闻人"（同治《上海县志》）。昔日陆深的后乐园、陆氏祖茔、家庙、祠堂，方圆数公里，至今仍称陆家嘴，已成为家喻户晓的上海文化名片。

今日上海，是中国最前沿的国际化大都市，代表着中国现代化发展的最高成就。而作为中国最具实力的国际金融中心——陆家嘴则代表着上海的未来。

今日上海陆家嘴

上海陆家嘴陆氏世系：

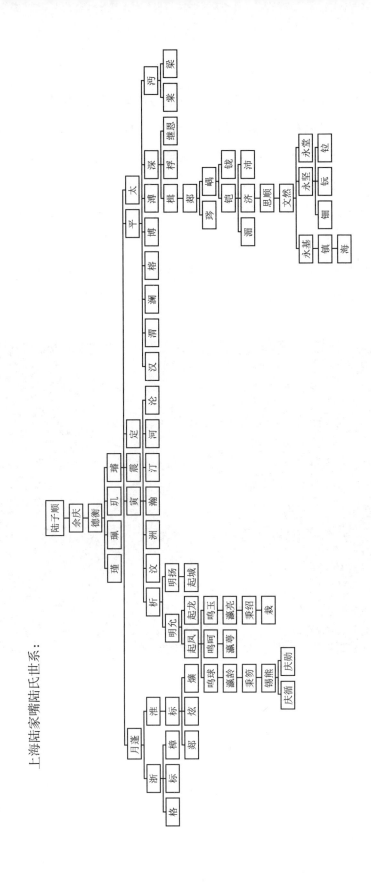

第一章　陆家嘴与黄浦江

　　"俨山楼阁镇吴淞，浪楫风帆极目中"[1]。这是清代文人丁宜福《申江棹歌》对上海陆家嘴俨山园的深情追忆，其中"俨山楼"矗立于浦江东岸的俨山园，是当日上海最宏伟的建筑。极目望去，风帆点点，万顷碧色，黄浦江俨然一幅旷远幽眇的山水图。晚清上海名士秦荣光《上海县竹枝词》："邻黉高阁峙城中，后乐园当黄浦东。"所描绘的是上海陆深家族横跨浦江两岸豪华的高墙门第和幽静的私人园林。"邻黉高阁"，上海县城内的陆氏府邸，毗邻县学，楼阁亭台成为城内引人瞩目的景观，而"后乐园"即俨山园，则静静地等候在一江之隔的浦江东岸。透过丁宜福和秦荣光的诗，仍能感受到，直到清朝末期，上海人仍然拥有对于俨山园文化遗产的自豪感。因陆深的文化声望和陆氏家族对上海文化的贡献，后世遂称此地为陆家嘴。

---

[1]　[清]丁宜福：《申江棹歌》，顾炳权编：《上海历代竹枝词》，上海书店出版社，2018年版，第184页。

第一节　浦江水系变迁与陆家嘴的形成

"相业春申重楚邦，万年水利一条江"[1]。这是晚年移居上海的叶廷琯（1792—1869）在《浦西寓舍杂咏》中的诗句。其诗意在于强调黄浦江对于上海发展的重要性。实际上，到叶廷琯所生活的嘉庆、道光时期，黄浦江的历史也不足千年。黄浦江并非上海自古即有，而是后来河流改道、人工疏通而成。

历史上，上海地区曾是广袤的湖泊沼泽，星罗棋布，河流纵横。"全吴临巨溟，百里到沪渎"（皮日休《吴中苦雨因书一百韵寄鲁望》）。"巨溟"指滋养江南的太湖。魏源《东南七郡水利略叙》："杭、嘉、湖、苏、松、常、太七州郡之水，源于宣、歙、天目诸山，而以太湖为壑，太湖又以海为壑，而由湖入海，则三江为之门户焉。太湖汇源水之来，湖所不能容者，则亚而为荡、为漾、为泖、为淀，凡百有奇，如人之有腹乎？"[2]可知，太湖接纳西部地区的高山流水，形成"一碧太湖三万顷"的巨大湖泊。东汉袁康《越绝书》："太湖周三万六千顷。"太湖通过三条宽阔的河流排水入海。《尚书·禹贡》亦云："三江既入，震泽底定。""震泽"即指太湖[3]，只要"三江"顺流入海，太湖即不会泛滥，太湖流域的人们即安居乐业，可知，"三江"之于太湖及三江流域人民的生活休戚相关。陆深多次在诗文中云其故里在"三江"之上。所谓"三江"，历史上多有争议，一云长江、吴淞江、钱塘江；一云长江、钱塘江、岷江，而在各地，也多有基于本区域内的三江之说。既然陆深云"三江"乃其故里所在地，固然不会泛指到岷江如此辽阔的区域。事实上，陆深所云"三江"分别是"吴淞江、娄江、东江"，

---

[1]　[清]叶廷琯：《浦西寓舍杂咏》《楸花盦诗》附录，顾炳权编：《上海历代竹枝词》，上海书店出版社，2018年版，第165页。

[2]　[清]魏源：《东南七郡水利略叙》，《魏源集》，中华书局，1976年版，第395页。

[3]　[宋]单锷：《吴中水利书》："太湖，即震泽也。"《文渊阁四库全书》本。

是太湖水入海的三条重要河道。晋代庾仲初《扬都赋》注："今太湖东注为松江，下七十里有水口分流。东北入海为娄江，东南入海为东江，与松江而三也。"又云："太湖东注为淞江。七十里有水口，流东北入海为娄江，东南入海为东江。"三江即包括长江下游入海口以南与钱塘江入海口以北的全部区域。东晋顾夷《吴地记》："松江东北行七十里，得三江口。东北入海为娄江，东南入海为东江，并松江为三江。"松江从太湖发源后东流直下七十里，分出两条支流：其一东北流向，曰"娄江"；其一东南流向，曰"东江"。陆深《古诗对联序》云："《禹贡》，三江故道惟娄与松可寻，而松江入海处亦已再易，今吾邑后一水名吴松江，自西南来，入黄浦，合流赴海，海口置戍，亦名吴松江，曰江湾，曰旧江者，故在，惟东江无复考证。书传称，东南流者为东江，今震泽东南流者，自嘉兴经长泖，由府治而东北折，则为黄浦，虽其移易稍有不同，而黄浦决知其为东江故道无疑。"（《俨山集》卷三十九）序文对三江的源流和变迁做了细致考证，同时也诠释了黄浦江形成的原因。此处陆深所谓"东江故道"的"黄浦"也仅仅是后来黄浦江形成之后的中上游。

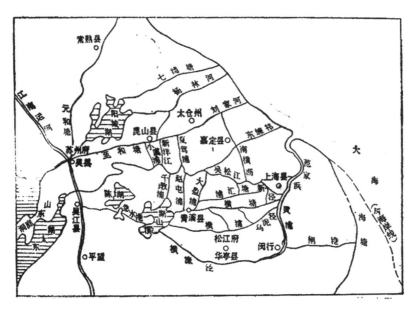

明代太湖下游水系图（《吴中水利书》）

古代松江、娄江、东江合称"三江"，三条江上游分流之处就是"三江口"。其中松江是三江中最大、最主要的河流。归有光《淞江下三江图叙说》引《史记正义》曰："在苏州东南三十里，名三江口。一江西南上七十里至太湖，名曰淞江，古笠泽江；一江东南上七十里白蚬湖，名曰上江，亦曰东江；一江东北下二百余里入海，名曰下江，亦曰娄江。其分处号三江口。"[1]归有光分析三江的地理位置，对三江的流向和长度都做了详细考证，在陆深考证的基础上对"三江"具体所指更为明晰。魏源《东南七郡水利略叙》："三江导尾水之去，江所不能遽泄者，则亚而为浦……泾、浜、溇。"[2]这说明，直到晚清，上海地区仍然有关于"三江"的考证及论述，也说明三江对于上海的重要意义。太湖，三江环抱，孕育了上海文化，在上海发展史上极为重要，这就是陆深多次在诗文中所云"我家本在三江上"（《开河待闸苦热》《俨山集》卷三）的理由。

清代汪巽东《云间百咏》云："上江故道已难知，襄湖成田又此时。"[3]三江中吴淞江最为宽阔。约唐代中后期，东江、娄江相继淤塞，只剩吴淞江一水可通，是"三万六千顷"太湖的主要入海通道。黄浦最早是注入吴淞江的一条支流，源出淀山湖，东流至闵行邹家嘴折向北流，始称黄浦，也仅是细水长流的小浦。东江原向东南方向注入杭州湾，当东江故道堵塞后，原东江之水改向北流进入黄浦。到明代，陆深即认为东江故道已不可考。历史上吴淞江极为宽阔，嘉庆《上海县志》卷三记载吴淞江"唐时阔二十里，宋时阔九里，后渐减至五里、三里、二里"，这说明宋代以后，吴淞江泄洪压力增大，下游海潮倒灌，泥沙淤积，人们截流围堵造田，造成吴淞江流域的泛滥。归有光《水利论》："太湖之广三万六千顷，入海之道，独有一路，所谓吴淞江者。顾江自湖口距海不远，有潮泥填淤反土之患。湖田膏腴，往往为民所围占，而与水争尺寸之利，所以淞江日

[1]［明］归有光：《震川先生集》卷三，上海古籍出版社，2007年版，第76页。

[2]［清］魏源：《东南七郡水利略叙》，《魏源集》，中华书局，1976年版，第395页。

[3]［清］汪巽东：《云间百咏》"宝云寺碑"，顾炳权编：《上海历代竹枝词》，上海书店出版社，2018年版，第157页。

隘。昔人不循其本，沿流逐末，取目前之小快，别凿港浦，以求一时之利，而淞江之势日失。"[1]归有光所分析的是由于人们围湖造田使得淞江河道变窄，航运优势渐失。尽管这一过程也极为缓慢，吴淞江下游淤塞也非始于明代。自从娄江、东江堵塞后，淞江便持续水患，以至于苏轼认为，只有进行吴江县全县大移民，把整个吴江县变为湖泊，分担吴淞江泄水的压力，才能减轻水患。伴随吴淞江日益狭窄，三江一带遂出现湖泊交错的局面。陆深《蜀都杂抄》："吾郡松江，本缘淞江，得名其地，每有水灾，乃去水而作松"。陆深考证了淞江与松江名称变化的原因：正是基于松江频频发生的水灾，人们为了吉祥而将"淞"更名"松"，寄托了一方百姓对于平安生活的向往。此前，弘治《上海志》卷二："松江，一名吴淞，因水患，去水从松，在县北。其源始太湖口，而东注于海。"与陆深所言相一致，但县志早于陆深，可知陆深当是认可《上海县志》的说法，这也说明，淞江更名松江的确缘于水患。

归有光《水利后论》："余家安亭，在松江上，求所谓安亭江者，了不可见。而江南有大盈浦，北有顾浦，土人亦有三江口之称。江口有渡，问之百岁老人，云：往时南北渡一日往来仅一二回。可知古江之广也。"[2]归有光的时代，百岁老人尚清晰记得淞江南岸到北岸的摆渡一日之中仅能一两次往返，可知淞江之宽阔，横渡之遥远。但到归有光时期，不仅其祖宅所濒临的安亭江已经消失，三江渡口也失去了摆渡的功能。吴淞江流域，人们大力造田，导致吴淞江水患频发。早在北宋时期，对吴淞江进行了两次整治，对白鹤江至盘龙江弯曲的河道作截弯取直的处理，此段吴淞江遂改道黄渡镇以北。同时在苏州、平望间增修吴江长堤（即垂虹桥），以减缓流水速度，以致下游日益淤塞，水势不得不转而东北，逶迤入昆山塘，至十三世纪末遂形成浏河（亦名娄江）。《续吴郡志》云："昆山塘自娄门历昆山以达于海。以刘家港为娄江，意亦附会也。"可知，今日亦名娄江的浏河并非古代三江中所指的娄江。三江河道多次改变，以至于东江消失殆尽。

[1]［明］归有光：《震川先生集》卷三，上海古籍出版社，2007年版，第61页。
[2]［明］归有光：《震川先生集》卷三，上海古籍出版社，2007年版，第64页。

传统上，江南一带东西向的河流称河，南北流向的称浦，而"绝潢断港谓之浜"（明李翊《俗呼小录》）。吴淞江所流经的今上海地区接纳了许多支流，较大的支流即有十八条，宋代郏亶《水利书》："吴淞江南岸有大浦十八条"，其中下游有上海浦和下海浦，是吴淞江下游两条主要支流。在黄浦江正是形成即黄浦夺淞以前，人们称"上海浦"以东的地区为"浦东"，元代王逢《浦东女》："浦东巨室多豪奢，浦东编户长咨嗟。"[1] 所指即上海浦以东。黄浦夺淞后的"浦东"则泛指黄浦江以东的广大区域，即今日所指的浦东。东江改道后的黄浦因水量猛增，后遂逐步吞并上海浦，《上海通志》"旧志云上海浦在县治东，后为今黄浦所并"[2]之所云即此。

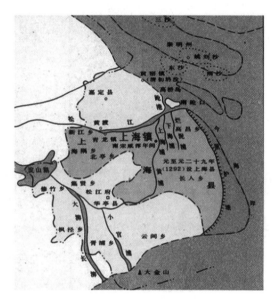

上海古代地图

成化八年（1472），杭州湾北岸筑海塘，东江下游出口完全封闭，原流入杭州湾的东江改入黄浦，同时黄浦接纳杭嘉湖平原各条河流，水势骤增，遂形成波

---

［1］［元］王逢：《梧溪集》卷四下，［清］鲍廷博辑，［清］鲍志祖续辑：《知不足斋丛书》第29集，上海古书流通处，1921年影印本。

［2］《上海通志》编纂委员会编：《上海通志》，上海社会科学出版社，2005年版，第585页。

涛滚滚的大河，称黄浦江。黄浦江面骤然加宽，流量猛增，逐渐吞并了吴淞江下游包括上海浦在内的许多支流。《俨山集》卷八十四《浦喻》："浦，故松江别流，江堙而浦代，《志》曰：楚时，春申君黄歇所凿，因姓其氏。"追叙了黄浦江得名的原由。黄浦江水系形成，原上海浦、下海浦则被拓宽的黄浦所侵并，其名逐渐湮没。明初，吴淞江由于泥沙沉积，日趋狭窄，吴淞江上游水道弯曲，水量不大，下游入海口也时有淤塞的风险。永乐二年（1404），上海召稼楼秀才叶宗行向户部尚书夏元吉上书，"浚范家浜，引吴淞江接大黄浦"[1]。疏浚吴淞江下游的支流范家浜，将范家浜与黄浦打通，引吴淞江入黄浦。这一空前的水利工程实施后，黄浦的水量骤然猛增，吴淞江遂成为浦江支流，形成今日黄浦江——太湖入海唯一的大河，从此水患根除，这就是历史上"黄浦夺淞"事件。由于叶宗行的巨大功劳，后人在浦江镇为他修建纪念馆。"陆家嘴北范家浜，明夏尚书浚阔长。今日试寻浜旧迹，中央一片浦汪洋"。此为晚清上海名士秦荣光《上海县竹枝词》中陆家嘴一带浦江变迁的描述，其自注云："范家浜旧水道今不可见者，缘浜本细流，自被浚阔，通江于浦，而浦水冲坼，但见为浦，不见有浜矣。"[2]可知这次水利改道，工程巨大，又云："吴淞旧道宋家桥，永乐以前形势标。通范家浜南合浦，桥居平地去江遥。"自注："宋家桥在县西北三十六里，元、明间吴淞故道也。自由范家浜通浦，而江日徙南。"[3]由于疏浚范家浜，黄浦江江面拓宽。正德十六年（1521），李允嗣实施吴淞江改道工程，引吴淞江水至陆家嘴与黄浦江汇合。吴淞江也因此改道，而在吴淞江与黄浦江汇流之处正是范家浜河口。由此，原是支流的黄浦江成为主流，而原是干流的吴淞江则成为黄浦江的主要支流。虽云疏浚范家浜，拓宽黄浦江，实际上是吴淞江、黄浦江、范家浜三河疏浚改道汇流，形成今日黄浦江，江浦通流自范浜，浦潮湍急力弥强。黄浦江成为太湖的主要入海水道，襟五湖吞百渎，江面宏阔壮观，江水浩荡，出行便利，视野广阔。

---

[1][2]［清］秦荣光：《上海县竹枝词》"古迹七"，顾炳权编：《上海历代竹枝词》，上海书店出版社，2018年版，第245页。

[3]［清］秦荣光：《上海县竹枝词》"水道十六"，顾炳权编：《上海历代竹枝词》，上海书店出版社，2018年版，第270页。

陆深在给友人的书信中说在其所建的园林假山之上在天气晴朗的日子可望见大海，其《答张君玉》即云："累土作三山，遇清霁景候，可以望海。"仙槎海潮，波摇云梦，地接蓬莱，"林深暮烟紫，海近秋月白"（《俨山精舍晚意》，《俨山集》卷五）。其《寄南庄》又云："秋水一夜天上下，荻花枫叶隔江城。"（《俨山续集》卷七）放眼望去，黄浦江似一幅水晶帘，连接大地和苍天，无边芦苇在瑟瑟秋风中摇曳，描绘了俨山园苍茫旷远的环境。

黄浦江自南向北与吴淞江相汇后，在陆家嘴折向东流，陆深《江东竹枝词》之"黄浦湾湾东转头"即指此处。拐弯处的浦江东岸形成一块突出的冲积沙滩，即后来被称为陆家嘴的陆地。陆深《东轩春兴》："江流东下饶鲥菜，风信南来有雁笺。"（《俨山集》卷十五）所写即环绕陆家嘴东去的黄浦江，而其《浦喻》之"陆子生于海濒，而家于黄浦之上"，所指正是陆家嘴。

第二节　上海建置与陆氏家族的选择

> 县境秦鄮汉属娄，
> 会吴郡领几多秋。
> 梁陈改属昆山县，
> 隋隶吴苏两郡州。
>
> ——秦荣光《上海县竹枝词》

上海，别称申，亦称沪。曾经是楚国大臣战国四公子之春申君黄歇的封邑，人们感激其对这一区域经济文化的贡献，遂将这一城市的名字与这一伟大历史人物关联起来，简称申，这就是上海别称"申"及黄浦江得名"申江"的原由。上海又称沪，"沪"本是一种捕鱼工具；"渎"，本意是直奔入海的江河，也是古代太湖流域某些河段的名称，如公元前泰伯奔吴后所修的泰伯渎，三国时期吴国的破岗渎，均称"渎"。"沪渎"是指吴淞江下游入海的广大区域，为江海要冲之地。梁简文帝《浮海石像铭》："吴郡娄县界松江之下，号曰沪渎，此处有居人，以渔者为业。"这说明南北朝时期，沪渎即已代指吴淞江下游入海口区域，故云"此处"，而不是指某条河流，"此处"居民以捕鱼为业。北宋叶清臣《祭沪渎龙王文》致祭于沪渎大王之"神"。龙王祠于北宋宝元元年（1038）修建于沪渎，距离大海不远，便于面海祭祀。而沪渎江岸静安寺则是上海最早的寺庙，原名"沪渎重元寺"（《云间志·碑志》）建于三国吴赤乌年间，北宋始称静安寺（亦名沪渎静安寺），宋嘉定九年（1216）因逼近吴淞江岸，遂迁至芦浦沸井浜，即静安寺今址，所谓"沪渎"皆指江海之间的广阔区域。

　　"全吴临巨浸，百里到沪渎"（唐皮日休《吴中苦雨因书一百韵寄鲁望》）。"巨浸"即太湖，此云从太湖吴江到沪渎全程不过百里。南宋绍熙《云间志》："沪渎江口在县东北一百十里。"其中所云"县"指华亭，距沪渎江口亦"百里"，华亭、吴江距离沪渎皆百里之远。南宋绍熙《云间志》又云："沪渎江……据《吴郡图经续记》：松江东泻海，曰沪渎海，亦曰沪渎。"所指正是吴淞江下游近海的区域，因此沪渎又称沪海。据载，西晋末年，从海上飘来两尊石佛像，沪渎僧尼遂将佛像供迎到苏州通元寺。敦煌莫高窟第 323 窟的唐代绘画《沪渎石佛像浮江图》所绘即石像漂海的神奇传说，所绘佛像故事的发生地即在"沪渎"。可知，"沪渎"至迟在晋代已成为一个地名的专称。由此，东晋吴兴太守虞潭在这一区域所修建的军事要塞即称"沪渎垒"，这也是上海地区最早的军事防御设施。晋吴国内史袁山松于隆安四年（400）在沪渎垒的基础上修建沪渎城。沪渎城为松江古城之一。《晋书》载："袁山松历任显职，为吴郡太守。孙恩作乱，袁山松守卫沪渎，城破，被杀害。"晋隆安五年（401），孙恩攻陷沪渎城，袁山松遇害。可知沪渎地理位置的重要。袁山松为护卫一方安全而捐躯沪渎之难，为此，人们特为他建祠纪念。刘义庆《世说新语》也提及发生在"沪渎"的这场残酷的战争。元代贡师泰《吊袁山松》："避难吴淞江，出游沪渎垒。"沪渎垒指吴淞江入海口的军事工程。因沪渎濒临吴淞江，因此，有时用"沪渎江"代指吴淞江。吴淞江有渡口云芦子渡，汪巽东《云间百咏》："芦子渡在沪渎江。袁（山松）遇害，为其将李祥收葬沪城。"[1] 其所谓"沪渎江"即吴淞江，而"沪城"则指沪渎垒。又，汪巽东《云间百咏》"四保汇""在胥浦、沪渎交会处，本名税宝，元于此收海舶税"[2] 之"沪渎"，以及陈林《隆平寺经藏记》"青龙镇，瞰松江，据沪渎之口"之"沪渎"，皆指吴淞江。

时事变迁，沪渎垒、沪渎城成为后世人们所不断追怀的人文遗址，王鸣盛《练川杂咏》：

> 沪渎遗墟满绿芜，东吴内史漫捐躯。
> 不知陵谷销沉后，还有沙中折戟无。[3]

千余年后，王鸣盛到沪渎遗址凭吊袁山松，已是满目荒芜。时事推移，陵谷变迁，沧海桑田，故城遗址已无踪影，但仍希望能在沪渎遗址上有所收获，希望能够发现当年战争所遗留的箭簇。王鸣盛在诗后加自注："袁山松为吴郡太守，孙恩作乱，山松筑沪渎垒，缘海备恩。恩寇沪渎，害山松。事见《晋书》袁瑰、孙恩二传。今沪渎在城南四里，临吴淞江。"袁山松修筑"沪渎垒"靠近大海，防备海上来的孙恩。"沪渎垒"即指袁山松所修筑的防御城。说明历史上的沪渎曾经两次修筑防御工事，以应对战争的需要。在吴淞江出海口修筑"沪渎垒"，说明上海曾经是古战场。

练川，嘉定别称，"沪渎在城南四里，临吴淞江"中的"城"即嘉定，沪渎在嘉定城南四里并濒临吴淞江，所指即沪渎城的遗址。丁宜福《申江棹歌》："寒

---

[1]［清］汪巽东：《云间百咏》，顾炳权编：《上海历代竹枝词》，上海书店出版社，2018年版，第151页。

[2]［清］汪巽东：《云间百咏》，顾炳权编：《上海历代竹枝词》，上海书店出版社，2018年版，第157页。

[3]［清］王鸣盛：《练川杂咏》，顾炳权编：《上海历代竹枝词》，上海书店出版社，2018年版，第44页。

潮寂寞打空城，沪渎千年故垒平。"自注：

> 沪渎垒，晋袁崧（山松）御孙恩处，其地今为芦子渡，在上海
> 城北。[1]

据丁宜福考证，沪渎垒的位置就是后来人们所称的位于上海城北濒临吴淞江的芦子渡。黄霆《松江竹枝词》："女墙沈没几经秋，古垒萧萧沪渎洲。日落江前芦子渡，霜花十里映寒流。"自注：

> 沪渎江在上海县北，晋袁崧（山松）筑垒以御孙恩，又设东、西二
> 城。元时城徙江中，惟芦子渡存。[2]

南宋绍熙《云间志》亦载：

> 沪渎旧有东、西二城。东城广万余步，有四门，今徙于江中，余西
> 南一角。西城极小，在东城之西北，以其两旁有东、西芦浦，俗呼为芦
> 子城。

可知，袁山松所修建的沪渎城后为吴淞江所吞没，至元代，即"无复有垒"，沪渎垒、沪渎城不复可见，仅留的渡口芦子渡即成为后世追怀这一区域往昔历史的凭证。到明代，沪渎城遗址也已无从寻觅，诗人唐奎《静安八咏》之五《沪渎垒》云："吴淞江上袁公垒，千年何处寻遗址？石犀半落江水中，秋老芦花三十

———————

[1]〔清〕丁宜福：《申江棹歌》，顾炳权编：《上海历代竹枝词》，上海书店出版社，2018年版，第177页。

[2]〔清〕黄霆：《松江竹枝词》，顾炳权编：《上海历代竹枝词》，上海书店出版社，2018年版，第22页。

里。"不仅遗址沉入水下，石雕犀牛也半沉江水。人世几回伤往事，尽管遥远，但"沪渎城"却引发了后世持续的关注，袁凯《江上书怀》"沪渎城外秋气高"之"沪渎城"即指元代上海设县之后的城市，即今日上海老城厢。清代诗人洪亮吉《沪渎消寒集》，其中作为地名的"沪渎"也指今上海老城。民国时期报纸《子林西报》主笔李德立认为黄浦滩（外滩）苏州河南岸，原英国领事馆就是建在沪渎垒旧址上。不绝如缕的"沪渎"诗文，说明沪渎在历史上的深远影响，沪渎一直存在于人们的记忆之中，这正是上海简称沪的原因。其后，在沪渎、沪渎垒、沪渎城的故址上发展出今日国际化大都市——上海。

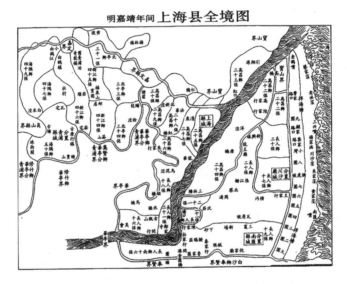

嘉靖时期上海县城图

《禹贡》载，上海一带春秋时期属吴，后属越，战国时期属楚，秦置骊县，汉更名娄，晋置吴郡，唐置华亭县。据谭其骧《上海得名和建镇的年代问题》考证，"上海"作为一个地名最早出现于五代前后，在当时吴淞江支流——"上海浦"沿岸的居民逐渐形成聚落，人们称这个居民点为"上海"。"上海聚落的最初形成亦即上海之得名，估计至迟当在五代或宋初"[1]。滨江临海，水路交通便利。

---

[1] 谭其骧：《上海得名和建镇的年代问题》，《文汇报》，1962 年 6 月 21 日。

北宋淳化年间，因吴淞江上游不断淤浅，海岸线东移，海上大船难以到达吴淞江上游贸易港口——青龙港，不得不停泊在吴淞江下游的支流"上海浦"进行贸易，南北物品，海外珍奇在上海浦交易，行商坐贾，各种商铺次第建成。至北宋大中祥符元年（1008），政府在上海浦设榷酤机构——上海务，主要征收酒税[1]。可知，北宋时期，上海已发展为商业市镇的雏形。上海历史上并不以酒业著称，宋元时期主要是盐业，但北宋在上海设酒务，说明上海浦酒水交易量大，酒业发达。直到明代，尽管明代上海以棉布著称天下，但上海当地仍有不少酿酒专业户，如顾清家族，祖上在明初就开设两处槽坊，经营酒业，成为一方富豪。

秦荣光《上海县竹枝词》："李唐县又属华亭，宋镇初传上海名。"其自注云："宋熙宁间，设市舶提举司及榷货场于上海浦，至是巨镇殷繁，上海之名始著。"[2]海商巨贾齐聚上海浦，南北货品从上海浦再转输各地。在此基础上，南宋在北宋上海务的基础上设上海市舶司，"宋代官增市舶司，熙宁建署七年时"[3]。上海为海道要津，"民物繁庶"[4]，"后以人烟浩穰，海舶辐辏，遂成大市。宋于其地立市舶提举司及榷货场，曰上海镇"。同时，南宋咸淳三年（1267），设上海镇，开始派镇将驻守。同治《上海县志》卷三十一"杂记二""寺观"："丹凤楼，创自宋咸淳七年。初在古顺济庙。额系三山陈珩书。元末楼毁，额先堕地，明陆文裕深藏之，后邑人秦嘉楫改建楼于东城万军台，置旧额其上。"当宋代丹凤楼因战火被毁后，陆深收藏匾额，此后成为丹凤楼的历史见证。当上海乡绅秦嘉楫重建万军台后，陆深又捐献匾额，悬于高台之上。宋咸淳八年（1272），设青龙镇市舶，在上海县东北，其实就是上海市舶分司。上海之所以设镇，是由于

[1]《宋会要辑稿》食货十九"酒曲杂录"。

[2] ［清］秦荣光：《上海县竹枝词》"建置一"，顾炳权编：《上海历代竹枝词》，上海书店出版社，2018年版，第239页。

[3] ［清］秦荣光：《上海县竹枝词》"衙署十一"，顾炳权编：《上海历代竹枝词》，上海书店出版社，2018年版，第258页。

[4] 弘治《上海志》卷一"沿革"，《上海府县旧志丛书·上海县卷》，上海古籍出版社，2015年版，第15页。

蕃商辐辏，外贸商业发达，海上贸易活动频繁，有设镇管理的需求。北宋时期的上海务，到南宋末已发展为"海舶辐辏"的贸易巨镇。[1] 元明时期，上海"地方之人半是海洋贸易之辈"[2]。上海镇的出现，使吴淞江下游南岸形成一个商品集散中心——上海港。"当宋时，蕃商辐辏，乃以镇名，市舶提举司及榷货场在焉"[3]。上海镇海商云集，贸易繁荣。上海在南宋末年形成市镇。咸淳初年，董楷大力倡导在上海进行市政建设，留下不少"津梁堂宇"。据《受福亭记》，上海市舶分司署西北修建拱辰坊，坊北有益庆桥，桥南有受福亭。受福亭前的广场，即当时街市中心。其东建回澜桥，又北有上海酒库，旁有福惠坊，西有文昌宫，北建致民坊等。元代，则沿袭南宋的海商管理机构——市舶提举司，"商税兴从元宋时，久经市舶设专司"[4]。元至元十四年（1277），元朝在上海镇设立市舶司，与广州、泉州、温州、杭州、庆元、澉浦合称全国七大市舶司。上海日益凸显出其重要性。四年后（1281），又在上海设立总管海运粮赋的都漕运万户府。由此，在建县以前，上海已发展为士农工商杂处，官衙林立的一方巨镇。元初唐时措《建县治记》载，上海建县之初，即"有榷场，有酒库，有军隘、官署、儒塾、佛宫、仙馆、甿廛、贾肆，鳞次而栉比"。除了国内南北商贾之外，日本、朝鲜、南洋、阿拉伯等地的商人也络绎而来。秦荣光《上海县竹枝词》，其自注云："邑自宋时设市舶司，已收番货税矣。"可知，宋代已开始在上海征收外商关税。到明代，上海商肆酒楼林立，已经成为远近闻名的"东南名邑"。弘治《上海志》卷七《官守志·惠政》："董楷，字克正。天台人，以通经入仕。咸淳中，提举松江府市舶分司上海镇，爱民养士，号称循吏。津梁堂宇，多所建置。名驰

[1] 正德《松江府志》卷一"沿革"，《上海府县旧志丛书·松江府卷》，上海古籍出版社，2011年版，第15页。

[2] ［清］俞樾：同治《上海县志》卷二"城池"。

[3] 弘治《上海志》卷一"沿革"，《上海府县旧志丛书·上海县卷》，上海古籍出版社，2015年版，第15页。

[4] ［清］秦荣光：《上海县竹枝词》"邑城三十三"，顾炳权编：《上海历代竹枝词》，上海书店出版社，2018年版，第345页。

海外，去之日，百姓遮卧道上，不忍其去。"上海镇市舶提举董楷任内兴建了不少设施。"辖番夷闽粤海舶"[1]，元代黄道婆误上的商船就是一条从事海上贸易的商船，说明元代南海到上海贸易的番船数量之多。据嘉庆《松江府志》载，至元十九年（1282），松江府知府仆散翰文曾上奏要求析华亭而增置上海县。至元二十八年（1291），元政府正式批准分华亭东北隅五个乡，设"上海县"[2]。从此，吴淞江的港口贸易中心遂由青龙镇转移到"上海县"，而城市经济文化中心也由松江府老城转移到"上海县"。张春华《沪城岁事衢歌》："丹凤楼在城之东北隅，古顺济庙也。宋咸淳八年，市舶司陈珩书额，腕力圆劲，墨采飞动。元末，额忽堕地，诘旦而楼毁，人谓有神助，明陆文裕深藏之。秦嘉楫拓万军台楼，置额其上，三百年来，墨迹如新也。楼有奎宿阁，耸立三层，远及数里，邑人登高于此。"南宋咸淳八年（1272），上海市舶司长官陈珩题"丹凤楼"匾额。弘治《上海志》卷五"建设志"载："丹凤楼，在县东北。咸淳八年秋，青龙市舶、三山陈珩书。""丹凤楼"即天后宫，即文中所云之"顺济庙"。元末楼毁，该匾额后由陆深收藏，说明陆深敏锐的文物收藏意识。

元代漕运推动了上海的繁荣。元代大力发展漕运，江南粮食从海路运向大都。至元十八年（1281），在上海乌泥泾镇修筑国家粮仓——太平仓。当时"参知政事郑公董师海上，以粮道为第一务，运漕转输，莫此为便。相地立仓，议峙粮二十万石"[3]。粮仓的建立再次提升了上海港的地位。仓库建成，极大地推动了漕运的发展。这说明，元代，上海镇、乌泥泾镇一带已经发展为海漕转运的重要基地。国家大一统，舟车通四海，外来番船"率由海道入京师。舶使计吏，舳舻

［1］ 章树福：《黄渡镇志》卷一"职官"，《上海乡镇旧志丛书》第3册，上海社会科学院出版社，2004年版，第6页。

［2］ 正德《松江府志》卷一三"学校下"引赵孟頫《修学记》，《上海府县旧志丛书·松江府卷》，上海古籍出版社，2011年版，第201页。

［3］ 弘治《上海志》卷二"镇市"引张梦应《太平仓记》，《上海府县旧志丛书·上海县卷》，上海古籍出版社，2015年版，第31页。

附丽，鱼贯而至"[1]。元代海运政策极大地推动了元代经济的发展，造就了一批富可敌国的海商。费棨于南宋末年曾为上海市舶长官，归顺元朝后，以市舶漕运之功，授怀远大将军、浙东道宣慰使，仍主持上海市舶司工作，其子费拱辰为武德将军、平江等处运粮万户。父子先后负责元代漕运，成为上海著名富商。弘治《上海志》卷八《人品志·节义》："费棨，字子寿。在宋季时以策干两淮制置使，补进勇尉，至武节郎，寻提举上海市舶。归附后，授金牌千户，复兼镇守上海总管府事。已而畀佩符，加授明威将军，管领海船万户。匄闲，迁怀远大将军，遥授浙东宣慰使。"[2]

元代上海设县后引发了上海移民潮——耕种与商贸。元代诗人袁介《沙涂行》："西起吴江东海浦，茫茫沙涂皆沃土。当是此产不归官，尽养此地饥民苦。"[3]元代，刚开发的上海县地广人稀，湖网密布，河流纵横，良田沃土，极易耕种。上海设之初，鼓励耕种，增加人口，促进经济发展，官府免收田税。许多人迁移至此，开垦荒地，春种秋收，安居乐业。正统八年（1443），大理寺少卿上海人沈粲所撰《故蒋处士行状》："移家至海上之淡溪，以耕植为事。"蒋处士在明朝初年移民上海，广置土地，开垦粮田，家族迅速崛起，其后，家族加入到海上贸易的船队中，发展为巨商。《南汇蒋氏族谱》："际明兴而兵祸倥偬，不乐仕进……引长流以灌两涯，田肥美，民稠密，公耕而乐之。"[4]可知，元代上海地区的发达固然是源于畅通的海上贸易，而优惠的土地政策也是上海发展不可缺少的重要因素。由此，上海诞生了一批豪族。漕运豪族是上海县的主要支配者，一些从事海外贸易的海商发展为远近闻名的巨商富族。上海金山沈氏，元代末期，沈居仁由枫泾迁移至上海县十八保磊塘，定居繁衍，从事商贸，至明代，在

［1］正德《松江府志》卷一五"坛庙"引宋渤《庙记》，《上海府县旧志丛书·松江府卷》，上海古籍出版社，2011年版，第244页。

［2］弘治《上海志》，见《天一阁藏明代方志选刊续编》，第10册，第304—305页。

［3］［清］秦荣光：《上海县竹枝词》"税课二十二"，顾炳权编：《上海历代竹枝词》，上海书店出版社，2018年版，第288页。

［4］《南汇蒋氏族谱》，稿本，上海图书馆藏。

当地脱颖而出，发展为川沙一带的大户，商业、科第、仕宦都崭露头角。明代初期，仍然鼓励垦殖，减免赋税，优惠的土地政策极大地吸引人们开垦荒地。而明初为加强海防，在沿海设卫所驻兵，许多官兵家眷跟随至卫所，遂寄籍当地，许多卫所发展为市镇。陆深为徐阶母亲所撰《诰封太恭人顾氏墓志铭》："徐太恭人顾氏……按状太恭人系出浙之鄞，以有戍籍于松江所，故今为华亭人。"(《俨山集》卷七十）万历间内阁首辅徐阶的母亲顾氏祖上有人担任松江所军官，家人随军，遂定居松江。

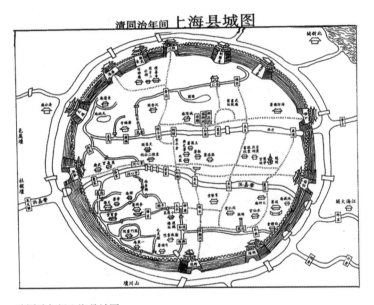

清同治年间上海县城图

陆深祖上定居浦东陆家嘴早期从事耕种，开垦土地，植棉纺织。在此基础上，出海贸易。陆深曾祖陆德衡的岳父章氏本浦东大盐商，富甲一方，豪于财，陆深《陆氏先茔碑》："上海有章某者，长乡赋，雄于一方。"章氏本是掌管一方收税的地方官员，同时拥有自己的家族盐场。可知章氏具有商业眼光和经济意识，高瞻远瞩，为女婿陆德衡一家在吴淞江与浦江交汇之处置地建房。陆德衡一家妻小遂在此安居下来，代代繁衍发展，成为豪门大户。陆深多次在其诗文中云其祖居在三江，《古诗对联序》即云家在"三江之合流"。"老堪寄一廛，当此三江

49

入"(《园中芭蕉产甘露金色若莲花而大几盈尺欣赏一首》,《俨山集》卷五），在三江汇合之地修建可以颐养天年的居所，而此"一廛"居第后来则倾注了陆深毕生的心血与财力。当居第修竣后，陆深《念奴娇·秋日怀乡》颇为自豪地说："大江东去，是吾家一段，画笥中物。"(《俨山集》卷二十四）俨山园与黄浦江和谐地构成一幅优美的江南水乡图。《松江府志》谓之"隔岸楼阁，一望如画"，嫣然一幅风景如画的桃源图。祖居位于淞、浦汇流之区，以至于陆深认为陆氏家族拥有这一段风景如画的江面的所有权，并在给友人张君玉的信中云："赖先人之业，足以自适。近筑一隐居，当三江之合流，颇有竹树泉石之胜。"(《答张君玉》,《俨山集》卷九十三）可知，三江合流的陆家嘴一带不仅水路畅通，而且风景优美，富豪章某不会毫无原因地为女儿一家选择居住地。虽然最初选择陆家嘴置地建房是岳父章氏的决定，但陆德衡已是而立之年的中年人，已有相当成熟的思想和识见，因此陆德衡应当也是选择陆家嘴定居这一家族决定的重要参与者。

19 世纪 80 年代上海苏州河

陆深祖上"筑室黄浦之东"(《敕封文林郎翰林院编修先考竹坡府君行实》,《俨山集》卷八十一）。代代传承，陆深继承祖上家业，扩建园林，他所修建的俨山园（即后乐园），陆深友人江西弋阳汪佃（1471—1540），字友之，参观游览后颇为感慨："带水市嚣浑锁断，玉峰何处尽飞来。"(《游浦东园》)何处飞来"玉

50

峰"山，可登高凭眺，一望渺然。陆家嘴后乐园与上海县城之间为黄浦江所隔断，一衣带水，车马的喧闹，人声的嘈杂被阻隔于浦江之外，俨山园成为一方宁静的乐园。陆深《和汪有之园亭之作》（《俨山集》卷十三）：

> 一区犹愧子云才，薄有茅堂傍水开。
>
> 远讯经秋凭雁到，问奇长日有人来。
>
> 好花隔岸飞红雨，新笋穿篱进绿苔。
>
> 同上玉堂俱出牧，却从郊野望蓬莱。

汉朝才子扬雄穷苦书生凭其洋洋洒洒的文笔创作出传世经典《甘泉赋》《长杨赋》《羽猎赋》等，陆深认为，他已经拥有扬雄赋中所描述的生活，却未能创作出经典文章，他希望这座傍水而居的"茅堂"能够培育自己的文学才情。正如成都的杜甫草堂，并非是透风漏雨不避寒暑的茅屋，而是一座规模宏大的兼有小桥流水亭台楼阁的庄园别墅。古代，文人贤士往往谦虚地将自己的优美别墅称为草堂茅屋。如明清之际嘉兴才子李绳远，本出身贵族，家底丰厚，易代后远赴贵州任贵州巡抚曹贞吉的幕僚，用所积累的薪资在杭州西湖修建了一桩知名的别墅，并请名画家绘图，当时江南一带的文人多为其别墅题写诗词，但李绳远仍称其别墅为"草堂"。陆氏所修建的这座傍水而居的"茅堂"——俨山园使得陆家嘴扬名天下。嘉庆《松江府志》卷七十八《名迹志》"后乐园"："今则遗址无存，芦洲半皆非陆氏所有，其地犹呼之曰'陆家嘴'云。"[1]

---

[1]［宋］如林修，孙星衍等撰：嘉庆《松江府志》卷七十八，《续修四库全书》史部地理类第688册，上海古籍出版社，1997年版，第487页。

第二章　陆氏家族与江南文化

江南佳且丽，沃野多良田。

道旁采桑女，湖中木兰船。

礼让季札后，文学言偃前。

昆山产良玉，自古盛才贤。

东通沧海波，西接阖城烟。

既饶鱼稻利，复当大有年。

登眺何郁郁，井市互纠缠。

商贾竞启关，逋流愿受廛。

这是陆深给新任昆山县尹邓文璧（字良仲，弘治十八年进士）的送行诗《江南行·送邓良仲尹昆山》(《俨山集》卷四）中所描绘的江南。明代中期，苏州、松江等整个江南一带在丰厚的历史文化底蕴之上逐渐形成众多经济发达、商贸繁荣的商业市镇，人们讲究生活情调、环境舒适，衣食住行等生活消费出现新时尚。董含《三冈识略》："吾郡缙绅家，务美宫室，广田宅，蓄金银，盛仆从，结官长，勤宴馈。"[1] 高门华屋、甲第入云，私人园林遍地而起；家宴规模宏大，讲究排场，奴仆成群，秦荣光《上海县竹枝词》"风俗九"："明季骄奢邑缙绅，多收奴仆至千人。"自注："颜《志》：右族以侈靡争雄长。燕穷水陆，宇尽雕镂，臧获多至千指，厮养、舆服，至陵轹士类。"[2] 明中期，上海县城名园错综，交衢比屋，阛阓列廛，俨然东南大都会。与此相应，在文学艺术领域，突破传统、追求创新成为新趋势，新流派、新风格不断出现。"松江书派"应运而生，引领书法界的发展。江南教育得到普及，公私书院次第崛起，义塾私学，不计其数。江南文化呈现出空前新气象，上海即是新崛起的江南市镇的典范。

第一节　陆深与松江书派

"陆深书法致翩翩，博洽才高笔涌泉"[3]。陆深不仅是正德、嘉靖时期上海地区职位最高的官员，"文翰与治化相通"（陆深《跋边伯京草书千文》），也是这一时期成就最辉煌的书法家。

明代松江以书知名者除二沈（沈度、沈粲）二张（张俊、张弼）遇主深受恩宠外，尚有"沈太仆凤峰、张南安东海，以草书胜，得颠素笔。陆学士俨山以行楷胜，得李栝州、赵吴兴笔；而莫方伯以苍遒胜、廷韩以秀媚胜。至若董元宰，声实煊赫，更超诸贤之上"[4]。沈恺（字舜臣，号凤峰）；张弼，字汝弼，号东海。二人皆以书法著称，是怀素草书的真传，莫如忠、莫廷韩、董其昌诸体皆胜，而陆深独以行楷知名。在明代上海十位著名书法家中，陆深名列其中，是明

［1］［清］董含：《三冈识略》十卷《续识略》一卷，《四库未收书辑刊》子部429册，北京出版社，2000年版，第607页。

［2］顾炳权编：《上海历代竹枝词》，上海书店出版社，2018年版，第252—253页。

［3］［清］秦荣光：《上海县竹枝词》，顾炳权编：《上海历代竹枝词》，上海书店出版社，2018年版，第252—253页。

［4］［清］吴履震：《五茸志逸》卷三，清抄本。

代中期上海书法成就最为卓著的代表性人物。

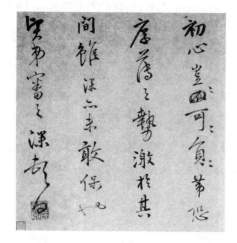

陆深《行书书札》(局部)(湖北省博物馆藏)

"董书易觏，陆书罕传"[1]，这是近代学者王文治在书法研究中的慨叹。陆深是贯穿明中叶前后学术和思想的重要枢纽，"赏鉴书画，博雅为词林之冠"[2]，是明中期云间书派（亦云松江书派、华亭书派）的代表。陆深倾注生命热情练习书法，考究书艺，《俨山集》卷八十九《跋所书陆放翁诗》："深少喜诵放翁诗，卧病山堂，适检渭南集，文学姚时望以此卷要予书，懒惰之余因相与共诵之，每一篇称快，即为泚笔书之，不觉满卷。"《俨山集》卷九十四《与杨东滨十五首》其七："夜来滕东遗过宿山馆，因作数大字，遂至腕痛。"他能取得书法界的地位绝非是宣传打造而成，而是功夫所必致。晚明何三畏《云间志略》："（陆）深真、草、行书，如铁画银钩，遒劲有法，颉颃北海，而伯仲子昂，一代之名笔。"在松江书法史、在中国书法史上都占有重要席位。唐锦曾赞美陆深云："吾松先达，如张庄简公之政事，钱文通公之风献，张庄懿公之器量，顾文僖公之才望，二沈学士之书翰，皆一代名流，俨山公殆兼而有之。至于问学之宏博，词赋之精工，直

---

[1]［清］王文治：《快雨堂书论》，崔玺平选编点校：《明清书论集》（下），上海辞书出版社，2011年版，第1006页。

[2]［清］钱谦益：《列朝诗集小传》丙集"陆詹事深"，上海古籍出版社，1983年版，第278页。

当与先朝宋文宪、李文正相争衡。"[1]《俨山集》卷八十六《书学古编后》："元人于书学有复古之功，吾子行尤长于篆籀图印之学。今京师学古编，非善本，间为校正数字，重次第之，托吾友姚尚绚录之，以便考观。"可知，陆深对于书学的高度重视，他希望将书法艺术作为家学传承下去。

明代松江书法史上，前期有沈度、沈粲，活跃于宫廷，后期有董其昌名扬天下，陆深则是云间书派由前期向后期过渡的关键人物。诚如陆深《京中家书》所自道："书画，是我一生精力所收。"

一、陆深与台阁书风

陆深从 20 岁左右即开始临摹王羲之书法，购买收藏了不少王羲之手迹和拓本。其后，大力临颜真卿。颜体笔力浑厚挺拔，苍劲端稳，开阔雄劲，体现出雄浑的博大气象，成为后世官方认可的书体。陆深其追忆学书经历云："予于书笃好颜书，已几于道矣。予所有大字则《东方像赞》，行书则《争坐位稿》，又得蔡成之《分家庙碑》数行……予读书内馆时，尝仿之。"（《俨山集》卷八十八，《又跋颜帖》）可知，在京师读书余遐，陆深即大力临摹颜体。正德三年（1508），陆深 33 岁，"南归"故里，从金陵友人"罗敬夫"处借阅颜真卿《多宝塔铭》，其《跋颜帖》云："右多宝塔铭，予借临于金陵罗敬夫舆。敬夫，予乡同年也。予家尚有善本，遂举以归之，然完好，犹是百年前物。予后凡得数本，皆不及。"（《俨山集》卷八十八）对《多宝塔铭》进行临摹，专心钻研颜体，即使率性而作应酬文字，也俱不苟且。同时，陆深努力寻访多种临本，进行比较和研究，确定自己所仿习的目标。对于社会上流传的各种《多宝塔铭》的临本，陆深鉴别优劣，具有极高的书法鉴赏力。通过各种途径，多方搜集颜真卿手迹，既作为自己临摹的对象，也是陆深书画收藏的重要内容。《瑞麦赋》书风雍容顿挫、蕴藉醇正，一

---

[1] [明] 唐锦：《詹事府兼翰林院学士俨山陆公行状》，《龙江集》卷十二，《明别集丛刊》第 1 辑第 84 册，黄山书社，2013 年版，第 385 页。

派庙堂气象，即是陆深学颜体的成果。陆氏书法之所以被宫廷士大夫所喜爱，是因其风格中和，端稳凝重，平和雍容，体现了帖学派的书法特色。

陆深《跋边伯京草书千文》："书法弊于宋季。元兴作者有工，而以赵吴兴鲜于渔阳为巨擘……我朝三宋者出，追踪魏晋，开一代书学之源。今而贤才辈出，骎骎古人矣。"（《俨山集》卷七十八）陆深终生以颜真卿为楷模，奉颜体为宗，直到晚年，陆深楷体仍然沉着森严，大小匀称，如《楷书双寿诗》，充满庄重典雅的"庙堂气"，毫无草率之笔。这与陆深身为朝廷命官的律己期许密切相关，也体现了陆深为人的谨慎，他时时要求自己保持一位官员应有的本分和因职位而产生的社会影响，以至于官至首辅的夏言认为陆深"书法妙逼钟、王，比于赵松雪而遒劲过之"，虽然作为陆深门生，夏言有故意推扬其师之意，但也确实说明陆深学颜体书的用力。

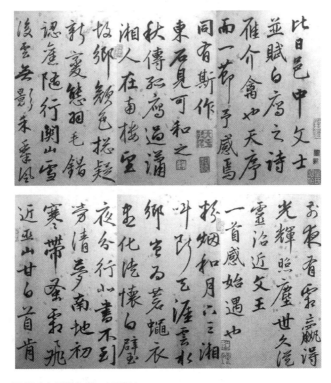

陆深《白雁诗》册 （局部）

颜体端庄雅正，相较于北海，缺少灵动的韵律之美。从审美愉悦的角度说，北海体尤其是行体更受文人青睐。尽管陆深一生以颜体为准，但他并未拘泥于颜体，而是广泛地学习前辈著名书家并融会贯通。唐人李邕，以行书知名天下，书风奇伟倜傥，人称"书中仙手"。纵横飞扬的行书具有极大的美感。北海体成为陆深行书的标尺，董其昌云："陆文裕，正书学颜尚书，行书学李北海。"[1]又云："陆公书类赵吴兴，实从北海有入，客每称公似赵者，公曰：'吾与赵同学李北海耳。'"[2]陆深学李北海（李邕），端稳凝重、平和雍容，散发出帖学派文人书法特有的书卷气。晚明何三畏《云间志略》："深真、草、行书，如铁画银钩，遒劲有法，颉颃北海，而伯仲子昂，一代之名笔。"陆深在学颜体的基础上进而学北海行体，终成一代名家。在陆深之前，仿习北海最成功的书法家是赵孟頫。元代赵孟頫是中国书学史上的一代书风之转折点，与董其昌一样同为一代书风转变的关键人物。尤其是其对晋唐书风的大肆弘扬，成为明代复古派的旗帜。且赵孟頫书法，不仅统领元代，在明中叶以前仍是主流。陆深虽生在明中叶，距离赵孟頫时代近，较之北海，赵书易于得到，陆深大量搜集赵孟頫书法认真研究观摩，思考赵孟頫学习北海的途径与方法，由此明代书家往往以为陆深专门取法赵孟頫。"文裕善真行草书，俱法赵文敏公"。王世贞评价陆深书法"不能离赵吴兴"，"亦出入吴兴"。书坛上比较一致的观点是陆深颇受赵子昂、李北海的影响。但是，陆深却否定了这一在社会上广为流传的说法，莫是龙《莫廷韩集》引陆深自评书法云："吾与吴兴同师北海，海内人以为吾取法于赵。"事实上，赵孟頫也得益于李邕，尤其是楷书，极似李邕。当人们认为陆深学习赵孟頫时，他说："我与松雪翁同参李北海。"（陈继儒题《陆子渊白雁诗卷》）莫是龙又云："吾乡陆文裕子渊全仿北海，尺牍尤佳，人以吴兴限之，非笃论也。"[3]莫是龙堪称真正了解陆深书

［1］［明］汪珂玉：《珊瑚网》卷二十四《书品》"董玄宰品书"，民国五年（1917）刻本。

［2］［明］董其昌：《画禅室随笔》"评书法"，崔尔平选编点校：《明清书论集》（上），上海辞书出版社，2011年版，第252页。

［3］［明］莫是龙：《评书》，崔玺平选编点校：《明清书论集》（上），上海辞书出版社，2011年版，第215页。

法的渊源。

由此可知，陆深广综博取，包括二王、二沈、三宋诸体，各取其精华，陆深强调："士贵博古，亦要通今。博古而不通今，无用之学；通今而不博古，无体之学。"但主要在颜真卿、李邕、赵孟頫三人的书体上深加钻研，力求出新，柔媚和雄放融合为一。清代书法家翁方纲在其习书的过程中也认真研究陆深书法，认为陆深并非仅仅"在李北海、赵吴兴间"，"松雪学北海，尚不若文裕之得其纵宕为多耳"。认为虽然皆学习北海，但赵孟頫侧重于北海婉约妩媚，陆深却掌握了北海跌宕宏达的气势。赵孟頫的柔美书体一以贯穿，但陆深在松雪柔美典雅的基础上将北海的阳刚雄健融入进来，因此，莫是龙说陆深"雅宗赵松雪，晚熔李北海"云云。陆深书风的早年特征尤为贴切于赵子昂书风，由子昂上推到李北海，综合王羲之、颜真卿的成就，遂形成独特的书法风格。

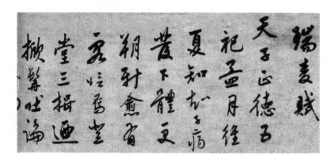

陆深《瑞麦赋》(局部)(北京故宫博物院藏)

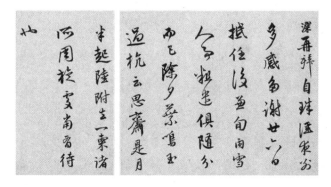

陆深书札手迹

董其昌称赞陆深"足为正宗"[1]。陆深的书法实践体现了书法应走的正统之路，亦体现了在吴门书派强大气势下台阁书风的传承。在明代前中期"吴门书派"盛行之际，陆深书法在松江地区别树一帜，"熔古铸今，融会贯通"的书学主张，对后来以董其昌为核心的云间派的形成产生了重大影响，为云间书派的迅速崛起起到了至关重要的影响，陆深与莫如忠一起成为云间书派的先导，影响了后来以莫是龙、董其昌、陈继儒为代表的中坚力量。董其昌"唐书不如魏晋"的观点就是在继承陆深"书追晋唐、不学时人"的书学观点基础上的进一步发展，由此，陆深对于松江书法的发展有筚路蓝缕之功。

二、苏、松之争：陆深与文徵明

何良俊《四友斋丛说》："吾松在胜国与国初时，善书者辈出……国初诸公尽有善书者，但非法书家耳。其中惟吾松'二沈'，声誉籍甚，受累朝恩宠。"[2]明代被朝廷重用的松江书家众多，明末松江董其昌也深感自豪："国朝书法当以吾松沈民则为正始。"[3]"文、祝二家，一时之标，然欲突过'二沈'，未能也"[4]。陈继儒题《崇兰馆帖》云："今天下墨池一派，推重三吴，而吾乡独以工书遇主，前有'二沈'，后有'二张'。沈公度至学士，粲起翰林至大理少卿，张公天骏至大宗伯，电至少宗伯……吾乡书家如任子明仁发、王伯静默、朱孟辨苇、陈文东璧、卫立中德辰、章共辰弼、曾心传遇、顾谨中禄，皆名载书史。"[5]梳理了颇受朝廷器重的松江书法家，明前期朝廷内外的台阁体即由松江书家所建构。论及陆深，陈继儒认为陆深书法"实从吾乡沈学士得来"（陈继儒题《陆子渊白雁

［1］［明］汪珂玉：《珊瑚网》卷二十四《书品》"董玄宰品书"，民国五年（1917）刻本。

［2］［明］何良俊：《四友斋丛说》，中华书局，1959年版，第251页。

［3］［清］卞永誉编：《式古堂书画汇考》卷二，清康熙二十一年（1682）抄本。

［4］［明］董其昌：《画禅室随笔》卷一，《丛书集成三编》第31册，第388页。

［5］［明］陈继儒：《白石樵真稿》卷十七，容庚《丛帖目》第三册，中华书局香港分局，1980年版，第1211页。

诗卷》)。

明代前期的书坛,突出表现为宫廷书风——"台阁体"的盛行。明朝初期举国初安,一切百废待兴,宋濂、刘基等在朝廷儒臣的书法以儒雅端庄的风格推动了明代初期庙堂文化的发展,理性的温柔敦厚的书风得到弘扬。经过詹希元、宋璲、杜环等融入宫廷书风后,书法的艺术美感逐渐消失,应制特色日益明显,成为台阁大臣的专用书体。这一潜滋暗长的书体风格到明成祖永乐年间便正式以台阁体的形式登台亮相,其明显的标志是以"二沈"(沈度、沈粲)为代表的宫廷书的出现。何良俊《四友斋丛说》:"国初诸公尽有善书者,但非法书家耳。其中惟吾松'二沈',声誉籍甚,受累朝恩宠。"[1]"二沈"因能书受到永乐皇帝的赏识,明成祖"最喜云间二沈学士,尤重度书,每称曰:我朝王羲之"[2]。永乐二年(1404),成祖又诏吏部遴选士之能书者,储于翰林,用诸内阁办理文书。朱棣对于"二沈学士"的高度赞扬不仅说明皇帝对于二沈书法水平的肯定,也体现了朝廷文化领域树立旗帜的意识。可以说"二沈"以一种榜样的影响力成为"台阁体书法"的代表人物,尤其是沈度,以其独具特色的台阁体书法,在明代掀起了一股学沈热潮,历成祖、仁宗、宣宗三朝而不衰。沈度的楷书、行书、隶书对朝野内外产生了巨大影响。从此,"二沈"成为当时最受推崇的书法家,并由此开创了宫廷书家的鼎盛局面。王世贞《艺苑卮言》曰:"吾吴郡书名闻海内,而华亭独贵。沈度至学士;粲初起翰林,至大理少卿;张天骏至尚书,电至侍郎。时人语曰:'前有二沈,后有二张。'"[3]其所谓"贵",即指诸多松江书家受皇帝器重,身份尊贵。松江还有诸多以能书服务于朝廷的书家。如《续书史会要》载:"陆伯伦,华亭人,工楷书,永乐中荐为中书舍人。金勉,字希贤,松江人,官中书舍人,善行楷。夏卫,字以平,松江人,官中书舍人,篆隶有古则,亦能诗。金铉,字文鼎,号尚素,松江人,书工章

---

[1][明]何良俊:《四友斋丛说》,中华书局,1959年版,第251页。

[2][清]朱国标:《明鉴会纂》卷四"明纪"。

[3][明]王世贞:《艺苑卮言》,《明清书法论文选》,上海书店出版社,1994年版,第176页。

草，画仿王叔明。子钝，字汝砺，官至中书舍人，精楷书，章草亦入妙境。"松江的众多文人因书法而被重用高居朝廷要职。此后，大规模宫廷应制书风应声兴起。

台阁体作为官场应用的程序化书风，工整规范，大小一律，以应试为目的，缺乏个性与艺术生命力。程序化和单调僵化的结果导致艺术生命的衰竭。宫廷书法为"台阁体书法"奠定了基础，但宫廷书制的僵化死板都限制了此时"台阁体书法"的自由发展。迎合皇帝的喜好而产生的台阁体作为明代前期的一种特殊的文化现象固然是主流，但杨维祯、宋克等所代表的元人风格依然在文人之间流行，说明，即使有政治强压，但多元发展则是艺术本身的需要。三宋（宋克、宋广、宋燧）书体体现出明显的个体风格，宋克把赵孟頫提倡的章草再发展至新的高度。宋克等书家使元末优秀的书法品格和趣味得以留存并传承。陆深作为明代书法名家，最早认识到松江地区书法家所共有的特色，"国初书学，吾松尝甲天下"（《题所书后赤壁赋》,《俨山集》卷八十六），并论松江书派源流云：

> 大抵皆源流于宋仲温、陈文东。至二沈先生，特以毫翰际遇文皇，
> 入官禁近，屡迁为翰林学士，故吾乡有大学士、小学士之称。民则不作
> 行草，而民望时习楷法，不欲兄弟间争能。（《俨山集》卷八十六）

"宋仲温、陈文东"分别指苏州宋克（字仲温）与华亭陈璧（字文东），皆以书法著称。顾清《松江府志》载："宋克游松江，陈文东尝从受笔法。"朱惠良《云间书派特展图录》云："（宋克）晚岁常至松江盘桓，故其楷行草诸体均为云间书家仿效，为云间书派开山鼻祖。"陆深《跋边伯京草书千文》："我朝三宋者出，追踪魏晋，开一代书学之源。"三宋及明初詹希元、杜环等书家书法平正、娴熟，为台阁体导夫先路。陆深将明代书学的源头归功于三宋，说明他对于朝臣台阁书风的认同，同时陆深也是明中期台阁体的重要传承人。陈璧书法师承于宋克，是

"云间之破天荒者"[1]。沈度之小楷、沈粲之草书取法于陈璧。沈度、沈粲兄弟二人的书法对明初宫廷书派产生了重要影响。王世贞将陈璧、沈度、沈粲三人"圆熟精致"的书风称之为"云间派"。王世贞《三吴楷法十册》第一册跋云："陈文东小楷《圣主得贤臣颂》，文东名璧，华亭人。国初以书名家……余每见二沈（民则、民望）以书取显贵，翱翔玉堂之上，文皇帝至称之为我明右军，而陆文裕独推陈笔，以为出于其表……是三书皆圆熟精致，有《黄庭》《庙堂》遗法，而不能洗通微院气，少以欧、柳骨扶之则妙矣。盖所谓云间派也。"[2] 所谓"院气"，即指明代初期的台阁体，沈度、沈粲兄弟所代表的台阁体书家。傅申说："宋克一脉，传于云间，至永乐、宣德间，经二沈之发扬，使此派楷法，成为馆阁体之滥觞。"[3] 松江（云间）书派成为明代宫廷书法的主流，具有明显的地域特色。他们的书法作品在社会上广为流传，陈继儒即发现陆深书法中沈度的影响，王世贞则发现陆深书法中的陈璧气象，显然，陆深以云间书家为目标，也珍藏了不少前贤的手迹。许多松江派书法作品也正有幸为陆深所收藏才得以流传于后世。正统之后，松江"二钱"书名大振。钱溥（字原溥）、钱博（字原博），《松江志》谓二人"工古文词，善楷书、行、草"。《艺苑卮言》谓钱溥、博兄弟书法"真、行出自宋仲温而少姿韵"。松江黄翰（字汝申），徐观（字尚宾），书法知名，尤其徐观，"交南、朝鲜诸国使者至，购其书以为荣"。成化弘治以后，松江出现以张弼、张骏为代表的草书家，朱应祥（字岐凤）、曹时中（号定庵）等也以草书出名。然而，这一局面仍抵不住正在崛起的吴门书法，吴门祝允明、文徵明的巨大影响统领书坛。云间派的大家多已过世，重振云间派气象，陆深责无旁贷。陆深不仅余暇苦练书法，而且倡导"水滴穿石"的理念，其《书辑》云："张伯英临池学书，池水尽墨。钟繇入抱犊山十年，木石俱黑。王羲之五十二岁而书成。永

[1] ［明］王世贞：《三吴楷法二十四跋》，孙鑛《书画跋跋》，见《历代书法论文选续编》，上海书画出版社，1993 年版，第 392 页。

[2] ［明］王世贞：《弇州山人稿》《题沈粲书姜尧章续书谱》，见《佩文斋书画谱》第五册，卷八十《历代名人书跋》其十一，第 2292 页。

[3] 傅申：《明代书坛》，《书史与书迹》，台北"国立"历史博物馆出版社，2004 年版，第 180 页。

禅师不下楼者四十余年。要非一朝一夕之故也。"（《俨山外集》卷三十四）最终，陆深成为明中期松江书派的嫡系传人。

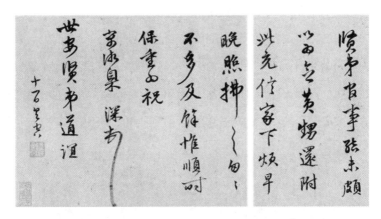

陆深《与世安书》

台阁体风靡的时代，区别于"台阁体书法"的野逸书风悄然兴起，江南士子大多不满于明初以来笼罩书坛的"台阁体"书风，而希望重现两宋时代那种既尊重法度，又在相当程度上奖掖创造，张扬个性的书法风貌，纷纷去尝试实现这种变革。这正是明代中期，吴门书风兴起的社会背景。到明中期，逐渐发展壮大。以文徵明为代表的文人书法的兴起开始与台阁体分庭抗礼。江南地区产生了大批的文人书家，他们相互交流学习，形成统一的审美风格，并成为一种新的书法流派——吴门书派。

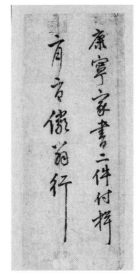

作为书法流派，吴门书派是为纠台阁体之弊而诞生，并迅速风靡书坛，诞生了文徵明、祝允明等著名书法家，受阳明心学的影响，他们追求自由，强调个性的风格，反对复古思潮，在明中期几乎取代台阁体而风靡大江南北。

明朝建立，因吴地文人士大夫曾支持陈友谅，而为太祖所压制。多数吴地文人政治上受压抑，而吴地一带

陆深《与儿书》

的商品经济的发达使得此地文人甘愿疏离政治，而隐居乡野，保持闲云野鹤的生活情趣。吴门书风与台阁体书风的不同也成为一种渴望脱离政治文化束缚的艺术体现。至明中期，众多在北京发展的江南士大夫都回到家乡。他们的回归对吴地、尤其是对沈周周围的苏州文人圈而言，明确地传达出苏州文人隐逸的生活取向。由于文徵明、祝允明的回归，苏州一度成为天下文人所趋之若鹜的胜地，成为艺术的中心。正是在吴门书派如火如荼之际，基于吴门的强大影响，松江地区的艺术为吴门书画艺术的巨大成就所淹没，松江书画在经历了明朝的辉煌后逐渐趋于沉寂。

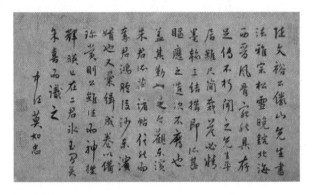

莫如忠题跋

题跋为：陆文裕公俨山先生书法，雅宗松雪，晚镕北海，西晋风骨，宛然具存，足传不朽。闻之先生平居，虽尺简裁答，必精墨翰、工结构，即所甚昵，应之造次不废也。盖其勤如是。今观东滨朱君所藏诸帖，信然。而秦君鸿胪复沙，东滨婿也，又汇缉成卷，以备珍赏，则公虽往而神标辉映，已在二君冰玉间矣。余喜而识之。

正如台阁体一样，吴门书派发展到后期，弊端毕现。吴门书派从文徵明的再传弟子起，已被文徵明的形象所笼罩，僵化固守，陈陈相因，最后终于趋向衰败。此时，临近苏州的松江正在形成新的文化运动，以董其昌、莫是龙、陈继儒对吴门书派的末流进行大肆攻击："祝、文、王数公而下，吴中皆文氏一笔书，初未尝经目古帖，意在佣作，而以笔札为市道，岂能复振其神理、托之豪翰，图不朽之业乎！"[1] 在吴门书派流弊丛生之际，云间派重新振起。在松江地区，一批

---

[1]［明］莫是龙：《莫廷韩集》，崔尔平选编点校：《明清书法论文选》，上海书店出版社，1994年版，第213页。

新生代书法家逐渐崛起，其代表人物是董其昌——不仅超越吴门，而且登上了中国书画艺术的巅峰。董其昌行草书造诣最高，行书以"二王"为宗，融合于颜真卿、米芾等笔法，既沉着有力，又恬淡清雅，显然，这是在传统的台阁体中吸取吴门书派的文人逸致，将隐逸情怀融入到运笔之中，形成疏密和浓淡和谐交融的审美载体，成为书坛新时尚。云间书派即是在这样的背景之中兴盛起来。黄惇《中国书法史：元明卷》云："陆深与文徵明为同代人，文徵明一生以仿效赵孟頫为目标，而陆深则开始越过赵氏，以摆脱吴门书派首领文徵明在这一地区的辐射作用。"[1]云间书派从陆深开始就有摆脱赵孟頫的影响、突破吴门书派独尊一家的竞争意识。

董其昌《画禅室随笔》卷一"评法书"论云间书派：

> 吾松书，自陆机、陆云创于右军之前，以后遂不复继响。二沈及张南安、陆文裕、莫方伯稍振之，都不甚传世，为吴中文、祝二家所掩耳。文、祝二家，一时之标。然欲突过二沈，未能也。

陆深于53岁创作的《白雁诗册》，如行云流水，一气呵成，是合赵孟頫飘逸洒脱与李北海奇崛刚健为一的典范。《云间志略》盛赞陆深书法"铁画银钩，遒劲有法……颉颃北海而伯仲子昂，一代名笔"[2]。

云间书派并非是一个规范的艺术流派，最早是陆深认识到这一文化现象并提出这一流派概念，其后王世贞提出云间书派的风格与人员组成，但仍然属于较为松散的地域流派，成员之间并未产生流派意识。云间书派真正形成流派，是晚明当董其昌书法享誉海内外，并推出莫氏父子为开端。云间书派在发展上，与一般的地域文人流派相比有着其特有的发展特点，表现为出现之初即先有理论家勾勒营造整体书派特征，"后成为松散型的实体流派，且其目的在于建立与吴门书派相抗衡的地域书法流派。此种松散型的代价则是自董其昌之后，再无人能独撑门

---

[1] 黄惇：《中国书法史：元明卷》，江苏教育出版社，2001年版，第329页。

[2] [明]何三畏：《云间志略》，《明代专辑丛刊》第146册，台湾明文书局，1991年版，第14页。

户，随后即在晚明思想解放的浪潮中迅速没落"[1]。

云间书派的明显特色是按照传统书法一脉相承，代表了古典主义书风传统。云间派虽也受到晚明时期思想解放的影响，但他们在书法的学习上还是沿袭了传统的二王一脉，他们既随时代大潮追求个性的解放，同时还沉浸于传统技法的学习，在系统的临摹法帖之时而能别出心裁。所以云间派对于传统的继承与发扬，遵循儒家中庸思想。这既是朝廷文化传统的需要，也符合多数文化人的审美意趣，这就是云间派的董书能在清初成为书法的正统而为帝王所喜爱的原因。

云间派的最大价值在于对于传统的延续与创新，将中国书法传统的脉络在动荡的时代保留下来而不至于中断。晚明时期受到心学影响而出现的倪元璐、王铎等人在书法上也创造了新的高峰，虽然影响深远但并未形成流派。明代书法风格自"三宋""二沈"后至吴门书派一变，有董其昌与晚明诸家。此时书坛与明初时已截然不同，董书的"淡雅"体现了文人对轻松自然的审美的追求，而王铎、傅山却表现出激烈的书风。自此，形成了清代书法发展的两条线索。一是以模仿董书为代表的宫廷书法，即馆阁体；一是自傅山后逐渐出现的由帖学转求金石意味的书法。"康熙年间，因皇帝喜好董其昌书法使董书风靡海内。"[2]论书者多以董为尊，形成以董书为中心的宫廷书风的兴起。皇帝的喜爱和推崇使得董其昌有了一大批模仿者和追随者。晚明以王铎、傅山为代表的变革书风潮流延续到清初并未对书坛造成重大影响，在清朝极端政治的严格管控下，带有自由和叛逆色彩的艺术追求显得与时风极为不和谐，因此得赵孟頫神韵的董其昌馆阁体成为清前期人们趋之若鹜的经典。

三、陆深的书论

陆深不仅是书法艺术领域中脚踏实地的实践者，也是书法经验的认真总结传

---

[1] 王瀚：《明代台阁体书法研究》，中国艺术研究院硕士学位论文，第33页。
[2] 刘恒：《中国书法史：清代卷》，江苏教育出版社，2009年版，第19页。

承者，还是书法艺术的积极开拓者、推进者。他对于前人书法创作的经验，认真研究，斟酌取舍，同时对于自己学书作书的心得，注意随时提炼总结。

其所撰《书辑》，涵盖了书法史论、作品评述、学书技法等多方面的内容。许多方面，都有自己独到的见解。比如，中国书法历来讲究"指实而掌虚"，但是，如何做到这一点，许多书家都是语焉不详。陆深则明确指出，"执笔之法贵浅而病深，盖笔在指端则掌虚，笔居指半则掌实。掌虚则腾跃顿挫，生意在焉；掌实则回旋运动，如枢不转"。又如，中国书法一如中国画，特别强调"意在笔先"，强调精神与技巧的统一。陆深《俨山外集·河汾燕闲录》云："散怀抱，任情性，然后书之。若迫于事，虽中山兔毫不能佳也。"又云："凡书，神彩为上，形质次之。""凡书，在心正，在气和。夫心不正，笔则欹斜；气不和，书必颠仆"。他还用将军领兵布阵作比喻，大将带兵每到一地，就应依据其山川形势，合理安排自己的营地和兵力部署，才有可能把仗打好。书法创作，首要的应该是全局的谋划排布而不能只注意一字一笔的安排。陆深还对于执笔用笔中指、掌、腕、臂的运用要点，笔画结体中向背、排叠、借让、穿插等技巧，做了仔细的阐述。

陆深重视大胆创新的精神，对后辈学书者中敢于突破前人藩篱，具有创新精神者，陆深往往会给予特别的关注和鼓励，如他论张西鹤云："学书亦贵有胆，然后能出入古人尔！辄向老夫挥洒似有胆。"[1] 张西鹤以后生晚辈，敢于在陆深面前悬笔疾书，实在是难能大胆，陆深对此十分赞许，并将他在书法上的心得体会倾囊相授。正因为这些，陆深才成为当时松江书派的代表人物。

唐锦《詹事府詹事兼翰林院学士俨山陆公行状》颂扬陆深："吾松先达，如张庄简公之政事，钱文通公之风猷，张庄懿公之器量，顾文僖公之才望，二沈学士之书翰，皆一代名流，俨山公殆兼而有之。至于问学之宏博，词赋之精工，直当与先朝宋文宪、李文正相争衡。"[2] 在松江后劲的眼中，陆深的地位极高，就连

---

[1]［清］李延昰：《南吴旧话录》，上海古籍出版社，1985年版，第234页。

[2]［明］唐锦：《詹事府兼翰林院学士俨山陆公行状》，《龙江集》卷十二，《明别集丛刊》第1辑第84册，黄山书社，2013年版，第385页。

徐阶这样的大人物对于他都有如此之高的评价，可见陆深的人格魅力之巨大。

陆深的书法艺术，无论是在当时还是在后世都很有影响力。陆深书法的两位传人浦时济与张宾山，其生平事迹见于《云间志略》。然就影响力而言，张宾山享誉海内外，其作品几乎是当时官方书法的代表。石英中，字子珍，上海人，陆深门生，嘉靖癸未进士，官至刑部主事。石英中感叹陆深的道德文章及书法在当时堪称一流，曾在信中称"公真天下师"，"每见天下士之佳者，率从公门出"[1]。

陆深在当时文坛上，虽并臻于呼风唤雨的地位，然而对上海书法的发展却起到了承前启后的作用。他继承和发展了乡贤的成就。董其昌，尤对陆深书法推崇备至，其《跋旧雨轩帖》云："文裕公尺牍书，遒劲中有舂容之度，过于赵文敏行书，非吾辈所能梦见也。"认为陆深的尺牍书超过赵孟頫的行书，不仅如此，董其昌大力临摹学习陆深书法。清人翁振翼《论书近言》有云：

近从友人处，见明朝陆文裕讳深行楷，极雄古，有笔意。余曰："此远过董华亭矣。"

曰："此华亭师也，当日片纸都为华亭取去，故传者绝少。"[2]

王世贞说，祝、文书法，扬名天下，无敢抗衡。祝允明虽然被称为"国朝第一"，但在其辞世后，赝品弥漫，难辨真假，这极大地影响了祝允明的艺术地位，甚至一度成为恶俗的代称。晚明成就最高、最全面、影响最大的艺术家是文徵明，后人认为堪与其匹敌的正是陆深。而从书法的正统性来说，陆深则远在文待诏之上，故董其昌云："（陆深书）足为正宗，非文待诏所及也。"[3]

王文治也认为董其昌书法出自陆深，曾指出："陆子渊先生书法开董思白之

[1]［明］石英中：《柬陆俨山》，《石比部集》卷六，《四库存目丛书》集部第 83 册，第 465 页。

[2] 翁振翼：《论书近言》，《明清书论集》上，上海辞书出版社，2011 年版，第 612 页。

[3] 董其昌：《董玄宰品书》，见《珊瑚网》卷二十四。

先路，沉厚古雅，即此数行，可见一斑。"[1]王文治《快雨堂书论》中有论"陆文裕书"，其中述及"董公集历代之大成，于乡先生辈书，莫不虚心摹仿，而私淑之至深者，无如陆文裕公"[2]，认为董其昌对陆深"私淑至深"。董其昌论陆深云："吾乡陆俨山先生作书，虽率尔应酬字，皆不苟且，尝曰：'即此便是写字时须用敬也。'吾每服膺斯言。而作书不能不拣择，或闲窗游戏，都有着精神处，惟应酬作答，皆率意苟完，此最是病。今后遇笔砚，便当起矜庄想。古人无一笔不怕千载后人指谪，故能成名。因地不真，果招纡曲。未有精神不在，传远而幸能不朽者也。[3]这代表了董其昌以陆深为宗的书法观。他以陆深作为标准反观自我，体察不足。在此基础上，董其昌吸取吴门派的优长，从庄重转向追求淡雅，吸收了晚明时尚与心学的巨大影响。

明人宋音撰写《书法纶贯》曾四次引述陆深的书法理念。《淞南乐府》一书将明人陆深与清人张照的书法相提并论：

> 淞南好，玉躞富收储。笔冢云初宗祭酒，砚城月旦右尚书，嫡派定
> 何如？[4]

其自注云："陆祭酒深书法李北海、赵松雪，手抄书籍最富。张文敏照，生浦东三林塘，后迁郡郊。片幅流传，奉为墨宝。"[5]可知，在清人的视野中，陆深、张照是上海书法的领军人物。在这一点上，几乎没有异议。清代人孙岳颁在其《佩文斋书画谱》卷八十《历代名人书跋》其十一对陆深的书法有较为中肯的评价：

> 明陆深书。陆文裕公俨山先生书法雅宗赵松雪，晚镕李北海，西晋
> 风格，宛然具存，足传不朽。人言先生平居，虽尺简裁答，必精铅椠，

---

[1]《石耕山房法帖》卷一《宋拓化度寺碑》题跋。
[2] 王文治：《快雨堂书论》，崔玺平编《明清书论集》下，上海辞书出版社，2011 年版，第 1006 页。
[3]［明］董其昌：《评法书》，《董其昌全集》，上海书画出版社，2014 年版，第 66 页。
[4][5]［清］杨光辅：《淞南乐府》，上海古籍出版社，1989 年版，第 168 页。

必工结构，即于所甚眄者造次，应之不废也。其用力盖勤如是。今观东滨朱君所藏诸帖，信哉。而秦君鸿胪，后沙东滨婿也，实汇缉成卷，以备珍赏，则公虽往，而神标辉映，已在二君冰玉间矣。[1]

第二节　俨山书院与上海文化

陈继儒《偃曝谈余》论及上海地区的著名学者云："陆祭酒俨山最称博雅，徐长谷、何柘湖、张王屋、朱察卿、董紫冈继之，又与吴门文徵仲、王履吉交，故皆能泛滥究讨。"[2] 陆深与文徵明、王履吉等名士交游，则更提升了陆深的文化地位。清叶昌炽《藏书纪事诗》卷二载明代上海著名藏书家为"陆文裕深、黄标良玉、施大经天卿、宋懋澄幼清"，陆深居首，可知陆深藏书之富于史有名。晚清时期上海文人秦荣光《上海县竹枝词》："今古兼通陆俨山，农书徐相著朝班。讲求经济需年日，谁谓书生政不关。"[3] 秦荣光认为上海历史上最著名的人物是陆深与徐光启，陆深"古今兼通"，在学业领域的辉煌成就可与晚明礼部尚书内阁大臣徐光启的贡献并驾齐驱。由此，今日上海最响亮的地名即是陆家嘴与徐家汇。陆深的博学和通古，得益于其藏书提供的阅读便利。而在上海，陆深之能成为明代四大藏书家之首，则得益于他对其所创设的俨山书院的经营和运作。

一、陆深的书院认同

陆深认为，书籍是"传子孙至宝也"(《京中家书二十二首》其十六，《俨山

---

[1] [清]王原祁等纂辑：《佩文斋书画谱》，中国书店，1984年版，第2061页。

[2] [明]陈继儒：《偃曝谈余》，《四库全书存目丛书》子部第111册，齐鲁书社，1997年版，第860页。

[3] [清]秦荣光：《上海县竹枝词》，顾炳权编：《上海历代竹枝词》，上海书店出版社，2018年版，第342页。

集》卷九十七）。他自幼读诗书，搜寻古籍、博览群书，深知古籍收藏对于文化传承的重要意义。官府书院有充足的实力储存图书，对于书籍的保存与传承发挥了重要作用，《俨山外集》卷二十七《春雨堂杂抄》云：

> 唐开元中置丽正书院，聚文学之士修书。以张说为使有司，供给优厚。中书舍人陆坚欲奏罢之，惜费也。说曰：自古帝王于国家无事之时，莫不崇宫室、广声色，今天子独近礼，文儒发挥典籍所益者大，所损者微。宋太宗……设馆修三大书，命宋白等总之。三大书者《册府元龟》《太平御览》《文苑英华》也。《御览》外又别修《广记》五百卷，亦皆优为供给。盖将以驰驱一时之人才，使之乐而忘老，其本意初不为书籍也。明君贤相真自有度。

唐开元六年（718），正式设丽正书院，设检校官，官方的修书机构正式成立，主要功能是修书、藏书、刊书。其后设集贤书院——集贤纳士以济当世。故陆深文中即云丽正书院聚文学之士修书。宋代，官修书日渐增多，江西庐山白鹿洞书院、湖南衡山石鼓书院、湖南长沙岳麓书院、河南登封嵩阳书院、河南商丘应天府书院和江苏茅山书院。这些书院因得到皇帝的"御赐"而名扬天下。正因为书院汇集了天下英才，后世极具影响的三大丛书《册府元龟》《太平御览》《文苑英华》才能得以问世。可知，书院对于文献传承的重要性。许多流传至今的重要典籍文献尤其是大型文献都由书院完成，书院本初之意"不为书籍"，但却因书籍而提升了书院的功能。元代书院蓬勃发展，出现了太极书院、文靖书院、莲池书院等许多著名的书院。明初至嘉靖间，书院平稳发展，但未能产生如宋元书院般的深远影响。陆深在地方任职时，多关注地方教育，尤其是各地书院的兴建情况，《俨山集》卷五十二《大益书院记》：

> 嘉靖十有五年冬，大益书院告成。书院在今四川省城之东北隅。四

川古蜀都，而益州蜀古名也。惟我朝声教暨万里，而四川号称大藩。合今昔之盛，以大益名书院。而书院之大者，凡以文教辅国政也，与古四书院之制同。今天子中兴，加意文化，薄海内外，蔚然向风矣！而是院之成，适当礼乐大明之后。于时四川巡抚都察院右副都御史西野张公翰、巡按监察御史玉洲陆公琳，相与落之，而顾谓深宜记。深自乙未夏来辖蜀司，与闻斯事。稽诸案牒，盖自正德戊寅，提督学校佥事王公廷相实始其事。即故少师万文康公之旧寓，前为讲堂，后为燕寝，翼以左右之室，列为五斋，进为先贤之祠。树之门阀，缭以垣墙。于是书院之体位立矣。继之者副使张公邦奇端方指授，于是书院之师模具矣。士之来学者彬彬然。巡按御史卢公雍、熊公相助，以罚金五百，于是书院之润饰美矣。巡抚都御史许公廷光、巡按御史黎公龙、提学副使欧阳公重、知成都府刘天泽、王遵益以庑舍，实嘉靖之甲申岁也。

巡按御史范公永銮、刘公藏相继买田于双流，以六百金岁入，以四百六十有余石，于是书院之居养裕矣。副使江公良贵出学道赎金凡四百，左布政使林公茂达、按察使许公赞，相与佐协，以广门衢之地，于是书院之观瞻胜矣。会张公鲲以副使来督学政，请于巡按御史熊公爵加理葺焉。甲午之岁，副使顾公阳和踵至，请于巡抚都御史范公嵩、潘公鉴再新之。于是书院之基构永矣。巡按御史邹公尧臣以为未足也，再檄知府邵经济拓之。潘公申之曰："兹惟毋后时，凡费重以三百金。"于是书院之圮废者起矣。于时经济方有事于学宫，谋作乡贤、名宦二祠。佥事蔡公复元适视学，曰："隘矣！书院，学等尔，宜容有作。"宪副阮公朝东，适奉玺书议合，即请于张公、陆公，皆报可。乃左为名宦，右为乡贤之祠。于是书院之典章大备矣。诸生复有请曰："王公实创斯举，且师道传焉。万公尝主斯地，且相业懋焉。宜像王公于新堂，宜俎豆万公于右祠，庶诸生来游于斯者，以无负王公于生，以无忘万公于永永。"经济复以白二公，复报可，佥同之议，亦曰："礼以义起，此类是

72

也。经济乃具石，请书其事，以诏来世。按春秋之法，最重兴作，凡始事必书，凡终事必书，凡有益于治道者必书。"是役也，历年二十，经营数公，前此所未有也，不大益于蜀乎？……学与政通，学，所以学为政也。诸生盍顾名以思义乎。学成而出，持是以佐我皇明礼乐之化益之名义，于是为大是书院也。殆将与岳麓、白鹿媲美矣。此王公建置之本意，而诸公作兴之盛心也，皆不可以不记。

文章详细记载了四川大益书院兴建的前后过程，正德十三年（1518），由提学王廷相建于府城东北。嘉靖三年（1524），巡抚许廷光增修，巡抚范永銮等置学田于双流，从开始动土兴建。至嘉靖十五年（1536）建成竣工，前后历时长达二十年之久，体现了四川地方官对教育的重视。竣工之时，恰陆深任四川布政使，基于陆深的学术声望，人们特请其撰写碑文。可知，其筹办以及出资均为当地的政府拨发。书院学子的日常经费则由官府出资购买学田，每年可以提供书院600两白银，460余石粮食。以700白银购置房舍，作为书院学习的场地，同时营建乡贤祠、名宦祠，祭祀乡贤、名宦具有崇德报功、教化民众的社会意义。作为耗时久远的建筑工程，大益书院的修建必将推进四川地区文化教育的发展。四川任内，陆深也竭尽所能推动古籍刊刻，《俨山集》卷四十九《重刊千金宝要方序》："是编《千金宝要》，盖传自孙思邈云。我大中丞西野先生张公抚蜀以自随，因以济人……凡医得是书而理之，人有其书，还以证医之理，则所全活者必多矣……左布政使陆深、右布政使卫道合辞请而梓之，冀以广公之意。"基于孙思邈《千金宝要》对于治病救人的巨大作用，而世传者稀，在陆深与卫道的鼎力推动下，四川巡抚张公野投资付梓，这部医书得以更好地流传。

官府书院可以修纂个人所难以完成的大型丛书，但官府书院耗时耗资，需要当政者的大力支持。私人书院则便利得多，能够"合乡之人与族之子弟于是学焉"（陆深《玉山书院记》），可以只讲学授徒，也可以刻书藏书，较之官府书院灵活得多。因此，古代私人书院较官府书院为多。古代私人的"精舍""精庐""学馆""书屋"等都是学校。《俨山集》卷五十三《芳洲书屋记》为"大参山东俞公正斋读书之地";《俨山集》卷五十三《荆南精舍记》为"少保司徒大学士靳公别业"。兹录《俨山集》卷五十四《玉山书院记》：

古以书院闻者，嵩阳、睢阳、岳麓、白鹿，并谓之四书院。今白鹿在大江西，最显，而广信亦以鹅湖闻，是二者皆以吾朱子为之重也。玉山在淦，《淦志》称玉笥山。广信南壤相接也，未闻所谓书院者，今有之，则自谢氏父子始。谢于淦，右族也，与善封君，谢氏之良者也。既得地于玉笥麓，极形胜之美，其子今京卫参军贵谋曰："佳哉！即与吾一家有之乎？其将与众共之也。"与善君曰："良是。"于是书院建矣。相与鸠工遴材，卜日集事，正方表位，以大厥，规中为堂曰"会讲"，后曰"与善"，傍列两斋，左曰"精义"，右曰"丽泽"，出精义左上为楼，以庋经史，曰"宝墨"，为庵湢，所具器什，缭以周垣。东置良畤为廪，入曰"阅稼"；西为射圃，有亭曰"游艺"。弦诵以时，养习有地，合乡之人与族之子弟于是学焉。前启修途，曰"云径"，值途作亭曰"礼宾"。右有清池，池上曰"洗玉亭"；左为方塘，塘上之亭曰"天光云影"，其后为绰楔，曰"绿荫深处"。下有寻乐窝，右偏之池为观莲，复亭其上曰"理窟"，名义惟良，筑凿有焕，而皆为书院设也。既成，取山名名之曰"玉山书院"，邦之人士相与登……正德二载，参军始以状来请记。余惟今之书院与古乡学之意同，今之学与古之所谓学者，抑亦有同乎？否也。夫学至朱子大备矣，自本以趋末，明体而适用，此朱子之所谓学也。况江之西，又朱子杖屦所及之地，玉山之学者，倘有闻而兴起焉，斯地也，安知不与白鹿、鹅湖并闻乎！又安知不与四书院者相无穷乎！此则谢氏之功也，不可以不记。是役也，吾惟列其大者。若夫工役丰浩，谢氏之所优为者，宜不书。与善，名乾锡，以子封，其行义类书院之为者，贵字敏德，向用盖未艾云。

崇山峻岭，以配人文。这是陆深于江西任上对江西私人书院的考察，记述玉山书院的创建过程。历史上江西地区书院的发达，古代四大书院之白鹿书院即在江西，而广信地区也有著名的鹅湖书院。宋代理学家周敦颐曾在庐山莲花峰下设濂溪书院，钻研理学。北宋理学家程颢、程颐长期在濂溪书院攻读。南宋初，朱熹、陈亮、辛弃疾的鹅湖之会即是儒学史上的重要事件。朱熹在江西南康、福建漳州知府、浙东巡抚任上，都大力创办书院，发展教育。其中白鹿洞书院是中国古代最为完备的书院，也是朝廷在京外设立的国学。朱熹任职江西时曾重建白鹿洞书院，多次举办讲学。当陆深任职江西时，专程赴庐山考察白鹿洞书院。理学的发展与书院密不可分。明代成化、弘治以来，伴随科举的新趋势，官方大力兴建书院，成化十五年（1479），宪宗为"紫云书院"赐额。成化二十年（1484），诏令重建江西贵溪象山书院。弘治二年（1489），修复常熟县学道书院。在朝廷的鼓励下，一些地方官员也加入了创办、修复书院的行列。成化八年（1472），南阳府知府段坚先后修复、创办了诸葛书院、豫山书院、志学书院。成化年间，白鹿洞书院得到恢复。弘治六、七年，巡按御史樊祉，在辽东创办沈阳辽右书院、辽阳廖左书院和广宁崇文书院。弘治初年，岳麓书院得到恢复。据统计，成化年间，复建书院78所；弘治年间，复建书院95所，在全国兴起了书院教育的热潮。与此同时，一些地方私人书院、书坊也次第诞生。相对于官方书院，私人书院具有灵活便利的特点。在理学的发源地江西，公私书院如火如荼，但玉山地区却没有相关书院的记载，这说明玉山书院的修建有文化上的必要性。大型土木工程的建设，在国家财力不足的情况下，地方文化精英和豪门望族的支持是必不可少的。淦地富豪谢氏父子投资修建的玉山书院，虽然是私人投资兴建，但并非富家私塾，而是面向社会招收学生，具有社会公益性质，书院资源共享，体现了谢氏家族的乡邦情怀，不仅有助于推动当地的学风，也有助于改善当地的风俗。玉山书院传承自宋代以来的江西学风，弘扬儒学，发扬朱子之精神，这正是陆深所大力倡导的学风。陆深自命为"朱子之后人"，他认为，在其当代，他有义务承担起传承国学、弘扬理学的责任，因此，陆深宦迹所至，莫不考察书院、鼓励教育。

在山西任上，陆深考察著名的冠山书院，创作《吕左丞书院》诗：

> 穹林古寺有残僧，指点前朝吕左丞。
>
> 石洞岁深苔黯黯，础墙春早雪层层。
>
> 旧藏万卷龙常护，欲寄双械雁可凭。
>
> 星斗夜阑云雾里，州人遥见读书灯。

冠山书院在山西平定州冠山山麓，宋代，建有冠山精舍。元初，中书左丞吕思诚父祖数世读书于此，至吕思诚任左丞相，以元世祖"先儒过化之地，名贤经化之所"立书院令，并奏请赐额，造燕居殿，设宣圣孔夫子肖像，以颜子与曾子配祭，扩建为"吕公书院"（吕公即吕思诚），亦称"冠山书院"。该书院藏御赐经籍、图书万卷，为山西地区最大的书院，规模宏大极一时之盛，在山西的教育史上发挥了重要作用。山西布政司左参汪藻于弘治十三年（1500）立诗碑颂扬吕左丞："冠山山势碧棱曾，驻节来游吊左丞。十里红尘飞不到，百年青史价先增。"嘉靖间南京兵部尚书乔宇曾在冠山书院读书治学，其《雪中访左丞吕公书院旧址》云："峻岭崇冈冒雪来，冠山遥在白云隈。"诗碑今尚存。嘉靖九年（1530），临洮太守孙杰，字朝用，号高岭，回归故乡后，寓居冠山书院，亦在冠山建高岭书院。《俨山集》卷三十五《高岭书院铭》：

> 今之高岭，古冠山也。冠山有书院，高岭亦有之。冠山，以吕左丞
> 思诚著；高岭，则自孙太守朝用作也。前有倡，而后和。基构琢凿，咸
> 于教学有功，不但一州之冠冕已也。于是东海陆深刻铭其巅。

高岭书院在群山之上，古木葱郁，拾级而上，至白云缭绕的洞口，即到达读书圣

地高岭书院。在鸟飞不到的清静之地，静心读书钻研思考，就孙太守对教育的重视和推动做了讴歌。陆深考察书院，缅怀孙杰的功绩，在《俨山集》中，多有与冠山书院相关的诗文，《俨山集》卷十四《孙杰太守高岭书院》：

> 石梯随步与云升，又是青山第几层。
>
> 望到只疑天更近，兴来唯有斗堪凭。
>
> 岭头日月开昏晓，洞口诗书感废兴。
>
> 一自文翁归蜀后，手扶风教有谁能？

古代官方书院对教育的发展发挥了巨大的引领作用，但作为对书院的有效补充，私人所创办的书屋等也发挥了应有的功能。陆深为宦之地，走访书院，考察教育外，也对书屋、精舍多有关注。《俨山集》卷五十四《蒲山书屋记》：

蒲山书屋者，歙士郑子晦之所建也。建以教其子若弟。子若弟奉教以承郑之先，是子晦之志也。既成，其族之彦子西记之。子晦复走东海乞余记。余嘉其志，为之记，曰：先王设教，俾人复性焉尔矣。故有小学，有大学，有庠，有序，有校，有辟雍，有泮宫，皆为教也。故自言语动息，饮食男女，衣服冠冕，礼乐射御书数，皆教事也。故由暗室屋漏，朝廷宗庙，山川华夏，霜雪雨露，穷通险易，皆教之地也。是故有一代之教，有一国之教，有一乡之教，有一身之教，其义一也。自古官教外，别有书院之制。若白鹿、岳麓之类，所谓四大书院以义起者也。

今制自两京国子监之外，府卫州县皆有学，而书院之设尤多。若兹书屋者，又书院之义起软？虽广狭不同，其为教一也，准之于古，盖在党、塾之间。其教于一家者乎？夫一家者，天下之积也。士修于家以效于天下，故曰：教也者，效也。然则，一家之有贤兄父与天下之有贤师师，其道一也。子晦，其人杰也哉！是可以知矣。子晦名炳，师山先生

77

之后，少从其父嘉兴府君宦游，博洽清修，有志于复性之学，自以为不获效用于世，而欲振其学于后之人。其于是书屋也甚力。郑之子若弟群而聚焉，学而思焉。当山川之形胜，据栋宇之轮奂，资经籍之储偫，远有贤祖先、近有贤父兄，盍亦知所自奋哉！……蒲山，在今歙之双桥之北，师山遗迹在焉。书屋之役，子晦优为之。

文章论述了作为书院教育的延伸形式——书屋教育的重要意义。"书屋者，又书院之义起欤？虽广狭不同，其为教一也，准之于古，盖在党、塾之间"。陆深认为，书屋与书院的创办宗旨一致，而书屋介于党社与私塾之间。徽州歙县名士郑炳（字子晦）少从父宦游嘉兴，学有所成，志在"效用于世"，振兴后学，为此，在家乡歙县蒲山脚下斥资修建蒲山书屋，教授本族子弟，传承家学。陆深对郑炳的书屋事业高度认可。嘉靖间，赵时春游蒲山书屋，其《浚谷集》之《郑氏蒲山书屋》："诛茅联竹结书屋，牵水生花绕翠微。架上牙签长错落，阶前玉树有光辉。秋风自觉案萤细，雪夜犹惊爇火肥。黄卷已勤泉石约，碧梧想见凤凰飞。"可知，蒲山书屋在当时产生了一定的影响。

历史上，上海地区相关书院尤其是宋元书院的文献记载极少。元代，上海建邑，伴随相关官府机构的设置，上海最早的县学也由此诞生。但明代开国之后的百余年间，却没有兴建书院的记载。书院的兴建需要当地资深的名人士大夫牵头创办。自明代中期始，江南经济繁荣，以苏州、金陵等城市为中心形成了藏书、刻书中心，许多富室兴建私人园林，创立书院，建藏书楼，从事藏书、刻书的文化传播活动。陆深认为，他有责任有义务弥补上海文化领域书院的缺席。"自古官教外，别有书院之制"（陆深《蒲山书屋记》）。陆深极为重视书院的建设，他在《大益书院记》中云书院的作用主要是"以文教辅国政"。可知，书院的发展对于国家的兴旺富强具有至关重要的作用。

陆深辗转福建、山西、浙江、江西、四川以及京城各地任职期间，所至之地，寻访善本古籍。陆深《豫章漫抄》："元至正初，史馆遣属官驰驿求书东南，异书颇出。时有蜀帅纽邻之孙，尽出其家货，遍游江南，四五年间得书三十万卷，遡峡归蜀，可谓富矣。今江西在江南号称文献故邦。予来访之，藏书甚少。间有一二，往往新自北方载至，亦无甚奇书。而浙中犹为彼善。若吾吴中，则有群袭、有精美者矣！"（《俨山外集》卷二十一）据陆深记载，他在号称文献故邦的江西地区没有发现价值奇特的藏书，这使得陆深颇为失望。每当搜集到善本书，陆深则会令陆家嘴俨山园书院进行翻刻，唐锦所撰《陆深行状》记载："归舟抵杭，痰疾忽作，因疏请回籍疗治。归则杜门江东里第，罕入城市，及门受业者甚重。"[1] 所载"回籍疗治"是指正德七年（1512）陆深 36 岁，明武宗封淮王于江西饶州，陆深任钦差副使册封淮藩。归途至杭州，病重，遂请假归里修养。里居一住五年，直到正德十一年（1516），陆深 40 岁，朝廷强征，不得已起舟北上。陆深于明弘治十四年（1501）中南直隶解元，是年 25 岁，青春得意，他也是上海县有史以来科考成绩最好的一个，在江南地区名声远扬，足以让本县本府乃至江浙地区的文人学子倾慕向往。陆深祖上即收藏古籍珍玩，到陆深，已有丰富的藏书。至此，休假归里，登门求教者络绎不绝，陆深感到有创设书院的必要，而明中期以来江南商业的快速发展，读书氛围的日益浓厚，文化教育的发展也呼唤书院的兴建。

二、俨山书院与书籍刊刻

南宋景定年间，上海唐时措、唐时拱兄弟购买方浜韩氏屋，改建为上文昌宫——是为上海地区最早的文庙。咸淳五年（1269）在文庙基础上增建房屋，为"诸生肄业之所"，董楷题额"古修堂"，这是上海最早的学校——镇学。元代至元年间上海设县后，改"镇学"改为"县学"。元贞元年（1295），万户长费拱辰捐款重修县学，郡守张之翰为撰《上海县学记》：

---

[1]［明］唐锦：《詹事府詹事兼翰林院学士俨山陆公行状》，《龙江集》卷十二，《明别集丛刊》第 1 辑第 84 册，黄山书社，2013 年版，第 376 页。

邑有学始于汉，至魏，令县五百户置校官，唐开元，敕州县乡置一学，择师教授，宋庆历，学者二百人，许置县学，由是黉舍遍诸邑。其制虽亚泮宫，所以右文隆礼、化民成俗无异。盖取古者"郑人游乡校，百里皆有师"之遗意也。上海旧为镇，尝像先圣先师于梓潼祠，又有古修堂为诸生肄习之地。至元辛卯，割华亭东北五乡立县，甲午扁县学县尹周汝楫洎教谕诸执事方营建，未遑，圣上龙飞，首下崇儒之诏。明年改元，浙西廉访佥司朱君思诚按行是邑，适与予偕至。越二月朔，率其属拜宣圣殿。时县僚迫以田粮四出，皆不得与邑事，因诿乡贵万夫长费拱辰修葺之，费诺，乃饰正殿，完讲堂，买邻地而起斋舍。不三阅月，沉沉翼翼，如至邹鲁之间，游洙泗之上矣。窃尝谓道不可一日废，教亦不可一日废，上洋襟江带海，生齿十数万，号东南壮县，今庙学一新，将见选师儒、聚生徒，闻弦诵之音，睹乡饮酒之仪，化蕃商为逢掖，易帆樯为笔砚，其或礼义不行，人才不出，狱讼不稀，盗贼不息，余不信已。既毕工，周尹汝楫、唐教时措等恨己志之难伸，恐人善之将泯，求予文以纪其成，故书汉、魏、宋兴学之由与今日关系之大者，俾刻石，若夫栋宇之未备，器皿之未全、图像之未足，尚有望于邑之诸君。元贞元年十二月记。[1]

该《记》详细记述了上海县学的发展历程，无不基于地方有声望的乡绅捐款修建。在元代，由于远洋贸易的发展，上海县学的发展日益壮大，至大三年（1310），市舶司提举瞿霆发捐地 500 亩为学田，并修建新学宫，将上海县学推向新高度。倪绳中《南汇县竹枝词》："第一鹤沙开义塾，东南兴学破天荒。"自注："霆发尝割田亩畀西湖书院及上海县学，皇庆间创建鹤沙义塾，邑有义塾自此

---

[1] 弘治《上海志》卷四《祠祀志·学校》。

始。"[1] 所指即瞿霆发浙江盐运使任上，大力发展江南教育，捐田赠建上海学宫。此外，他尚割私田在杭州创办了西湖书院，极大地推动了杭州的文化发展。

正德年间，王阳明在江南大力兴办书院，四处讲学，广招门徒。陆深创建俨山书院，主要是教授有直接或间接姻亲关系和门第相当的弟子，旨在传承学问，而不像王阳明大肆宣传新学说。王世贞《潘恭定公状略》载："公讳恩，字子仁，别号湛川……始擢第，而赞所业于乡先生陆文裕公深。"[2] 可知，南京工部尚书潘恩乃陆深弟子，而著名书法家张之象等则从陆深学习书法。《书史会要续篇》："浦泽，字时济，上海人。少与张电学书于陆文裕公。晋唐名帖无不纵观摹临，穷古人波磔之妙，字学著名一时。"[3] 清人李延昰《南吴旧话录》："张西鹤欲从陆文裕公学书，文裕命面写一幅，张即悬笔疾书，文裕曰：'学书亦贵有胆，然后能出入古人尔！辄向老夫挥洒似有胆。'少许，因不吝所得示之。"[4] 记述了张电、浦泽、张德让等跟从陆深学习书法的经历。顾定芳在陆深的指导下钻研医学，成为嘉靖朝著名的御医。明清时期，松江书派之产生巨大影响，陆深是关键人物之一。

陆深创办书院的一项重要功能在于书籍出版，旨在著书立说，编书刻书。俨山书院创设的具体时间，文献中缺少记载，但至晚当创设于嘉靖初期，唐锦《龙江集》卷十二《詹事府詹事兼翰林院学士俨山陆公行状》载：

> 辛巳春三月，公闻竹坡公讣，哀恸几绝……癸未服阕，公以余哀未
> 忘，兼之痰疾频作，乃驰疏缴纳孝字勘合。因请假就家疗疾，寻获小
> 愈。日与诗友徜徉林泉花石间，又于居第北隅，辇土筑五冈，望之俨然

[1] ［清］倪绳中：《南汇县竹枝词》，顾炳权编：《上海历代竹枝词》，上海书店出版社，2018年版，第375页。

[2] ［明］王世贞：《弇州史料后集》卷十六，万历四十二年（1614）刻本。

[3] ［明］朱谋垔：《书史会要续篇》，卢辅圣主编：《中国书画全书》第四册，上海书画出版社，1993年版，第488页。

[4] ［清］李延昰：《南吴旧话录》，上海古籍出版社，1985年版，第234页。

真山也，遂号俨山。

"辛巳"为正德十六年（1521），陆深45岁，回里丁父忧。至"癸未"嘉靖二年（1523），47岁，父忧服除，开始"辇土筑五冈"，营造俨山园。《俨山集》卷十二《五十生朝自寿》云："年行五十鬓犹青，浪许前身是岁星。三别尚存和氏璧，一区初筑子云亭。"自注："予是岁始有居。""是岁"即嘉靖二年（1523），陆深"一区初筑"。可知，俨山书院的兴建当不迟于是年。诗文中所载后乐园建成于嘉靖五年（1526），则指修建假山亭阁等诸事项的完成。《俨山续集》卷五《书院池亭忽有玄鹤下集因养于庭》即记载了一日发生在俨山书院的祥瑞。一只玄鹤飞来，栖息书院池亭，陆深认为是吉兆来临，于是收养了这只天外来客。此时，俨山书院已经池亭假山，配备完善，已是集读书、会友、刻书、住宿于一体功能齐全的园中园。

俨山书院藏书印书内容颇广。首先，翻刻家藏古籍。自祖上以来，陆氏所收藏古籍善本颇具规模，陆深《跋颜帖》：

> 右《多宝塔铭》，予借临于金陵罗敬夫，舆敬夫，予乡同年也。予家尚有善本，遂举以归之。然完好犹是百年前物。予后凡得数本，皆不及。己巳岁，南归，命工重装，盖有感于生世之晚也。

《多宝塔铭》，因唐代颜真卿笔迹而世所珍贵。陆深从金陵友人罗敬夫处借临。后发现自家尚有百年善本，远胜罗氏藏本，遂令裱工重新装裱珍藏。陆深如此博学好古，居然也有未知的家藏，这说明，在陆深以前，陆氏家族的藏书已非常丰富，以至于陆深未及遍览。

《俨山集》卷九十五《与黄甥良式十二首》书札其十一：

> 《痘疹论》已入刻未？吾甥所作后序亦佳，老怀殊为喜慰。刘柏山

北行在近，可促匠手早完，欲送与一部，以答其意耳。《嵇中散集》及《尘史》俱便病目，连日雨中借此消遣，尚未毕也。

　　《痘疹论》，宋代闻人规撰，主要关于儿科痘疹的病理和临床治疗问题。陆深催促外甥黄良式加速翻刻《痘疹论》，以赶在刘柏山北行前赠送一部，由此可推知，陆深有欠刘柏山情谊而借此还情。《嵇中散集》，晋嵇康著；《尘史》，宋王得臣所著史料笔记。这三种古籍都是宋刻精本，流传极广，故陆深安排外甥黄良式进行翻刻。

　　虽云翻刻，但陆深极重视甄别。李梦阳《海叟集序》：“《海叟集》，云间袁凯氏所著，海叟其自号也……子渊购得刻本于京师士人家……乃删定为今集。”陆深序又云：“《海叟集》旧有刻，又别有选行《在野集》者。暇日因与李献吉员外共读之，又删次为今集……正德元年秋八月八日，云间陆深题。”《四库全书总目》：“其集旧有祥泽张氏刻本，乃凯所自定，岁久散佚。天顺中，朱应祥、张璞所校选者名《在野集》，多以己意更窜……陆深得旧刻不全本，与何景明、李梦阳更相删定。”[1]

　　重视抄本。《金台纪闻》云：

　　　　古书多重手抄。东坡于李氏山房记之甚辨。比见石林一说云：“唐以前凡书籍皆写本，未有模印之法。人不多有，而藏者精于仇对，故往往有善本。学者以传录之艰，故其诵读亦精详。五代时冯道始奏请官镂板印行，国朝淳化中，复以《史记》《前后汉》付有司摹印，自是书籍刊镂者益多。士大夫不复以藏书为意，学者易于得书。其诵读亦因灭裂，然板本初不是正，不无讹谬。世既一以板本为正，而藏本日亡。其讹谬者遂不可正，甚可惜也。”其说殆可与坡并传，近时毗陵人用铜铅为活

---

［1］［清］永瑢等撰：《四库全书总目》，中华书局，1965年版，第1477页。

字，视板印尤巧便，而布置间讹谬尤易，夫印已不如录，犹有一定之义。移易分合，又何取焉。兹虽小故，可以观变矣！（《俨山外集》卷八）

鉴于此，陆深重视抄本的收藏价值，他更多的是选择收藏抄本，而且其中不乏其本人亲笔抄录的书籍。就陆深俨山书院藏书楼的藏书而言，据《淞南乐府》记载，大多是抄本："淞南好，玉躞富收储。笔冢云礽宗祭酒，砚城月旦右尚书，嫡派定何如？"注云："陆祭酒深书法李北海、赵松雪，手抄书籍最富。"[1]这则材料足以佐证陆深重视抄本书籍之说。《俨山集》卷五十一《为己方序》：

> 予喜手抄书，方时少壮，夜寒炉炙，不废泓颖。今五十有六年矣，衰病垂及，乃喜抄药方……掘泉止渴，求救目前，此予一人之事也。杜门集方，遐想旧躅，此予一家之事也。因题曰《为己方》而序之。

购买宋元珍本进行翻刻。陆深为宦之地，搜访典籍，自己购买或由友人赠送。《俨山集》卷九十七《京中家书二十二首》其十六：

> 朝廷每有大事，必令与议，但乏书考校。此间亦复置买数部，兼抄得奇书亦有数种，四川板《礼记纂言》便寄一部来。家内藏书可晒晾收束，再做数厨柜亦不难，此传子孙至宝也。可倩山立辈并桂魁等识字人，逐一清楚，作一书目寄来，残阙查卷数明注其下，只作经史子集，分类标出宋元板，并近刻分作三四等，有重本者亦注出，此间可损益也。画卷字册，亦须架阁，古人重收藏也。

陆深晚年在翰林院，颇受朝廷重视，往往参与朝政讨论，作为经筵讲官，他无论

---

[1]［清］杨光辅：《淞南乐府》，上海古籍出版社，1989年版，第168页。

参政议政，还是给帝王授课，都需要查找历史文献资料，字有所出，因此，他在京师也广泛地搜集购置古籍，抄写奇书。陆家嘴俨山园储藏了不少宋元珍贵典籍。宋代是中国雕版印刷事业普遍发展的时代，全国各地都有刻书、印书活动，形成了四川、浙江、福建三大刻书中心。由于唐代所奠定的经济基础，唐代四川印刷业即十分繁荣，积累了丰富的经验，四川刻本驰誉海内。南宋之后，四川民间刻书也发展起来。南宋中叶，眉山坊刻《册府元龟》上千卷。蜀刻本多以监本为依据翻雕、重刻，注重校勘。遗憾的是，蜀刻本传世极少，为世所贵。因此，陆深在四川布政使任上，便努力搜访蜀刻古籍，其中，蜀刻本《礼记纂言》即在四川所得，藏于陆家嘴俨山园。当陆深任经筵讲官之时，其京中家书即要求家人将这部典籍寄至北京。同时交待家人，俨山园所藏书，按照经史子集分类，凡是宋元版书则要专门标出。

正是这封家书之后，陆楫依其父的要求对俨山书院的藏书进行整理，按经史子集进行编目，上海地区最早的私人藏书目录《江东藏书目录》因此问世。《俨山集》卷五十一《江东藏书目录序》：

> 余家学时，喜收书，然觏觏肩肩，不能举群有也。壮游两都，多见载籍，然限于力，不能举群聚也。间有残本不售者，往往廉取之。故余之书多断阙，阙少者或手自补缀，多者幸他日之偶完，而未可知也。正德戊辰夏六月，寓安福里。宿疴新起，命童出曝既，乃次第于寓楼。数年之积，与一时长老朋旧所遗，历历在目，顾而乐焉。余四方人也，又虑放失，是故录而存之，各系所得。倘后益焉，将以类编入。

该《书目》世无传本，据《小序》载，著录之例为：经一，理性二，史三，古书四，诸子五，文集六，诗集七，类书八，杂史九，诸志十，韵书十一，小学、医药十二，杂流十三。以小学、医药合为一类，为诸家所未有，是陆深的创新。由《小序》可知，俨山书院的确藏有大量宋元珍本。

《俨山外集》卷二十一《豫章漫抄》其四：

> 元至正初，史馆遣属官驰驿求书，东南异书颇出，时有蜀帅纽邻
> 之孙，尽出其家赀，遍游江南，四五年间，得书三十万卷，遡峡归蜀，
> 可谓富矣。今江西在江南号称文献故邦。予来访之，藏书甚少，间有
> 一二，往往新自北方载至，亦无甚奇书，而浙中犹为彼善，若吾吴中，
> 则有群袭，有精美者矣。

嘉靖十二年（1533），陆深江西布政使右参政任内，对江西文化展开全面考察。其中，对江西古籍市场做了重点考察，发现至明代嘉靖年间，向有文献之邦之称的江西古籍文物已近荒凉。其中重要原因是，元代某蜀帅斥资江西购书，江南三十万卷悉归西蜀，从此，四川书籍刻印业走向繁荣，而江西文献损失惨重，以至于陆深搜书于江西而无所获。

《俨山集》卷九十九《京中家书二十四首》其二十记重入翰林，任经筵讲官，备课查资料，需要阅读大量文献，而北京新居绿雨楼藏书少，遂致书陆楫：

> 今写书目去，来时可带得紧要的数种，若宋元板，除此间所有，尽
> 可收束做书厨夹板载来。我平生文字稿簿，可一一收束，一字不可失
> 也。交游书札，自可作一柜藏起，楼上俱可架阁也。画成堂者，不必
> 带，只唐宋单幅，可携十数轴卷册，都可带来，字帖有古而好者，量
> 携之。

要求陆楫按照其父所列书目准备，尤其强调宋元板书，为免书籍受损，交待家人用书橱夹板捆载运至京师。同时，挑选十数轴唐宋画册及古字帖一并送至京师。可知，陆深对于宋元板书的重视。

弘治十五年壬戌（1502），陆深26岁，是年会试，抱璞而归。其间，有幸于

金陵购得《战国策》一部，下第后携策南归。《俨山集》卷八十六《书战国策后二首》：

> 十五六时，喜读苏氏书，侧闻先儒悉谓苏，实原于战国。因访诸友人，得一断简，盖《齐策》至《楚策》凡十卷。受而读之，其事至不足道，而其文则至奇。时恨未睹其全也。壬戌之春，会试南宫，始购得之。犹非善本。下第南还避谷亭者，几两月，始伏读之，然残阙者多，未免遗恨。尝作三论两补亡十五拟代，虽词采无取，当复弃去。然于是书不可谓无意也。正德改元，余第进士之明年，始于同馆徐子容借得善本，手自补校，而余之所有《战国策》者，乃仅可读。于是窃叹夫学欲及时，而渊源不可少云……间因校雠之余，正其句读，通其训诂，而二家之言，复时折中之。藏去以便私览，尚冀他日之复读也。策首旧载诸序猥杂，今定以刘序、曾序为冠，其余别为一卷，以附其末云。

正德元年（1506），陆深30岁，在京师，从徐缙处借得《战国策》善本，亲自补校。徐缙，字子容，苏州人，弘治十八年（1505）进士，官至吏部左侍郎兼翰林院侍讲学士，富藏书。陆深多与之交往。

《重刊周礼序》：

> 《周礼》一书，说者以为周公致太平之典，或又曰战国时书也……呜呼！秦火之后，载籍散亡失次，惟《易》为全书，而诸礼之病尤甚。盖自战国诸侯恶其害己，已尽削之，故诸经亡于秦，而礼尤先焉者……汉兴，诸经书稍集，而是书独亡《冬官》一篇，至购以千金不能得。河间献王始以《考工记》足之，足之，诚非是也。向、歆父子尊以为经，马、郑诸儒与唐孔、贾氏皆有注疏，然但承河间之旧而已。至宋诸儒，力校群经，号称有功，而于是书亦略。迨俞庭椿始为复古编，以为《冬

官》不亡，特漫入五官中耳。于是删取五官之羡余，与无所附丽者以为是真《冬官》也。吴澄遂考注之，以为《周礼》复全，彼固有见尔，其间亦有不类冬官者，要之竟非全书也……窃尝读是书而有感焉，以为良法美意尽此，则几于王矣……因重刊之，而并著其说如此云。(《俨山集》卷四十九)

古书《周礼》因遭遇秦火而亡佚。汉代，人们进行搜寻补辑校注考证，多有所传。基于社会上流传的版本极其复杂，陆深特重刊其所藏《周礼》。序中未交代此版本的来历，从友人借得，或购买得之，固推断当是家藏。

《俨山集》卷九十五《与黄甥良式十二首》书札其六：

刻书复成几种，可草草印来一阅。病余，因清出杂记，略有数卷，写得十叶付去，就烦一校勘，若雷同，剿说抹去可也。予此等文字大意欲穷经致用，与小说家不同。幸著眼，可命照入刻，行款写一本来，有商量处也。

陆深搜集的宋元珍本，主要有：

著 作	朝 代	著 者
《汉武故事》一卷	汉	班 固
《朝野金载》六卷	唐	张 鷟
《北里志》	唐	孙 棨
《教坊记》	唐	崔令钦
《北户录》三卷	唐	段公路
《三水小牍》	唐	皇甫枚
《江南别录》	宋	陈彭年
《溪蛮谈笑》	宋	朱 辅
《蒙鞑备录》	宋	孟 珙

著　作	朝　代	著　者
《北边备对》	宋	程大昌
《桂海虞衡志》一卷	宋	范成大
《北辕录》三卷	宋	周　辉
《默记》三卷	宋	王　铚
《宣政杂录》 《靖康朝野佥言》 《朝野遗纪》一卷	宋	无名氏
《闻见杂录》一卷	宋	题苏舜钦
《墨客挥犀》十卷、《续》十卷	宋	彭　乘
《谐史》一卷	宋	沈　俶
《昨梦录》一卷	宋	康誉之
《三朝野史》一卷	宋	无名氏
《铁围山丛谈》六卷	宋	蔡　絛
《孔氏杂说》(《珩璜新论》)一卷	宋	孔平仲
《谈薮》	宋	庞元英
《清尊录》	宋	廉　布
《睽车志》六卷	宋	郭　彖
《话腴》四卷	宋	陈　郁
《藏斋笔谈》二卷	宋	郑景望
《朝野遗纪》	宋	无名氏
《高斋漫录》一卷	宋	曾　慥
《桐荫旧话》一卷	宋	韩元吉
《艮岳记》一卷	宋	张　淏
《青溪寇轨》一卷	宋	方　勺
《江行杂录》	宋	廖莹中
《行营杂录》	宋	赵　葵
《避暑漫抄》	宋	陆　游
《辽志》	宋	叶隆礼
《养疴漫笔》一卷	宋	赵　溍
《三楚新录》三卷	宋	周冲羽
《虚谷闲抄》	宋	方　回

著　作	朝　代	著　者
《炀帝海山记》 《炀帝迷楼记》 《炀帝开河记》	宋	无名氏
《青楼集》	元	雪蓑钓隐
《东园友闻》一卷	元	无名氏
《拊掌录》	元	元　怀
《金志》	元	宇文懋昭
《山房随笔》	元	蒋子正
《真腊风土记》一卷	元	周达观
《西使记》一卷	元	刘　郁
《遂昌山樵杂录》一卷	元	郑元祐
《说郛》	元	陶宗仪

今存世的俨山书院刻书皆是极为珍贵的宋元古籍，许多都是手稿初刻，为后世保留了极为珍贵的资料。虽然不能证明这些典籍是陆深所购买，或从友人处暂借付刊，但已经能够很好地证明俨山书院对保存传承文化典籍的重要贡献。此外，俨山书院对明代至陆深时代的经典作品和重要文人集也进行刊刻，如：《滇载记》，明杨慎撰，嘉靖俨山书院刻本，为最早刻本，《中国古籍善本总目》收录；《备遗录》，明张芹编，姜南续增，明代第一部完整的建文史籍——惠帝（朱允炆）建文朝人物传记，嘉靖俨山书院青藜馆精刻本，《中国丛书续录》《中国古籍善本总目》收录。《俨山集》卷九十五《与黄甥良式十二首》书札其十一：

> 《松筹堂集》，闻是此老手，编果精当否？可细读三四过，西来商议，其中若有关系朝廷典故及可备郡乘，阙遗者另录以藏，此看书要法也。

《松筹堂集》，是陆深同代杨循吉诗文集，杨循吉（1456—1544），字君卿，号南峰，苏州人，理学家。陆深刻其诗文集弘扬理学。陆深卒后，其《俨山文集》

一百卷、《外集》四十卷、《续集》十卷及陆楫《蒹葭堂稿》十卷全部在俨山书院付刻。

其他明人所著史志，也多有付刻，其中，多种为初刻本。

著　作	朝　代	编著者
《损斋备忘录》二卷	明	梅　纯
《复辟录》一卷	明	杨　暄
《靖难功臣录》一卷	明	朱富泗
《星槎胜览》四卷	明	费　信
《霏雪录》二卷	明	刘　绩
《钱氏私志》一卷	明	钱　愐
《北征录》一卷、《北征后录》一卷	明	金幼孜等
《北征记》	明	杨　荣
《滇载记》	明	杨　慎
《平夏录》	明	黄　标
《碧湖杂记》一卷	明	佚名，或云谢枋得

随着小说、唱本等通俗读物日益受到人们的欢迎，私人书坊也突破了以往雅文学的出版宗旨，大量面向普通市民刊刻书籍。《俨山集》卷九十五《与黄甥良式十二首》书札其八："小说若刊，须唤得吴中匠手方可。发还九种，检入。"陆深《古今说海》的选刻中，他尤其重视唐宋小说的搜集与整理，唐宋传奇小说集《梦游录》，嘉靖俨山书院精刻，为传世最早刻本。而《小金传》《山庄夜怪录》《中山狼传》《张令传》《李清传》等罕见唐宋小说，皆为《中国古籍善本总目》所收录。《郏侯外传》《柳归舜传》《求心录》《宝应录》《白蛇记》等，虽非最早刻本，却是较早的精刻本，为保存古代典籍发挥了重要作用。嘉靖二十三年（1544），俨山书院刊刻的小说丛书《古今说海》是上海建县以来第一部书院刻书，作为较早的通俗文学集，也是中国第一部古代文言小说集，极大地推动了明清小说的发展。

何良俊《四友斋丛说》谓陆深藏书达数万卷。除普通的购买途径之外，陆深的藏书还有一个重要来源，即朋友送书。嘉靖十三年（1534）陆深58岁，江西布政使右参政任上，赵善鸣赠送许浩所刻《论辩》。《俨山外集》卷十九《豫章漫抄》：

> 赵善鸣，字元默，与同年湛元明俱出陈白沙之门。三十年前因元明识其人。甲午春，以南京户部员外公差过豫章，出许司徒函谷所刻《论辩》为惠，始得尽见一时贤俊论学之说。

所记乃友人赵善鸣出差途经江西，顺路看望正在江西的陆深，并赠送《论辩》。这使得陆深极为兴奋。以书会友是陆深交友的重要方式。某日，聂文蔚赠送苏州新刊王安石《临川集》，陆深十分欣喜，遂作《吴中新刻〈临川集〉甚佳双江聂文蔚持以见赠携之舟中开帙感怀寄诗为谢》（《俨山续集》卷二）：

> 少小有书未能读，暮年好书读不得。岂惟簿领少余间，两眼冥蒙泪旋拭。
> 帘前见物私自怜，雾里看花惯曾识。忆昔家住东海滨，世务耕农寡文墨。
> 勉勤诵习起家门，每事收藏节衣食。一从观国上皇都，十载具官充史职。
> 长安朋辈心多同，古典探搜事尤力。荆文丞相宋熙丰，国监遗文旧尝刻。
> 猗予谬司六馆成，手许校磨工未即。当今楗枣称吴中，唐模宋板俱奇特。
> 是非本定空爱憎，报复何穷恣翻覆。文章功业两难朽，治乱兴亡三太息。
> 苏州太守古邺侯，贻我远胜黄金亿。楼船风雨满章江，把玩新编坐相忆。

这是陆深赴福建任途中，经苏州与苏州太守聂文蔚相聚，聂太守赠送新刊王安石集。"当今楗枣称吴中"，苏州刻本以质地精良扬名天下。聂文蔚爱好文化，大力支持文化发展，他也把苏刻本作为苏州文化的精品赠送友人，陆深认为，赠送书籍远胜赠送黄金万两，可见陆深对于珍籍的重视。友人张琦赠送其自著《白斋集》。《俨山集》卷九十三《答张君玉》："是中藏书满架，所欠者《白斋集》耳。往岁在京，尝决券买一部，念白斋当自寄到，遂辍。又往往于友人家见《白斋集》，辄复垂涎，不意于今日并与续集得之，快事，快事。"描述了陆深49岁时在其俨山园藏书楼收到张琦《白斋集》后的喜悦。以往在京师，本想斥资购买一部，但随后认为张琦必会寄送一部，果然在陆深的判断之中。《古今说海》所收录的古籍珍本，其中不少来自友人赠送，或借用。

自选古籍珍本。为举业者指点迷津，陆深从历代诗词文赋中甄选可资典范之作单独结集出版。陈继儒《藏说小萃序》云："余犹记吾乡陆学士俨山、何待诏柘湖、徐明府长谷、张宪幕王屋皆富于著述，而又好藏稗官小说，与吴门文、沈、都、祝数先生往来。每相见，首问近得何书，各出笥秘互相传写。""富于著述"即包括陆深所编选的经典古籍，也包括他自己所著诗文。对陆深而言，只有通过家刻才能更好地完成书籍的保藏及修缮工作。明代家刻，一般在品质上超过坊刻和官府刻书，这固然取决于家刻对刻书的巨大投资。

编选汉魏古诗。《俨山集》卷九十《跋汉魏四言诗》：

> 余选汉诗，以魏武终焉。

由于汉魏诗对后世文学的巨大影响，更由于汉魏战乱，诗歌多已散佚，因此，陆深努力搜集并选择其中经典进行刊刻，以弘扬魏武的豪迈诗风。

编选《唐诗绝句》。《俨山集》卷三十八《唐诗绝句序》：

> 丁酉之岁，赴召出蜀，下三峡，道荆襄而北，河山巨丽之观，靡日不有，时歌古诗以慰羁旅之怀，因裁取若干首，欲为一编……是编也，安知非予之鼓吹耶！乃寓归刻之俨山堂中。

"丁酉"是嘉靖十六年（1537），陆深由四川布政使擢升京师翰林回京。乘舟沿江出川，经三峡，至汉口，转入汉江北上，至荆州、襄阳改入河南南阳至洛阳，我见青山多妩媚，沿途之上，饱览山川风光，心情愉快，舟中编修《唐诗绝句》以寄情怀。"乃寓归刻之俨山堂中",并在自己的书坊——俨山堂付梓出版。《俨山集》卷九十五《与黄甥良式十二首》书札其三:"《唐诗绝句》付来一阅,明早望日,须赴监,当守法,如是不具。"可知,《唐诗绝句》仍由外甥黄良式于俨山书院主持刊刻。从语气可知,陆深所要的《唐诗绝句》当是正式付印前的样书,陆深放心不过,故当亲自审核。

编选《绝句诗选》。《俨山集》卷八十九《跋绝句诗选》:

> 右诗离为四类,曰畅快、曰婉约、曰风调、曰壮浪,本以声选也,而主于唐。其有音节近之者,亦兼取焉。而辞义则断自山林,诸合作者不与焉。虽谓诗之一节,可也。

据此可知,《唐诗绝句》不分题材风格,经典的绝句皆在入选之中,而《绝句诗选》则选择历代写山水风景的五、七言绝句,并确立"畅快、婉约、风调、壮浪"四个编选标准,而后世"豪放""婉约"诗词的分类则似乎是对陆深四分法的提炼和总结,颇值得重视。

编辑《诗准》。《俨山集》卷三十九《诗准序》:

> 夫诗以《三百篇》为经。《三百篇》,四言诗之祖也。前乎三百篇有逸出焉,后乎三百篇有嗣响焉,犹诗也。予每欲因经采录以为诗学之准则,顾寡陋未能也。嘉靖乙未入蜀,明年夏,始得蚕丛国诗一篇,继又获见《石鼓诗》全文十篇,乃编为三卷……汇而序之,以俟君子。

《俨山集》卷九十《跋石鼓诗》:

> 右石鼓诗,儒先辨论至多,盖风雅之遗云。鼓,今在北监。予为司业祭酒时,虑其日泐也,欲扃钥之而不果。别有树碑一,元司业潘

94

迪以今文写之，仍其旧阙，潘碑与鼓积有存亡矣。潘仕大德间，虞文靖公集助教成均时，尝谓十鼓，其一已无字，其一惟存数字，潘、虞相去不远，其言如此，今去之又将二百年，石可知矣。诗之存者，颇赖诸家文字集录以传，石顾足恃哉！……予方选四言诗，不觉欣喜而录之首简。

基于《诗经》的经典价值，长期以来，陆深试图从《诗经》中选择可作为诗歌准则的诗单独刊刻，以为后世学诗者提供有启发意义的创作路径。这一想法长久未能付诸行动。直到嘉靖十五年（1536）出任四川布政使的次年，在成都偶得古蚕丛国诗一篇及《石鼓诗》十首，这些珍贵的古诗因其远古而流传极少，未能进入《诗经》。蚕丛国诗和《石鼓诗》的发现填补了四川地区上古诗歌的空白，令陆深极为兴奋，遂悉数录入其正在编选的《诗准》一书。

选辑《古诗对联》。《俨山集》卷三十九《古诗对联序》：

暇日倚栏极目，风月无边。乃取古人诗句有默契焉者书之壁间，每一登临辄击节歌之，以代赋焉。

当俨山园筑成后，园内亭台楼阁，陆深一一命名，并选古诗可对者组合为对联书于门廊台柱间，而用作对联的古诗，经过陆深认真挑选，都具有深刻的内涵，于世有补，应当作更广泛的传播，因此，陆深单独结集出版。

编辑《道南三书》。《俨山集》卷三十九《道南三书序》：

深，来佐延平，始至，问郡之故杨先生文靖公时，罗先生文质公从彦、李先生文靖公侗，皆延产也，遍访其遗文卒业焉，因次录之为一编，总之曰《道南三书》，既以附于及门者之为幸，而又以局于闻见者之为惧也，并求正于世之君子。

福建延平府同知任上所辑。延平自宋以来为理学渊薮，陆深遂合选龟山杨时、豫章罗从彦、延平李侗三位理学家的遗文为《道南三书》，以之作为教材"附于及门者"。

编辑《海潮集》。《俨山集》卷三十九《海潮集序》：

> 古今言潮者始于王充而备于卢肇。予生长海上，谛观潮汐，孰主张之。及闻诸乡父老言，潮起于南汇嘴，始若涌突，旋分两派，南派南涨入钱塘江，北派北涨入扬子江。南汇嘴者，海之一曲也，在邑东南百里而近……澉浦属海盐，在金山之西南，予尝过其地，盖潮源云。因检古今论潮者，类为集，以存异同之辨。庚子夏四月望。

"庚子"为嘉靖十九年（1540），陆深经筵讲官任上。集历代论海潮的诗文汇为一集。文中未交代出版事宜，但从其编选古籍的刊刻情况推知，《海潮集》当亦刊于俨山书院。

重刻《杜诗选》。《俨山集》卷三十八《重刻杜诗序》：

> 近时杜学盛行，而刻杜者亦数家矣。余所蓄千家注者，于杜事为备。间付汪谅氏重翻之，以与学杜者共诵其诗、读其书，且以论其世也……工既成，因为之序，卷帙次第固无改于旧云。

"近时杜学盛行"指嘉靖间鼓吹唐音的前七子诗风开始盛行，社会上对于唐诗选本需求量猛增。刘辰翁弟子元初高楚芳《集千家注批点杜工部诗》简称《千家注杜》，又名《刘辰翁批杜诗》产生了极大影响。陆深家藏善本，在杜诗风靡的时代，陆深颇感有必要进行翻刻，有助于学林，遂委托书商汪谅重刻。在社会上需要杜诗的时代，陆深抓住时机，重刻杜诗，可以推知，当是投放市场以营利为目的的一次翻刻。

重刻《唐音》。《俨山集》卷三十八《重刻唐音序》：

> 襄城杨伯谦审于声律，其选唐诸诗，体裁辩而义例严，可谓勒成一
> 家矣。惟李杜二作，不在兹选。昔人谓其有深意哉！夫诗主于声，孔子
> 之于四诗，删其不合于弦歌者犹十九也。宋人宗义理而略性情，其于声
> 律尤为末义，故一代之作每每不尽同于唐人。至于宋晚而诗之弊遂极
> 矣。伯谦继其后，乃有斯集，求方员于规矩，概丈石以权衡，可不谓有
> 功者耶。独于初唐之诗无正音。而所谓正音者，晚唐之诗在焉！又所
> 谓遗响者，则唐一代之诗咸在焉！岂亦有深意哉！旌德汪谅氏，既刻杜
> 集，力复举此，予嘉其勤也，复为之序。

元人杨士弘，字伯谦，编选《唐音》十五卷，分始音、正音、遗响三部分，力矫
宋元以来推崇晚唐的流弊而开启明代推尚盛唐的先河，对明代诗坛极有影响。在
"诗必盛唐"的嘉靖时期，陆深颇感到《唐音》的重要，于是委托书商汪谅重刻。

编选《书辑》。《俨山集》卷五十《书辑序》：

> 予之辑此也，揽百氏之菁华，示一艺之途辙，庶使后来，求方圆于
> 规矩，将由下学而上达也。顾微辞奥义，猎取牵联，既已成篇，似为己
> 出，不几于掠乎。

《俨山集》卷五十《书辑后序》：

> 予少溺志于书，无传焉，而未有所得也……正德戊寅，假馆老氏之
> 宫，新凉病后，再加删次，深惧古人之法不尽传于将来也。昔人有言，
> 经术之不明，由小学之不振；小学之不振，由六书之无传。呜呼！余亦

安敢少哉！

《书辑》为历代书法名家手迹的汇集。陆深基于自己学书的艰难历程，颇知学书者需要临摹。于是陆深编是书，为学习书法的文人指示津梁。

编辑《东园遗诗》，元陶宗仪等唱和之作。《俨山集》卷八十九《跋东园遗诗二首》云：

> 涿郡陶宗仪……凡十人，人十三篇，凡百三十篇。所称东园者，盖吾松陆氏景周云，其人无所见，观之园池亭馆，幽绝雅致，而风骚相流激，计亦一时之胜也。是卷今藏王子贞中书，皆当时手笔，惜也。纸墨焦弊，首尾衡决，一时藻翰之盛，计亦不止于此也。因录次为一编，以备郡中故事……予既录《东园诗》，子贞复以余卷来贶，复得诗九十一篇，赋者七人……顾雕残放失之余，犹令人抚卷兴嗟，不能无憾于其子孙之不肖，况于文献有万万于此者乎！此予辑录之志也。

《序》作于正德十二年（1517），于"长安寓舍"，记载了元代末年避居松江的名士陶宗仪等 10 人在陆景周东园举办雅集，赋诗唱和，每人 13 首，凡 130 首，加后来补入的 7 人唱和诗 91 首，共 221 首。原稿传承至明，由中书舍人王子贞收藏。陆深有幸目睹真迹后，便意识到这批唱和诗的传世价值和文化意义，这些诗作将于未来松江文化的发展与研究提供足资借鉴的内容。于是，陆深进行整理付梓，名《东园遗诗》。

作为上海地区最早的书院，俨山书院极大地推动了上海地区及江南文化的发展，私人藏书形成风潮，大批私人书院、著名藏书家应运而生；大批颇有影响的藏书楼拔地而起：宁波范钦天一阁建于嘉靖末年，绍兴祁承爜澹生堂藏书楼建于万历时期，常熟钱谦益绛云楼、毛晋汲古阁建于明末，余姚纽氏世学楼、海虞赵氏脉望馆、黄氏千顷堂等著名皆晚于上海俨山书院江东藏书楼。在上海地区，陆深对于古籍的甄别与收藏推动了上海及江南地区的藏书风潮，诞生了一批在江南地区颇有影响藏书家：上海陈继儒、董其昌皆以富藏书而知名，他们将上海的刻书业发扬光大，尤其陈继儒在宝颜堂"延招吴越间穷儒老宿、隐约饥寒者，使之寻章摘句，族分部居，刺取其琐言僻事，荟蕞成书"（钱谦益《列朝诗集小传》）。新老耆宿在陈继儒宝颜堂大量翻刻古书，"校过付抄，抄后复校，校过付刻，刻后复校，校过即印，印后复校"（陈继儒《岩栖幽事》）。可知，陈继儒对于刻书的认真态度。尽管学界对陈继儒有贪多的批评，但他对于古籍的保存与传播确实功不可没。同治《上海县志》："万历间，郡中藏书之富者，王洪州圻、施石屏大经、宋幼清懋澄、俞仲济汝楫四先生家为最。"万历间，上海地区崛起了王圻等四大藏书家，号为"万历松郡四大家"。王圻，嘉靖四十四年（1565）进士，官至陕西布政司参议。归里后，竭四十年之力著《续文献通考》二百五十四卷，有效地补充了马端临《文献通考》的不足。王圻与苏州王鏊、太仓王锡爵并称"苏南三杰"，又与宋懋澄、施大经、俞汝楫合称为"上海四大藏书家"。施大经，万历十三年（1585）举人，官至惠州通判。卒后，其子施沛继续扩展藏书，仅其书目即达四册之多。宋懋澄是第一个记载杜十娘怒沉百宝箱故事的文人，富藏书，多秘本和手抄本。俞汝楫则在其丰富的藏书之上饱览博学，编纂《礼部志稿》一百一十卷。到清代，随着陆深后裔陆锡熊的崛起，陆氏家族文化得以复振，陆氏书隐楼与宁波天一阁、南浔嘉业堂一起被列为清代"江南三大藏书楼"。

陆家嘴陆氏对于上海地区的藏书有筚路蓝缕之功。更重要的是，许多宋元古籍久已失传，陆深大量搜集翻刻宋元古籍，使得许多失传的典籍重见天日，极大地推动了宋元典籍的传播。虽然陆深及其子陆楫过世后，陆家嘴陆氏因香火不继等各种原因逐渐凋零，但陆氏的家族文化和家族精神却在上海、在江南发扬传承。陆深在浦东营造牌坊、构筑园林，兴建书院，招徕名流，灌注文化，客观上提高了浦东一地的社会影响力。陆深修造石桥，其子陆楫还田于民，妻子梅氏捐金修城的义举，延续浦东陆氏尊贤礼让、乐善好施的家风。更重要的是，陆深不经意的义举推动了上海习俗向善的良性发展。

陆深辞世后，陆楫给徐阶写信道："先公近为当道表扬，两祀郡邑乡贤，尤为奇遇，披扬奖借，虽子孙百世，其何敢忘。"[1] 陆深的神位被列入府、县两级乡贤祠，接受乡人祭祀。只有对社会做出巨大贡献的卓越人物才能进入官府专门设立的乡贤祠。设立乡贤祠，不仅是对故者的一种赞誉和纪念，也是对优秀人物言行的传承和弘扬，可以起到一种教化的作用。嘉庆《松江府志》卷十八《建置志·坛庙》记载，在上海县学宫后建有陆文裕祠，而在浦东陆家嘴陆深老宅旧址则建有别祠，足见当时人们对陆深的敬仰。

第三节　俨山园与江南园林

十二阑干闲倚遍，

晚来多少水云心。

——陆深《山居八首》其七

正德、嘉靖年间，陆深大肆投资兴建私人园林，其陆家嘴俨山园是上海地区较早的私人园林。他从大江南北广泛搜集奇石名木，点缀园林；斥资购买古籍、名画、古物、鼎器贮藏俨山园，友人雅集，亲朋同赏。俨山园的兴建证明了明代中期上海浦东地区商品经济的空前发达，陆深在俨山园举办家宴雅集，联络同仁乡友，切磋学问，讨论政治，推广文化，是明代正德、嘉靖时期上海文化的中心。

私人园林是社会地位和家产财富的象征。明代中期以来，文人士大夫在大量购置田产的基础上广置园林，仅松江府，"甲第之侈、田畴之盈、僮仆之多、园

---

[1]［明］陆楫：《上徐少湖阁老书》，《蒹葭堂稿》卷四，《明别集丛刊》第3辑第1册，黄山书社，2016年版，第478页。

林之胜，不惟冠于吾郡，而且甲于江南"[1]。所谓江南四大名园、六大名园、松江四大名园等皆建于此时。《鲍处士小传》载，鲍处士经商所得钱巨万，"乃归傍黄山之麓，辟园治圃，凿池构轩，日以云物卉木自娱乐"（《俨山集》卷六十一）。叶梦珠《阅世编》所载陆家嘴陆氏起家正在弘治、正德间，而至陆深生活的嘉靖时期发展达其极盛。这正是当时士大夫所孜孜以求的生活方式。陆深《后乐堂家宴守岁》（《俨山集》卷十五）的"后乐堂"即陆深的私人园林——俨山园中的一景。营建庄园别墅，购买名花异草，奇石古树，成为达官显贵土地之外的重要投资。据李绍文《云间人物志》卷二载，陆深友人谈田（字舜于）以屋东有奇石，自号东石，长陆深九岁，少与陆深同窗，厌读书，弃去；后来作大第于海上，园亭泉石之胜甲于一都。谈田园林的奇石即有不少进入陆深的俨山园。《俨山集》卷九十四《与冯会东二首》其一："昨夜风雪中，遂宿浦缺口，幸无他，可胜瞻望。承示和章，甚佳。适得东坡韵咏雪两篇，是令郎雅制，持诵欣羡，为雪竹，喜贺不已。异时当奉识也。谢谢。张逊之山石肯惠，然要须礼求之。牡丹恐俟来年秋分可移，亦宜爱护，以待呵冻。草率，亮亮。"冯淮，字会东，号雪竹，人称冯山人，昆山人。这封信说明，陆深在建造俨山园的过程中，大量搜集天下名石，得知张逊之府上有名石，特致书冯会东，请其帮忙索取。《与冯会东二首》其二："深春来抱病，久卧郊居，人间事都谢却。载石，已命儿辈处之，来意多感。力疾，草草不具。"据此，陆深索要的山石已经运至俨山园。可知，在修建俨山园的过程中，陆深所付出的心血与精力。

"江南地胜多名园"[2]。明中期始，江南富豪大兴土木，修建私人园林。陆家嘴陆氏庄园正是明清时期江南园林潮的琼林一枝。"我家本在三江上，竹树成行更森爽。画阁含风蘸水开，仙槎到海随潮长"，这是陆深《开河待闸苦热》（《俨山集》卷三）诗中所描绘的家居环境。三江分别指娄江、松江及黄浦江的前身

［1］［明］何三畏：天启《云间志略》卷二十三，明天启间刻本。

［2］［明］陆楫：《鹤津山亭歌》，《蒹葭堂稿》卷二，《明别集丛刊》第3辑第1册，黄山书社，2016年版，第457页。

东江，三条河流主要排泄太湖水。北支娄江即今浏河，经昆山、太仓到浏河口入海；中支松江即吴淞江，今称苏州河，穿越上海城汇入浦江入海；南支东江即黄浦江前身。三江古代均为水量浩瀚的大江。由于泥沙沉积，南支东江被淤塞，水流淀泖湖区改向东流，其一支流从闸港折向北流形成黄浦江。陆深于此泛指家乡松江的河流众多，水网纵横，竹树成行，三江流域植被茂密，环境优美。从陆深祖父陆璿已经开始在陆家嘴建造园林。到其父陆平，祖居之外，再造别墅庄园，凿池种柳。到陆深兄陆沨，在前辈基础上再次扩建，陆沨"暇则浇花种竹，治亭馆，修水边林下之操。架石为山，窟土为池以自适"（《先兄友琴先生行状》，《俨山集》卷八十一），为陆深打造俨山园奠定了基本框架和格局。

一、三十六峰环江浦——俨山园的兴建

魏晋六朝，受佛教文化的影响，文人士大夫开始在自己的生活居住地周围经营具有山水之美的环境，开启了私人造园的先河。晋永嘉之乱，宋靖康之难，经济文化重心南移。"衣冠南渡"，贵族士大夫开始营造自己的私人园林，"江左遂蔚为园林之薮"[1]。陆深《跋东园遗诗二首》："在胜国（元代）时，浙西人士沿季宋晏安之习，务以亭馆相高，而吾松尤号乐土。四方名硕咸指为避影托足之区。故衣冠文献为江南冠。"（《俨山集》卷八十九）在宋末、元末战乱中，金陵、苏州、杭州等地均饱受战争之苦，而松江因不在战乱中心区而成为文人士大夫趋之若鹜的避难之地。携巨资避难松江的达官显宦定居松江，兴建园林，推动了松江园林蓬勃兴起。明代，私家园林遍及大江南北，童寯《江南园林志》序称："吾国凡有富宦大贾文人之地，殆皆私家园林之所荟萃，而其多半精华，实聚于江南一隅。"[2]江南引领了全国造园的风气。明清时期，江南经济繁荣，文化发达，宅园兴筑盛极一时。陆深"夙有山水之好"（《跋李嵩西湖图》，《俨山集》卷八十八），其俨山园成为上海著名景观，成为陆家嘴因以扬名的理由。"蹇予颇好奇，有癖

---

[1][2] 童寯：《江南园林志》，中国建筑工业出版社，1984年版，第22页。

在林泉"（《吴人以巨舰载湖石至雨中阅之》，《俨山续集》卷一）。

陆深《唐诗绝句序》："窃念自先人祥禫营域之日，以其余力创为精舍，凿池种柳，栽花莳竹，当古淞江之上，渐历岁年，蔚成林薮，泉石亭馆之胜。"（《俨山集》卷三十八）从陆深曾祖定居浦东，经祖父陆璠、父陆平，到陆深，陆家嘴园林已经营百年之久。陆深开始大力扩建祖上遗留的遗产，"余近买田顷余，于江上作楼六楹，正当松、东二江之合流，被以兼葭，带以杨柳，隔峰楼阁，一望如画"（《古诗对联序》）。他为自己的"杰作"感到兴奋和欣慰。

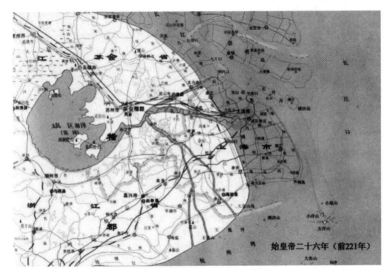

古代上海地形图

陆深的亲家唐锦《詹事府詹事兼翰林院学士俨山陆公行状》："辛巳春三月，公闻竹坡公讣告，即回乡丁忧。癸未服阕，公以余哀未忘，兼痰疾频作，因请假就家疗疾。寻获小愈，日与诗友徜徉林泉花石间，又于居第北隅辇土筑五岗，望之俨然真山也，遂号俨山。"[1]"辛巳"为正德十六年（1521），是年，父陆平卒，陆深45岁，回里丁忧。嘉靖元年（1522），陆深46岁，丁父忧里居。"癸未"为嘉靖二年（1523），47岁，父忧服除，本应赴京候阙，履任新职。陆深请

———————

[1]［明］唐锦：《龙江集》卷十二，《明别集丛刊》第1辑第84册，黄山书社，2013年版，第376—377页。

假里居养病，修建俨山园。陆深继承祖上遗产，居陆家嘴，当初他并未筹划增建扩充，促使陆深未及时回京而决然修建俨山园的原因是服除的前一年即嘉靖元年（1522）所遭遇的一场异常台风。陆深《中和堂随笔》："每岁滨海之地，至秋间辄有飓风，挟雨推潮而上，谓之风潮。然不常作，作辄损秋田木绵，豆尤甚。余今年四十有六，凡经几次，惟今嘉靖元年七月廿五日尤异。余所居小楼颇坚，亦动摇不已，其尤异者，则北风挟雨拥入北窗如注，雨皆自下而上，飞洒屋梁，先垄新建两石亭，皆摧倒。予夫妇相对而泣，两年精力一旦尽矣。自余各处小房屋颓塌数十间，皆可不问，惟压死一小儿，夫水逆行谓之泽水，若兹雨者不亦可谓之泽雨乎？"（《俨山外集》卷二十三）所谓"飓风"今谓台风。是年（1522），陆深丁父忧里居，七月二十五日，正值浦江潮水的高峰季节，狂风大作，海潮倒灌，暴雨倾盆如注，雨水穿窗而入，先祖所建两石亭被台风吹倒，房屋被冲毁数十间，最令陆深伤痛的是一个幼儿被倒塌的房屋压死。所幸，陆深所居的楼安然无恙。这场空前的台风使得陆深下决心暂不回朝，重修园林。由于浦江陆家嘴段的巨大弯度，中秋前后的海潮潮高浪大，如遇台风，便会造成水患。清倪斗中《南汇县竹枝词》即云："唐开元筑护塘高，起自杭州气象豪。直达吴淞四百里，预防八月飓风号。"[1] 可见此时节台风影响之剧。

陆深祖父陆璿经商，积累家业，浦东陆氏家族发展为一方豪门，开始建造陆家嘴私家园林，"祖居百有余年，皆自府君渐次充拓"（《敕封文林郎翰林院编修先考竹坡府君行实》，《俨山集》卷八十一），"尝手植美竹高松，蔚焉成林"（《筑松府君碑》，《俨山集》卷八二）。陆深《园中芭蕉产甘露金色若莲花而大几盈尺欣赏一首》诗"园古草木茂，气和休祥集"（《俨山集》卷五）之"园古"当指该园所经历的岁月，自陆深祖父始，中经父陆平的经营，园林逐渐扩大，至陆深时，园林的营建突飞猛进。嘉靖四年乙酉（1525）陆深49岁时，"买田顷余，于江上作楼六楹，正当松、东二江之合流"（《古诗对联序》，《俨山集》卷

[1] 顾炳权编：《上海历代竹枝词》，上海书店出版社，2018年版，第357页。

三十九）。辇土筑五岗，俨然如山，遂自号俨山。同年，陆深在陆家嘴营建"小隐居"，其《答方时举少参》云："营小隐居在江上，颇有登临稼圃之趣。"（《俨山集》卷九十三）。嘉靖五年（1526），50岁的陆深云自是岁始有居，其所谓居，即属于自己的园林。《答张君玉》："近筑一隐居，当三江之合流，颇有竹树泉石之胜。又累土作三山，遇清霁景候，可以望海。其下葺退居之室，榜曰静胜。今年四十有九矣，因命其左斋曰知非，右斋曰知还。静胜之后，复作一堂，度明年可成，成即当题曰知命。"（《俨山集》卷九十三）可知，营建工程仍未结束，尚有一楼云"知命"正在建造之中。陆深此际襟怀闲适，唯与书为乐，"是中藏书满架，所欠者《白斋集》耳"。陆深在所扩建的"小隐居"北面营建三山五岗，极有隐喻。松江有九峰三泖，但上海有江无山。中国传统的居第讲究背山面水。陆家嘴面对滔滔东去的黄浦江，但缺失可靠的山岗。因此，陆深特别在园林之北修建"靠山"。其《怀江东山居》："知非知命复知还，不负青青屋后山。"（《俨山集》卷十一）陆家嘴的俨山园的正门朝南，而非朝西。整个园林坐北朝南，所以陆深说在自家的山上可望见大海，所言即是北望而收眼底的江海景致。

嘉靖五年（1526），陆深50岁，"知命楼"竣工。同时，"小康山"筑成，通往"小康山"的石径也铺就而成，遂撰《小康山径记》曰："予闲居东海，身境俱寂，既无富贵功名之想、声色货贿之奉。兹焉素薄身之所到，辄有山水竹树之胜，神契物化恬焉，不知老之将至也。四友亭之南有隙地盈丈，因聚武康之石作小山，具有峰峦岩壑之趣，复作磴路，迂回旁通，可登以待月。退坐亭上，可以观雨。客曰：奇哉！山水宜以小武康名之。予犹惧此乐之涉于外而至于过也。因题曰小康山径……丙戌之秋七月既望记。"（《俨山集》卷五十三）可知，陆深园北三山之一名"小康山"，因用武康石累积而成，据说武康石不仅美化环境，尚可挡风。同于嘉靖五年（1526）筑成的尚有"柱石坞"，《柱石坞记》曰："俨山西偏澄怀阁之下，小沧浪之上，复以暇日周施阑槛，用备临观徙倚之适。有川石者三，高可丈许，并类削成，有奇观焉。因错树之为三峰：中峰苍润如玉，弹窝圆莹，丰上而锐下，藉以盆石，有端人正士之象。却而望之，擎空干云邈焉寡群，岂八柱之遗，非耶！题曰'锦柱'。傍甃两台，其左曰龙鳞石，苍碧相晕，比次成文，俨然鳞甲之状，森耸而欲化也；其右石首娓婧而婀娜拱揖，有掀舞之意，名曰'舞花虬'，合而命之曰'柱石坞'。曲径其下，以通往来。"（《俨山集》卷五十四）由各种形状的奇石所叠加的山林花费了陆深不少精力。《与杨东滨十五首》其四："昨载至湖石数株，西堂前添却一倍磊魂。"（《俨山集》卷九十四）太湖石、武康石、灵璧石，各种珍贵名石源源不断地从原生地穿过黄浦江，"相聚"俨山园。正是在丁忧五年的漫长时间里，陆深大兴土木，修建以备退养的消闲之地——俨山园。

明清园林中，奇石是园林中的精华。为增加俨园的生机，陆深曾向朋友索要奇石，《与冯会东二首》其一："张逊之山石肯惠，然要须礼求之。"（《俨山集》卷九十四）第二封与冯会东的手札即云山石已经收到："载石已命儿辈处之，来意多感。"（《俨山集》卷九十四）。经由友人冯会东的斡旋，陆深所中意的名石顺利地进入俨山园中，为此，陆深对于冯淮的热情相助表示感谢，可以推知，由于冯会东的努力，张逊之的山石并没有卖给陆深，而是慷慨赠送，所以才会有陆深对冯会东的感激。友人董宜阳得知陆深广搜奇石也慨然相赠，陆深《与董子元二首》其一："不意发奇石相赠，益令人怅然。"（《俨山续集》卷十）董宜阳（1511—1572），字子元，别号七休居士、紫冈山樵，上海人，有紫冈别墅，人们多有题咏。孙承恩《文简集》卷二十四《题董子元紫冈草堂》："沙痕海迹见崇冈，冈上幽人结草堂。浦响候潮喧枕席，门高乔木带风霜。"可知董子元别墅也在浦江岸畔，可以在小楼枕席上静听黄浦秋涛。陆深《留题董子元紫冈别业》："江流南下第三冈，曲径回栏绕画廊。最是杏花春色里，縠纹浮动木兰堂。"（《俨山集》卷十七）则描写紫冈别墅的精美雅致。

陆深修建俨园，搜集天下奇石。《俨山集》卷九十四《与杨东滨十五首》其四："昨载至湖石数株，西堂前添却一倍磊魂。"购买的太湖石为俨山园增加神气。如购置灵璧石制作的盆景（《有拳石类灵璧嵌嵤可爱作盆池贮之庭中》，《俨山续集》卷五），购置三川石、武康石叠为险峻的假山，有壁立万仞之感。《吴人以巨舰载湖石至雨中阅之》（《俨山续集》卷一）诗中不能确指巨舰所载太湖石是不是归属俨山园，但陆深冒雨赏石的兴致却证明了他对奇石的钟情。他十分自信地认为，其后乐园"信天下之奇观"（《俨山集》卷五）。出于爱石抑或出于对工期的要求，陆深尝出手相助，帮助石匠垒石造山，其《架石》诗云："摽排甲乙位高低，爱杀山翁手自题。"（《俨山续集》卷七）又《迭碎石作小山具有洞坡岩壑之胜刻铭其崖》（《俨山集》卷三十五）。可知，陆深在参与叠石造园的同时，对于俨山园的众多名贵奇石一一题铭，如《俨山集》卷三十五所收石铭：

《小康山径铭》：

> 治靳小康，君子思大，唐风无已，诗人示戒，悠悠泉石，凤夜匪懈。
> 临深履薄，理欲作界。理胜为乐，从欲斯败。敢告墨卿，顾諟所届。

《大象石铭》：

> 江之西，海之东。石为林，桂成丛。歌小山，咏大风。生有涯，乐无穷。

《屏石铭二首》其一：

> 云卧壁立，仁寿为徒。可久可大，以殷诒图。

《大理石屏铭》：

> 远岫含云，平林过雨。一屏盈尺，中有万里。

《玉华洞铭》：

山月如璧，中天无云。人心朗然，以显斯文。

《醒酒石铭》：

昔以醒酒，今以醒心。难如蜀道，胜比山阴。

于此可知陆深在这座庄园中所付出的心血，一时皆系于"石"。

"十旬高卧画楼东，曲曲阑干面面通"（《山居八首》其一，《俨山集》卷十七）。买石植树，多方寻求，陆深努力将其"小隐居"打造成江南园林的经典。《与表弟顾世安十六首》其一："近营别业，以待东归。姑欲插柳，须乞五株种之乃可。冬月将尽，幸能惠我否？"（《俨山集》卷九十五）向其表弟顾世安索要几种树木。《与冯会东二首》其一："牡丹恐俟来年秋分可移，亦宜爱护以待呵冻。"（《俨山集》卷九十四）冯淮，字会东，号雪竹，上海人，归有光《雪竹轩记》："（冯）山人少喜为诗，诗出而上海陆文裕公亟称之。"[1]陆深《俨山续集》有《题封会东雪竹卷》，二人多有交游。据归有光《冯会东墓志铭》所载，"文裕公（陆深）子思禹，以江上别业赠会东，会东父子力耕其间"[2]，陆氏将浦东的一栋别墅赠送冯会东，可知两家情谊非同一般。

《俨山续集》卷七有《乡人送菊列之堂中》《谢何登之惠玉兰》诸作，乡亲朋友送菊花送玉兰，装点陆深的俨山园。嘉靖四年（1525）八月，后乐园木槿花开，友人松江画家钱国辅专程来赴约游园赏花，特为陆深绘《俨山玉舜图》[3]，包括后乐堂、俨然亭、澄怀阁、望江洲、望江楼、兼葭堂、小康山径、小沧浪、江东山楼、柱石坞、四友亭、俨山精舍、水晶帘、知非书斋、知还书斋等三十六

[1]［明］归有光：《震川先生集》卷十五，上海古籍出版社，2007年版，第382页。

[2]［明］归有光：《震川先生集》卷二十二，上海古籍出版社，2007年版，第464页。

[3]［明］陆深：《九月朔晨起盆中再着数花适钱国辅自松城至为余作〈俨山玉舜图〉邑中数客继集而世安具扁舟西去矣即席再迭》，《俨山集》卷十二，《四库全书》第1268册，上海古籍出版社，1987年版，第2—3页。

景，其中每栋楼每个景，陆深都亲自撰文作记。陆深题《后乐园》："远瞑欲成梅子雨，晚凉初动楝花风。"可知，他为这座园林所倾注的心血和对园林的珍惜。

俨山园奇石、名木，假山池沼，小桥流水，亭台楼阁，处处堪入画，但其中最具人文情怀的是"俨山书院"，雇佣工匠进行书籍刊刻。俨山园内建藏书楼，陆深特编纂《江东藏书目录》。藏书楼中除了储藏了大量珍贵典籍外，也储藏了不少鼎彝古器，为此，陆深特撰《古奇器录》。陆深宦迹所至，他都大量购买搜集珍本古籍，搜集古鼎彝器。这个藏书楼才是俨山园中最有价值的所在。

与园林的幽雅相配套的除了藏书楼，尚有游船与戏班。当俨山园修建完毕，为游览之便，特购买游船。《与杨东滨十五首》其五："山居初就，日有游人……仆新置二画舸，只用四五人可行，约载数客，其一设绳床偃卧，其一具歌吹先驱。风日妍美，即挟以出浦，随潮上下，选胜而登。或寻小港汊，访故旧，即牵挽而去，虽滑泥亦可动，此或古人所未有也。"（《俨山集》卷九十四）俨山园与黄浦江相连，为观览浦江美景，陆深特购买二艘游船，一船设为舞台，置戏班，登台唱曲，一船设胡床，可躺可卧。船入浦江，悠然前行，欣赏着浦江两岸的秀丽景色，聆听着荡气回肠的江南昆曲，这就是陆深所向往的乡村生活，而每当他休假归里，他都会驾船出游。陆深在50岁时已经为自己致仕后的生活做了细致安排。他所营造的隐居之地俨然水上武陵源。《俨山续集》卷十《与郁直斋七首》其四：

> 岁暮履任，随分供职，所幸僚寀多故旧，兼有湖山之胜，但觉兴味迥别，老态残生，固应尔耶，奈何，奈何。近小儿南来……时下春明，伏惟尊候多福，吟啸为乐。浦上园亭，花竹当渐佳，恐耆旧赴召，未得具飨也。不尽。

这是作于福建的一封书信。嘉靖八年（1529），陆深在福建任上，"近小儿南来"，陆楫及私塾师姚竹斋一家随任到福建。"老态残生，固应尔耶"，陆深54岁，因经筵讲章事件被贬福建延平同知，他严格遵守儒家传统，讲《孟子》，但值讲之日，讲稿被权臣张孚敬、桂萼改动，陆深当面向嘉靖说明原由，得罪桂萼，被贬福建，故信中可见陆深内心的不平。尽管仕途挫折，但每当想起故乡的园林，陆深就感到欣慰，俨山园是躲避人生苦难的港湾。半年后迁山西提学，嘉靖九年（1530），陆深赴山西任，陆楫回陆家嘴读书。《与郁直斋七首》其七：

> 闻公种树且将架石，令人欣然，便有山林之趣。深适东渡，故园竹木森秀，果实丛生，摘取数颗，奉消南行诗渴，此事即争三五年有实受用矣。（《俨山续集》卷十）

邀请郁直斋到俨山园品尝果实。朋友郁直斋也开始种树架石，营造自己的园林，为自己营建颐养天年的场所。

《与杨东滨十五首》其八：

> 仆夜归宿山中，晨起观初日，散影遥田，满地皆白云，以软舆经过，弥漫霡霂，俯见城郭，此身真在天上。须臾，扁舟乱流如泛瀛洲。（《俨山集》卷九十四）

《与杨东滨十五首》其十五：

> 花间与客坐水晶亭子，得佳章累幅，不觉满座生香，此又一境界也。晚桂将舒，早菊欲放，芙蓉映条，柳在秋水蒹葭之外，何当置东滨于其间读道书也。（《俨山集》卷九十四）

多年之后，身居京师高位的陆深仍然时时怀念这座耗费时日建成的江南园林，其《怀江东山居》："爱杀江楼无一事，重帘长护白云间。"（《俨山集》卷十一）

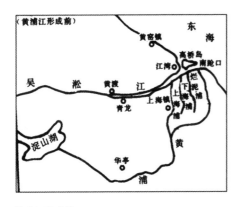
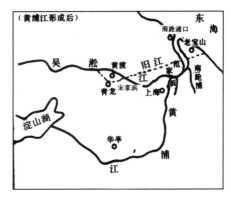

黄浦江形成前　　　　　　　　　　　　黄浦江形成后

据嘉庆《松江府志》"后乐园"记载：

陆文裕深别业，在城外黄浦之东，其地正浦与吴淞江合流处。深买田顷余，作楼六楹，被以蒹葭，带以杨柳，隔岸楼阁，一望如画。外土冈数里，宛转有情，俨然如山，因自号俨山。树宜木棉，因名木棉坂。俨山西偏，建阁曰澄怀。其下曰小沧浪，置三川石于其间，有壁立万仞之势，题曰柱石坞。其南有四友亭，隙地盈丈，聚武康之石，颇具峰峦岩壑，复作碛，路迂回旁通，可登待月。退坐亭上，可以观雨，谓之小康山径。山楼之下，叠石疏渠，作流觞曲水，隔墙设辘轳引泉而入。楼外俱芦洲，可以瞰江，颜之曰望江，又曰快阁，为榜楹帖云："浪楫风帆遗世虑于江山之外，农歌牧笛供乐事于畎亩之中。"其藏书地曰江东山楼，燕息处曰江东山亭，极花木水竹之胜。堂亦曰后乐精舍，即曰俨山。最后归田伐柏作亭，标之曰：南国已回池草梦，西京初重柏梁材。每与名人韵士啸歌觞咏于中，尝买一舟曰水晶宫，载酒往来，随潮上下，因作《龙江泛舟曲》，叙生平荣遇及林泉逸兴。[1]

[1] [清] 宋如林修，孙星衍等撰：嘉庆《松江府志》卷七十八，《续修四库全书》史部地理类第688册，上海古籍出版社，1997年版，第487页。

在《俨山集》及《俨山续集》中，保留了许多陆深题后乐园的诗作。《俨山春晓》二首（《俨山集》卷七）等描绘了陆深在园林中的消闲与惬意。《东轩春兴》："笙歌院落养花天，六十年逾七十前。坐隐尚余经国手，卧游无藉买山钱。"（《俨山集》卷十五）《春风堂随笔》云："予家海上，园亭中喜种杂花，最佳者为海棠。每欲取名花填小词，使童歌之。"《俨山集》卷九十四《与杨东滨十五首》其十五："昨以田家事催我东渡。西郊泛月，伺重阳修故事也。花间与客坐水晶亭子，得佳章累幅，不觉满座生香，此又一境界也。晚桂将舒，早菊欲放，芙蓉映条，柳在秋水蒹葭之外，何当置东滨于其间读道书也。"友人莆田郑质以行部偶宿俨山园，为这座园林的景致所震惊，即兴题联："乘兴归来三朝玉堂金马，强移栖息百年流水柴门。"[1]

陆深俨山园营造完毕不久，因园林风景幽美，迅速传遍三江大地，"山居初就，日有游人"（《与杨东滨十五首》其五，《俨山集》卷九十四）。远近游人乘舟登岸，游园赏景，于此可知，古代社会习俗，虽然园林兴建于高墙大户之中，但某些时段私人园林也对社会开放，游人可自由踏赏，虽然是私家园林，却有娱乐的公众性。为此，陆深致书友人杨东滨，邀请他相聚俨山园。《俨山集》卷九十四《与杨东滨十五首》其四：

> 晚将有佳月，别具画船，载鼓吹，同泛何如？……新凉得月，能过我为信宿留乎？

二、陆氏与园林文化

园林不仅是对自然景观的模拟，不仅是文人雅士天人合一心理的外在呈现，

---

[1]［清］宋如林修，孙星衍等撰：嘉庆《松江府志》卷七十八，《续修四库全书》史部地理类第688册，上海古籍出版社，1997年版，第487页。

在充满生机活力的园林发展史上，它逐渐成为具备丰富寓意的文化场域，承载着文化的传续、演绎与创新。自俨山园建成之日起，即发挥了重要的文化功能，无论对于陆氏家族还是对于一方社会，皆是如此。

举办诗友雅集。陆深、陆楫父子二人经常在后乐园举办诗友集会。陆深《玉舜十八首》序："嘉靖乙酉八月晦日，予卧疴山堂，木槿一株，白花千叶，移植盆中，与表弟顾世安、文学姚时望、孙则夫，把酒赏之，为赋近体一首。"（《俨山集》卷十二）"乙酉"为嘉靖四年（1525），八月木槿花开，邀请姚时望等雅集后乐园。九月，松江钱国辅拜访陆深游后乐园，为陆深绘《俨山玉舜图》，陆深《九月朔晨起盆中再着数花适钱国辅自松城至为余作俨山玉舜图邑中数客继集而世安具扁舟西去矣即席再送》（《俨山集》卷十二）诗后自注云："按《毛诗疏》：舜华，木槿也，本以色取，朝荣夕瘁，还以寓色衰爱渝之戒。此诗人之志也。予东吴薄海，壤沃宜槿，每当腊月条而树之，无不活，至来岁即畅茂……予为赋《玉舜诗》，将以传之好事君子。"《时望一和得五首再送一首为答》《再送答诸贤和章》《秋日鹤溪明府过山居见和玉舜七首再叠三首为答》《西津沈方伯屡和至十八首未已再叠二首为答》《陈仲鲁玉舜诸作予读之悲其志焉再叠一首慰之》《再送得七首》，一时唱和玉舜诗70余首，一和再和，玉舜为后乐园的文学提供了创作的契机和素材。

除夕之夜，后乐园举办隆重家宴。《俨山集》卷十五《后乐堂家宴守岁》：

> 歌管声喧饯岁除，大江东下抱闲居。夜筵椒酒元随量，春帖桃符手自书。
> 老去何妨鬈鹤发，归来犹及馔鲈鱼。十年万里风和雨，此夕团圞画不如。

"歌管声喧"，音乐与歌声烘托了节日的欢乐气氛，这说明，陆深蓄有家乐戏班。虽然没有更多的资料证明这一点，但除夕团圆夜，为陆深家人提供"歌管声喧"的绝非其家族成员。正德年间，社会上的专业戏班尚未流行，但士大夫家许多已经开始拥有自己的戏班。顾斗英《后乐园雅集》序云：

庚寅（1530）之春，余读书后乐园，借全林而栖一枝，扫三径以迟二仲。时维延年、长舆、幼安、季约、中美、斯立诸君移棹过访，握手欢然，愧无芳菰、精粺、霜蓄、露葵、雕胡之饭，兰英之醴，以羞诸君子，而亦有山泉可汲，涧毛可采，村醪可沽，江鱼可鲙，出与客共忘其菲薄，且也绿叶熙天，朱荣曜日，松篁成韵，兰芷扬晖，艳质歌喉与新莺齐响，高人藻思，将芳树争华，此诚一时胜会，而人生偶值之乐也。所恨夕阳在山，归禽喧树，榜人催渡，客散杯空。予情渺渺，则又理残编而尚友，呼明月而为宾矣。聊赋短章以博高唱兼订后约，无弃前盟。诗曰：畏人踪迹避江皋，仙侣移舟不待招。半尺苍苔朱履破，一番红雨绿尊消。长林兴到频呼月，野渡人催已上潮。归去莫忘青社约，春来还剩几良宵。[1]

顾斗英，字仲翰，号振海，上海人，尚宝丞顾名世子。能诗善画，得造墨秘法，所制墨都有"海上顾振海墨"印记，只送不卖。擅长赏鉴，与陆深有姻亲之谊，多次参加后乐园的集会。嘉靖九年（1530）春，陆深、顾斗英等八九人会于后乐园，赋诗填词，此后，陆深将这次雅集的诗文结辑成册，顾斗英为撰序。弋阳汪佃，字友之，与陆深同在翰林院充经筵讲官，同为时代的理学家。汪佃多次造访后乐园，其《东麓遗稿》卷四《过陆俨山浦东有述》：

樽前谈笑把花枝，二十年来践此期。失路相看成一梦，出门谁遣漫多歧。

华堂雅集文星聚，献岁新晴太嘷私。它同浦东传胜迹，为公刻石纪芜词。[2]

---

［1］［清］姚弘绪编：《松风余韵》卷四十五"顾斗英"，清乾隆八年（1743）刻本。

［2］［明］汪佃：《东麓遗稿》卷四，《四库全书存目丛书》集部第73册，齐鲁书社，1997年影印，第78页。

"华堂雅集文星聚"，这又是一次文化耆宿的相聚，由于汪佃的到来，陆深特邀上海名人名宦雅集后乐园。"二十年来践此期"，可知汪佃早已闻知后乐园为浦东名胜，是日终于如愿以偿，为了纪念这次旅行的快乐，纪念这次具有空前意义的聚会，德高望重的汪佃为陆深刻石永传。汪佃又有《游浦东园》："端居经济有徐才，小试园亭数亩开。带水市嚣潭锁断，玉峰何处尽飞来。红殷字认题名效，青破痕留印屐苔。我屋东山今别久，旧栽松菊想篙莱。"[1] 颂扬陆深的经济才华，官居高位，帝王之师，却也擅长料理家事，在陆深的安排下，陆氏园亭成为浦东胜迹。黄浦江割断了后乐园与上海县城的喧嚣，在幽静的陆氏园林中，高高的玉山峰巅突兀而起，在一望无际的浦东引人瞩目。人迹罕至的小径上长满了碧绿的苔藓，由此可知，汪佃首次进入后乐园后即在这个庄园里住下，未知是陆深为陆楫聘请的家教，还是陆深与汪佃探讨理学问题，总之，汪佃在后乐园盘桓了很久。

　　晚将有佳月，别具画船，载鼓吹同泛，何如？拱候……新凉得月，能过我为信宿留乎？兼制隐居冠服，待旦夕间命下，便作山中无事老人矣。余面尽，不宣。(《与杨东滨十五首》其四，《俨山集》卷九十四)

　　昨以田家事催我东渡，西郊泛月，伺重阳修故事也。花间与客坐水晶亭子，得佳章累幅，不觉满座生香，此又一境界也。(《与杨东滨十五首》其十五，《俨山集》卷九十四)

在陆深的书札中，除了写给家人的，友人杨东滨亦占据一席之地。杨东滨是陆深交往最多的友人之一，数日一聚。陆深极为私密的心事也会告知杨东滨，可谓知己。上引书札之四即邀请杨东滨夜游浦江，江中赏月看戏。书札之十六则邀请东滨重阳节相聚后乐园。

---

[1] ［明］汪佃：《东麓遗稿》卷四，《四库全书存目丛书》集部第73册，齐鲁书社，1997年影印，第78页。

往时看海月，宿百菊亭，扁舟短服，出没浦云荻花间，与知己者弈棋饮酒，比一思之，恍如隔世。何时能复有此事否？（《与曹茂勋四首》其三，《俨山集》卷九十四）

山居新作榭，在玉华之颠。昨乘月登之，殊有异景……雨后新凉，得暇幸枉过一叙，悬企。（《与李百朋二首》其二，《俨山集》卷九十四）

分别书札邀请曹茂勋、李百朋相聚后乐园，同游浦江。

嘉靖二十一年壬寅（1542），陆深66岁。八月十五，中秋夜，与姜南、王子卿俨山园赏月。《俨山集》卷十五《壬寅中秋夜同姜明叔王元寀玩月》："蓬瀛东望月华圆，咫尺烟霄万里天。"十七日，与姜南诸友登楼，《俨山集》卷十五《中秋后二夜与姜蓉塘诸友登楼》："月到中秋分外清，共登江阁俯空明。参差渔火遥通海，缥缈鸾笙欲近城。"著名画家张碧溪曾为陆深的愿丰堂绘一幅画，为此，陆深举办雅集，并作《愿丰堂后隙地叠石作小山与张碧溪联句》诗。

丁宜福《申江棹歌》："俨山楼阁镇吴淞，浪楫风帆极目中。高唱龙冈新制曲，月明人醉水晶宫。"[1] 陆深亦有《龙宫泛舟曲》，叙生平荣遇及林泉逸兴。俨山园之胜景与清欢，长久地流传于文人雅士的诗篇和追忆当中。

三、俨山园之殇

由于地理位置的原因，古代上海的繁华远不及苏州、杭州、金陵。这一差异突出体现在明清两朝。明代，苏州汇集了天下南来北往的文人雅士，许多艺术家在苏州园林中施才比艺；金陵，作为明朝留都，保留了都城的喧嚣与繁华，达官

---

[1] 顾炳权编：《上海历代竹枝词》，上海书店出版社，2018年版，第184页。

显贵，致仕官员相聚金陵，推动了金陵的文化走向全面繁荣。而上海，远离中国南北主航道大运河，致使交流方面远不及大运河沿岸的城市便捷，苏州、金陵、扬州，沿河停泊即可顺路造访友人，参观古迹。上海，非专程则不易至，因而，陆深的俨山园较之于苏州的园林则清净许多。苏州拙政园、网狮园充斥着文人游客的交响：饮酒、和诗、听曲，每天都有许多不速之客参观游览。上海俨山园居黄浦江东，除非陆深特别邀请，平日少有客人光临，几乎不可能有闲散游客光顾。由此，俨山园是真正意义上的陆深的园林，拥有众多可以随意休憩的景点。虽然俨山园在吴淞地区突兀而起，鹤立鸡群，但却远未及拙政园扬名天下。

秦荣光《上海县竹枝词》"后乐园"："邻簧高阁峙城中，后乐园当黄浦东。柱石俨山多胜境，陆家嘴没逐蒿蓬。"[1]陆深、陆楫卒后，陆氏族人仍精心守护俨山园。虽经历明清易代，园林也受到摧残，但陆氏族人仍坚守故园，努力守护祖上遗留的遗产，清初叶梦珠《阅世编》卷十：

> 崇祯甲申之夏，初闻邑城中少年子弟，校武艺于中者凡匝月。地甃坚固无损，在他室则立碎矣。乙酉之后，陆氏衣冠济济，聚居如故，涂墁虽渐凋残，堂构宛然无缺也。康熙改元，诏移崇明水师二千人驻防海邑，王协将光前择第而居，陆氏虑为公占，预将中堂毁去，虽幸免一时骚扰，不四、五年，上从职方臣张宸议，命水师仍归海外，而陆第不能复完，论者惜之。然吾邑居第无百年而不易姓者，惟此相传为最久，计年百五十余，递世六、七叶矣，至今犹未有他族逼处也。[2]

明清易代之际，虽然俨山园的雕楼画栋因一度化为演武场而受到损毁，但"堂构宛然无缺"，这座庄园的屋舍框架仍完好无损。然而，康熙元年（1662），由于对抗郑成功海上部队的北上抗清，清朝将驻扎在崇明的大批军队撤回陆地，驻兵的

[1] 顾炳权编：《上海历代竹枝词》，上海书店出版社，2018年版，第337页。
[2] [清]叶梦珠：《阅世编》，上海古籍出版社，1981年版，第214页。

安置需要当地高门大户的支持配合。陆氏为阻止驻兵，预先拆毁"中堂"（即陆氏府邸中最重要的建筑），最终，清兵未能进驻俨山园。然而，即使后来清兵撤退，陆家豪华的中堂大殿也难以修复。可以推知，陆氏宅院一直持续到康熙间，尚可举族而居。这是俨山园兴建以来所经受的重大打击。其实，在陆深卒后不久，由于嘉靖倭难，上海是倭寇的重要登陆点，俨山园也遭遇了倭寇的骚扰和侵袭，一支三千余人的倭寇部队也曾驻扎俨山园，抢夺和损毁，成为俨山园经历的重大创伤。

经历倭寇和明清易代两次打击，这座壮丽辉煌的庄园已不复昔日光景。到清嘉庆年间，俨山园遗址难以寻觅，园中的山林池沼也已易姓，只是这一片区域，因为陆深、因为陆氏家族，后人称为"陆家嘴"。清末秦荣光《上海县竹枝词》"后乐园"自注曰："邻黄阁，在长生桥南陆深宅，今其地称陆家宅；后乐园，在浦东，陆深旧居。有柱石坞，俨山精舍。今其址称陆家嘴。"[1]

康熙间，迁居至高桥的陆深后辈子孙修筑"余园"。"池北有假山、土阜、凉亭之属。曲径回廊，荷香四面，颇绕幽趣。池西书斋，四壁遍嵌砖碣、书画于间，环屋不穷，书写奇工，多阁帖体，篆隶间出，秀劲绝伦。斋西毗连住宅一带，繁花葱菁，为会文觞咏胜地。老桂一株，为二百余年名物。嘉定王鸣盛榜眼，有朱笔题词其上"[2]。余园主人是当地"镇绅"，可知，从陆家嘴迁至高桥的陆深后裔仍然拥有较高的社会地位和身份。不仅假山池沼，亭台楼阁，而且较之于俨山园更增加了书法画廊，颇具有书香气息。余园，不仅是陆氏休闲养生的园林，也是提升家族文化素养的基地。余园历经二百六十余年，至清末民初，渐趋颓圮。高桥陆氏余园，在中华人民共和国成立后的"五十年代初已毁。园址旋改为民办小学，塞池伐木，荡然无存"[3]。秦荣光《上海县竹枝词》："芋泾参议筑储园，陆俨山诗本集存。后历王张两回葺，而今野老日耕原。"[4]虽然陆深俨山园、储昱南园伴随岁月的沧桑而荡然无存，但陆深的诗集却因南园而得以流传。

[1] 顾炳权编：《上海历代竹枝词》，上海书店出版社，2018年版，第337页。

[2][3] 朱鸿伯：《川沙乡土志》，川沙县县志编修委员会，1986年印，第128页。

[4] 顾炳权编：《上海历代竹枝词》，上海书店出版社，2018年版，第350页。

四、俨山园与明末上海园林

浦东地区的园林修筑并非自陆深开始。早在元代，浦东下沙瞿氏家族构筑了当时江南最大园林——瞿家园，极尽富丽豪奢，弘治《上海志》谓："浙西园苑之胜，惟下沙瞿氏为最古。"但经历明初的抄没打压迅速凋零。明代中叶，经百余年经济复苏，尤其是郑和下西洋后的海上国际贸易的繁荣，明朝的商业经济空前发展，上海黄浦以东，陆深家族与谈伦家族都开始从事私人园林的修建。因谈氏居鹤坡塘，偏离上海县城，交通不便，因此，其园林也没有产生陆氏俨山园的那般广泛影响力。陆深所修建的俨山园，是明代上海地区较早的私家园林，极大地推动了明代中后期上海地区的造园风气。受其影响最大的要属豫园，豫园至今仍是上海文化的一张名片，被誉为"海上名园"。豫园建成后，太仓著名文人王世贞专程到上海参观学习，之后，修建了太仓著名的弇山园，至今仍较为完好地留存。受陆深影响，其友人浦东三林塘储昱（芋西），也修建了一座精美园林——南园。储昱祖先随宋南渡居浦东，所修园林最初名"储园"，因位于芋泾南岸，故称"南园"，又称"芋西园"。储昱是明正德十二年（1517）进士，官至江西参议。储昱与陆深既是同乡又是官场同仁，相交甚密，陆深多次造访南园，留有《赴储芋西少参中途过陈氏庄避雨》《游储芋西园池乘月夜泛》等诗。其《寓楼寄储芋西》云："与子共巷陌，相望一水余。瓦屋正鳞次，石桥亦虹舒。"（《俨山续集》卷一）储昱在浦东的宅邸与陆家相邻，深得陆深信任。陆深多次交代陆楫，家中事宜可与储昱商量。储昱南园有名石宋代花石纲——玉玲珑。秦荣光《上海县竹枝词》记载："玉玲珑石最玲珑，品冠江南窍内通。花石纲中曾采入，幸逃艮岳劫灰红。"[1] 玉玲珑石，本是乌泥泾朱尚书园中物，后归储芋泾园。储昱殁后，潘允亮和兄允端，将此石运过黄浦江立于豫园。潘允亮是南京刑部尚书潘

[1] 顾炳权编：《上海历代竹枝词》，上海书店出版社，2018年版，第335页。

恩第三子，储昱女婿，喜收藏书画古玩。清代三林人王孟洮《记玉玲珑石》：

> 上海邑庙豫园，故明潘恭定公尚书恩之别墅也。园有香雪堂。庭中置石三，中一石最巨，名玉玲珑，石中异宝也。石色青黝，高一丈有余，朵云突兀，万灵通。土人不知其可宝，过客亦不闻有赏之者。而予与石有桑梓谊，独知其详。石本浦东三林庄南园旧物。南园为故明储少参昱之别墅。少参归林下时。摩挲此石以自娱。尝以一炉香置石底，孔孔烟出。以一盂水灌石顶，孔孔泉流。玉玲珑之名，实非虚誉。少参女，嫁恭定子允亮。少参殁后，无嗣，允亮移石置己园，即豫园也。邑城离三林庄十余里，复隔一浦，由乡移城，所费甚巨，及渡浦，中流风作，舟石俱沉，乃觅善泅者入水分，以巨缍系石，牵曳至岸，当系缍时，水底更得一石，因并起之，即此石座。升沉显晦离合之数，虽石之微，亦有前定。若此，起岸嫌城门路迂，毁城垣以入，其后竟不修合，添开辟一门，即今之小南门也。明季乡绅之横，亦可想。人但知豫园为潘氏故宅，而罕知玉玲珑为储园故物。今储园久为邱垅，惟此石以移置之故，巍然尚存。[1]

文中记载了储昱卒后，由于绝嗣，其南园的太湖石，由其婿转运至潘氏豫园。在搬运途中，渡黄浦江，不慎坠入江中。打捞的时候，意外打捞出另一块奇石，恰好可以用来当作这块太湖石的基座。奇石高大，城墙阻隔，为了方便拆毁城墙，被毁的城墙未能重修，而是在这个空缺处修建了小南门，于是王孟洮慨叹"明季乡绅之横，亦可想"。从此，北宋著名的花石纲成为豫园的镇园之宝。

当俨山园逐渐荒废凋零之后，新兴的江南园林恰如雨后春笋般出现。其中，上海陆锡熊家族所收购的"日涉园"成为清初上海园林的翘楚。万历年间，上海

[1] 柴志光：《浦东石建筑踏访记》，上海远东出版社，2007年版，第149页。

进士陈所蕴进士聘请著名园林设计师张南阳精心督造日涉园，费时达十余载。日涉园、豫园、露香园并称明代沪上三大名园。陈所蕴《日涉园记略》：

> 具茨山人雅好泉石，先后所搜太湖、英石、武康诸奇石以万计。悟
> 石山人张南阳以善叠石闻。城东南隅有废圃可二十亩，相与商略葺治为
> 园。时三楚江防治兵促急，不得已以一籍授山人经始。山人按籍经营十
> 有二年，山人物故。后有里人曹生谅者，其伎俩与山人抗衡。园盖始于
> 张而成于曹也。入门榆柳夹道，远山峰突出墙头。双扉南启，尔雅堂在
> 焉。堂东折而北，度飞云桥为竹素堂，南面一巨浸，叠太湖石为山，一
> 峰高可二十寻，名曰过云山，上层楼颜曰来鹤。昔有双鹤自天而下，故
> 云。下为浴凫池馆，前有土冈，上跨偃虹，度偃虹而上冈，俱植梅曰
> 香雪岭。冈下植桃曰蒸霞迳。西有明月亭、啼莺堂、春草轩，皆便房曲
> 室。冈东折而北，有白云洞，穿浴凫池馆，登过云峰而下，出桃花洞，
> 度漾月桥，逗东皋亭，北沿步屧廊，修禊亭，枕其右亭，在水上可以祓
> 禊。家故藏褚摩兰亭真迹，因摩勒上石，置其中。东入白板扉，为知
> 希堂，有古榆，大可二十围，仰不见木末。又古桧一株，双柯直上，皆
> 数百年物也。园盖得之唐氏，惟此二木及池上一梨尚为唐氏故物。堂后
> 为濯烟阁，阁下为问字馆，前后叠石为山，亦太湖产。中一峰，亭亭直
> 上，小峰附之。磴道逶迤可登阁，南望则浦中帆樯，道西出为翠云屏。
> 南为夜舒池，北有殿春轩，轩后长廊。廊穷一小室，曰小有洞天，庭前
> 则叠英德石为山，奇奇怪怪，见者谓不从人间来。迤逦而东，万笏山房
> 在焉，所叠石皆武康产。间以锦川斧，擘长可至丈八九尺。既为此园，
> 未有记。万历癸丑（1613）冬甲寅春复增葺之。[1]

[1] ［清］应宝时修：同治《上海县志》卷二十八"第宅园林"，清同治十一年（1872）刻本。

陈所蕴，字子有，号冏卿，又号具茨山人，上海人，万历十九年（1591）进士，官南京刑部、江西参议，大名副使等。其私人园林——日涉园本属唐氏，后废弃。陈所蕴在原址的基础上，聘请叠石大师张南阳，重新修建。园中计有书隐楼、尔雅堂、素竹堂、飞云桥、来鹤阁、明月亭、桃花洞、殿春轩、友石轩、五老堂、啸台等三十六景，陈所蕴请当日著名画师绘《日涉园三十六景图》。园中书隐楼最为精致。日涉园中，大量叠石造山，他不惜重金搜罗天下奇石"以万计"，其《五老堂记》载以六十两银子购买一太湖石。由于石多，人们认为这个园林"不从人间来"。叶梦珠《阅世编》卷十《居第二》载日涉园"朱楼环绕，外墙高照，内宇宏深，亦海上甲第"，陈所蕴"年八十余卒。子同叔，无嗣，族子皆争继，家业遂废"[1]。明末，陈氏家族香火不继，家业遂散。日涉园及陈所蕴豪宅由陆深旁系后裔上海士绅陆明允所购买，"鼎革以后，往来上台，尚借为公馆，其未甚残毁可知。顺治中，族人毁废殆尽，今城隍庙中石砌，即其堂前故物也。有别业竹素与居第临街相对，方广数亩，多山水亭台之胜，明末冏卿嗣子售于襟宇陆封翁，今改门向东街，一传再传，为陆氏世业矣。"[2]再传，归陆起凤。叶梦珠幼时尚目睹日涉园的宏敞，"门第之宏敞，予犹及见之"[3]。明清易代后，残毁的日涉园为"襟宇陆封翁"陆明允所购买。陆明允，字臣受，号襟宇，陆明扬弟。陆深从孙，书法遒劲有致。康熙癸卯（1663）崇祀乡贤。当陈所蕴子孙在日涉园的经营中日渐凋零，陆明允购买了其中的一部分即"竹素园"。不久，归奉政大夫陆明允子陆起凤，再加修葺。嘉庆《松江府志》对"日涉园"亦有记载：

日涉园，在县治南，太仆卿陈所蕴别业，后归赠奉政大夫陆起凤，园本唐氏废圃。所蕴因张悟石、曹谅、顾山师皆善叠石，相与规画为园。起凤复加葺治，以奉其亲明允。园中"竹素堂"，周天球题榜东西楹曰："品题泉石、扬扢风雅。"三面临流，最为宏敞。西度飞云桥，为君子林，有竹千竿。林之前曰"长春堂"，曰"德馨楼"。折而北，历绿

[1][2][3]［清］叶梦珠：《阅世编》卷十"居第二"，上海古籍出版社，1981年版，第218页。

漪亭，入五老堂，五老峰在焉，玲珑苍秀，为其先文裕公故物。下有钓鱼台与殿春轩相望（轩后改传经书屋）。东为长廊，自北而南，廊之左万笏山房，群峰挺峙，望之轩如。前有阁曰"濯烟"，有堂曰"知希"，有楼曰"揖星楼"（旧为修禊台），可揽全园胜境。由是以会于竹素堂。堂之外有水澄泓西南，三神仙山在焉。过云一峰，突兀而起，尤峻绝不可攀。山下浴凫池，馆前抱来鹤楼。俯瞰波心，水际有径，环列以桃，名曰"蒸霞"。东南有石梁二，一曰"偃虹"，一曰"漾月"。"偃虹"南去，土冈横亘百武，往时多植梅，故曰"香雪岭"。遵冈而东而北有白云、桃花诸洞。冈以西，明月亭、啼莺堂、春草轩久废。而古香亭、诸小山群拱于三神仙山之外。各自献状，而不相袭。寻河滨而北，拂地垂杨，清流掩映，则与君子林相接矣。[1]

陆起凤购买日涉园后，精心修整，将陆深遗留的文物置于园中，"玲珑仓秀"指造型奇特的太湖石，原为陆深所有，后辈析产，归陆明允。陆起凤在回复日涉园园景的同时，增加了揖星楼、三神仙、香雪岭等许多新景点，陆起凤在这座历史庄园中大量投入资金，说明他希望不仅凭此继承祖上的文化传统，而且希望家族遗产传承下去。

二百余年后，陆氏日涉园继续增修，持续地增加文化元素，到陆锡熊的时代达到新的辉煌，同治《上海县志》卷二十八"第宅园林"中记载：

陈所蕴宅在县治东，南梅家弄，后废。今城隍庙石砌犹其堂前古物也；日涉园，所蕴别业，与居地临街相对，中有素竹堂、右石轩、五老堂，啸台。后归陆明允，改门东向，在水仙宫后。明允裔孙秉笏添建"传经书屋"，秉笏子锡熊以总纂《四库全书》，得预重华宫侍宴联句，

[1]［清］宋如林修，孙星衍等撰：嘉庆《松江府志》卷七十八，《续修四库全书》史部地理类第688册，上海古籍出版社，1997年版，第487页。

蒙赐杨基《淞南小隐图》，上有御题七言绝句一首，秉笏别号适与之合，因改"传经书屋"为"淞南小隐"，并敬奉奎文，以志恩遇。藏有陈所蕴三十六景图，今存五老堂，陆氏居之。[1]

可知，这个宏伟的庄园到陆明允的孙子陆秉笏的时代增建"传经书屋"，这表明，庄园里生活的陆氏子孙并非游山玩水的富家子弟，而是在这座宁静的庄园中精心研究古代经典。再传至陆秉笏的二子陆锡熊，乾隆皇帝赐给陆锡熊著名画家杨基所绘《淞南小隐图》。这不仅仅是一幅图画，更是体现家族声望的凭证，而且寄托着家族振兴的希望，因此，陆锡熊用图画的名字"淞南小隐"替代了原藏书楼楼名"传经书屋"，并请其至友著名书法家乾隆朝榜眼尚书沈初题匾"书隐楼"。秦荣光《上海县竹枝词》："日涉园居沪海陈，景图卅六主人身。传经陆氏添书屋，小隐淞南画赐臣。"[2] 所描绘的即是皇帝御赐给陆氏园林带来的荣耀。嘉庆《松江府志》记录这座庄园的变迁云：

> 园垂二百年，台榭多变更，渐作颓垣断础，而陆氏至今世守遗迹，犹有存者，所蕴、起龙俱有记。起凤玄孙锡熊以总纂《四库全书》，得预重华宫，侍宴联句，蒙赐杨基《松南小隐图》，上有御题七言绝句一首。锡熊父秉笏别号适与之合。因即园中传经书屋改作松南小隐，敬奉奎文，以志恩光。从此一水一石皆圣天子敕赐之荣，非复眉庵旧栖所能专美矣……陆明允诗："昔是同卿囿，今为老子居。先留五峰巧，后叠万山奇。倾圮奈重整，力分非所宜。得之信有数，思推不可辞。高山补新树，深水蓄肥鲕。比比是书室，勖我读书儿。"[3]

[1]［清］应宝时修：同治《上海县志》，清同治十一年（1872）刻本。

[2] 顾炳权编：《上海历代竹枝词》，上海书店出版社，2018年版，第337页。

[3]［清］宋如林修，孙星衍等撰：嘉庆《松江府志》卷七十八，《续修四库全书》史部地理类第688册，上海古籍出版社，1997年版，第487页。

由于保存不善，《日涉园三十六景图》和《淞南小隐》图都不翼而飞，陆锡熊痛心不已。不久，陆锡熊获悉一顾姓人家得到《日涉园三十六景图》，以高价收回，御赐图因此得以完璧。书隐楼前后共五进，有"九十九间楼"，七十余个房间。内有假山、池沼、轿厅、正厅、话雨轩和古戏台，正楼供藏书用，雕梁画栋、精美绝伦。从此，陆氏"书隐楼"作为江南著名古藏书楼，与宁波天一阁和南浔嘉业堂共同成为明清时期"江南三大藏书楼"。清朝末年，陆氏家道也渐式微，住宅大部分出让，后此园渐被民居蚕食。

《俨山集》卷十七《瑞应堂留别所知二首》其二有记载："四面有山皆入座，一年无日不看花（此予山居春联）。如何又踏朝天路，春水楼船漾浅沙。"整首诗无疑是陆深再次出仕入朝为官时所作，诗中反衬出士大夫乐于出仕与安于归隐的双重心境，同时也符合传统社会完人范仲淹所谓"后天下之乐而乐"的传统理念。陆深本人对这首诗也十分自得，且曾一度当作春联贴在自家府门之上。乾隆皇帝虽只曾读到陆深的半首诗，却也对此诗推崇备至。须知陆深做梦都不会想到，两百年后，他的诗句被同乡后辈视为经典之作书写到清代皇室的承德避暑山庄。后来又被乾隆皇帝点窜后雕刻为玉玺，而成传国重器。据清宫《内务府造办处活计档》记载："乾隆五十三年，正月二十六日，接得郎中保成押帖一件，内开，正月二十日太监鄂鲁里传旨，着挑玉做几分宝呈览，准时请地方。钦此。随挑得山料玉大小六块，拟做交龙钮宝散方，螭虎钮宝三分九方，随交龙钮宝纸样三张，螭虎钮宝木样三件，交鄂鲁里呈览……计开：山料玉一块，重五斤，做交龙钮宝一方，见方二寸四分，高二寸二分。'四海有民皆视子，一年无日不看书'阳文字，山料玉一块，重五斤，做螭虎宝二方，各见方一寸，高三寸二分……于五十三年十二月二十七日，长芦送到玉交龙宝一方，呈进交懋勤殿讫。"[1] 由内务府的记载可知，乾隆点窜陆深诗句"四面有山皆入座，一年无日不看花"的易作

---

[1] 中国第一历史档案馆等编：《清宫内务府造办处档案总汇》，人民出版社，2005年版，第51册，第79页。

125

"四海有民皆视子，一年无日不看书"被雕琢成为皇帝的御玺，成为传国之宝。乾隆皇帝死后，此宝便收藏于景山的寿皇殿。2007年苏富比拍卖会上，出现一方印文"四海有民皆视子，一年无日不看书"的乾隆御宝交龙纽白玉玺。经鉴定，这方玉玺与北京故宫所藏《乾隆宝薮》的相关著录大致相仿。当是在八国联军侵华战争期间，被掠劫而流失海外。

在上海县城，高门大户鳞次栉比，陆深的府邸也以豪华气派引人注目，浦江东岸的"后乐园"只是陆氏家族休闲娱乐的场所。晚清名士丁宜福（1817—1875）、秦荣光（1841—1904）都未曾目睹俨山园的真正风貌，他们所写只是想象的俨山园。这正说明，在明清两朝，俨山园在松江园林中的影响，以至于晚清，人们仍然对俨山园充满想象。丁宜福的诗立足于整个吴淞地区，基本是今日上海市所辖区域；秦荣光的诗则具体地写俨山楼阁在上海城中的独特性，俨山楼也是上海县城最雄伟的建筑。直到清代，后乐园中的山林楼阁仍然是上海引人注目的文化遗产。今上海陆家嘴金茂大厦旁有"花园石桥路"，即因系陆深后乐园旧址而得名。嘉庆《松江府志》："（后乐园）今则遗址无存，芦洲半皆非陆氏所有，其地犹呼之曰陆家嘴云。"[1]

第四节　陆楫的奢靡观与江南时尚

追求奢华的消费方式，爆发于明朝中期。以江南为中心，空前的奢靡狂潮席卷城乡，到处被物质丰富的景象所包围。奢侈性消费越来越深入地渗透到人们的日常生活中，官员与平民的文化疆界变得越来越不确定。生活侈靡构筑了大众文化的壮观景象，消费时代翩然降临。它不仅影响着人们的生活，也影响了人们的生活观念，并且越来越显露出其带有炫耀和超越实用的追求享受的消费趋向。人

---

[1]［清］宋如林修，孙星衍等撰：嘉庆《松江府志》卷七十八，《续修四库全书》史部地理类第688册，上海古籍出版社，1997年版，第487页。

们一改往日节俭储蓄的良好习惯，转而疯狂享受，努力使得自己的生活方式变得优雅高贵，渴望融入到疯狂消费的进程中。

一、席卷而来的"尚奢"狂潮

"习俗移人，贤者不免"[1]。许多人面对突如其来的消费狂潮感到震惊，感到无奈，"伦教荡然，纲常已矣"[2]。接踵而至的是道德风险，"日用、会社、婚葬皆以俭省为耻，贫人负担之徒，妻多好饰，夜必饮酒，病则祷神，称贷而赛"[3]。宁可借贷也要保持高水准的消费，这些前所未有的消费方式，使得很多士人忧心忡忡。有人开始担忧这种奢靡之风"犹江河之走下而不可返也"[4]。高度风险的消费引发了令人忧虑的道德问题，而且直接威胁到人的生存状况，将使"家给人足"的小康社会变得不切实际[5]。有人甚至认为，这将是社会"自盛入衰"的一种不祥征兆，"吾松正德辛巳以来，日新月异，自俭入奢，即自盛入衰之兆也"[6]。"去侈就俭，有望于上之人操舍而风励焉"[7]。张瀚云："今之世风，侈靡极矣。"[8]从嘉靖间开始，费用极高的江南园林亦如雨后春笋般纷纷出世，以至于谢国桢认为，明末资本主义萌芽之所以发展缓慢，是因为商业资本全漏到园林中去了。在时尚潮流的冲击下，有志之士保持自己的品好亦都难以从愿。欲望引领着人们不断地冲破传统，似乎是一场难以抵御的瘟疫，势不可挡。全社会的人都被卷入这场风靡全国的追逐奢华的潮流之中。对财富的追求成为共同的新价值观，商品的日益繁荣愈来愈依赖于消费欲望的刺激。追求"自由的生活"、追求奢侈成为激

[1][2] [明]范濂：《云间据目抄》卷二"记风俗"，《丛书集成三编》第83册，第393页。

[3] [明]李乐：《见闻杂记》卷十一，明万历间刻本。

[4] [明]范濂：《云间据目钞》卷二，《丛书集成三编》第83册，第393页。

[5] [清]龚炜：《巢林笔谈》卷五"吴俗奢靡日甚"，中华书局，1981年版，第113页。

[6] [明]陈继儒：《白石樵真稿》卷二《松江志小序》"风俗"，《丛书集成三编》第50册，第768页。

[7] 隆庆《赵州志》卷九"风俗"，《天一阁藏明代方志选刊》第6册，上海书店，1981年版，第2页。

[8] [明]张瀚：《松窗梦语》卷四"百工纪"，中华书局，1985年版，第76页。

励人们改变自己命运的动力。"风会之趋也，人情之返也……德化凌迟，民风不竞"[1]。对此，张瀚感叹："今之世风，上下俱损矣。安得躬行节俭，严禁淫巧，祛侈靡之习，还朴茂之风。"[2] 范濂则对家乡松江的奢靡习俗表示忧虑："吾松素称奢淫黠傲之俗，已无还淳挽朴之机。"[3] 士人对于日趋侈靡的社会习俗无能为力，叩问苍天，何日才能回归曾经的"朴茂之风"？陆深在家书中屡屡规劝陆楫"不可学骄奢侈靡耳"（《京中家书二十二首》其六，《俨山集》卷九十七）。当陈继儒劝其友人须当俭约时，友人答曰："鄙性不羁，自多侈态。"[4] 将喜好奢华视为难改的秉性。何良俊《侈汰》云：《记》曰：'奢则逼上。'正孔子所谓不孙也。夫僭拟者，王诛之所不赦。余观侈汰之徒皆取祸不旋踵，盖有所由来矣。"[5] 何良俊认为孔子对于僭越传统的行为都表示否定，那么日下习俗必然遭受惩罚。他甚至预言那些"侈汰之徒"如果不加收敛，那么灾难将会接踵而至。

滚滚而来的奢侈之风，使许多朝廷大臣忧心不已。姜宝任南京礼部尚书，以朝廷之令，发布条文申明禁奢，其中一条是宿娼之禁，"凡宿娼者，夜与银七分访拿帮嫖之人，责而枷示"，结果，民间纷纷抗议，甚至怨声载道，终于"法竟不行"[6]。政府对于侈靡的消费方式向来持否定态度。但是，社会上尚奢之风则日刮日炽。嘉靖二十四年（1545），礼科给事中查秉彝上奏论当时社会"虚靡"恶习，并提出解决这一难题的具体策略在于教化人民懂守礼制："礼制明，则人知节俭；节俭，则无求；无求，则廉耻立。"[7] 将明礼、节俭作为解决风俗问题的根本原则，他甚至希望以国家立法的形式予以确认。这种以道德舆论作为衡量与制约的措施，在商品财富的滚滚浪潮中显得过于天真单纯，这个方案完全是纸上谈

[1] 万历《顺天府志》卷一《地理志·风俗》。

[2] ［明］张瀚：《松窗梦语》卷四"百工纪"，中华书局，1985年版，第80页。

[3] ［明］范濂：《云间据目抄》卷二，《丛书集成三编》第83册，第393页。

[4] ［明］陈继儒：《捷用云笺》卷五《短札》"戒奢华"，第27页。

[5] ［明］何良俊：《何翰林集》卷十四，《明别集丛刊》第2辑第71册，黄山书社，2015年版，第460页。

[6] ［明］顾起元：《客座赘语》卷三《化俗非易》，中华书局，1997年版，第79页。

[7] 《明世宗实录》卷三四〇"嘉靖二十七年九月庚子"。

兵，空谈道理的说教根本无济于事。而且，此时阳明心学已经深入人心，追求个性，崇尚自我取代了儒家理学而成为主流思潮。隆庆四年（1570），朝廷下令普通老百姓严禁使用奢侈品："奏革杂流、举监忠靖冠服，士庶男女，宋锦云鹤绫缎纱罗，女衣花凤通袖，机坊不许织造。"[1]"百姓或奢侈逾度，犯科条，辄籍没其家"[2]。显然，这也是部分迂腐的理学大臣愚不可及的天真梦幻。所有的法律条文公布之后都如过眼烟云。

镶金玉发簪（陆深墓出土）

二、文人的视角：认同与否定

内阁首辅徐阶上书请求禁奢，其《世经堂集》"请禁奢侈"："奢侈之害治，而欲端其本者，廉节不可以不贵也。盖今百官位虽不同，其俸禄之入皆有定制。今既务为奢侈，则其禄入势不能以自给。禄入既不能自给，则其势不容不苟取于

---

［1］［明］田艺衡：《留青日札摘抄》卷二"我朝服制"，《丛书集成新编》第88册，第128页。

［2］嘉靖《太平县志》卷二"地舆志下"，《天一阁藏明代方志选刊》第17册，上海书店，1981年版，第20页。

外……故欲端治本，必当责百官以励廉节；欲百官之励廉节，必先之以禁奢侈，而后其节得以自全。臣等受恩深重，每见人才日下，民生日困，武备日驰，惕然怀杞人之忧，而奢侈之禁实系本部职掌，辄敢冒昧题请。伏乞圣明敕下都察院，出榜晓谕，今后百官务要薄嗜欲，省交际，重名检，奉公法，期于赞成盛治，媲美有周，及敕锦衣卫严禁坊肆，不许制造大饼高花，锦鞍绣褥等项奇巧华丽之物以荡人之耳目，而移其心志。如有违者，官听科道纠劾，军民听该卫拿问。至于外官苞苴到京，一体严行缉拿，庶奢侈之俗革，廉节之风兴，治本端而太平可望矣。"[1] 在这份奏疏中，徐阶将奢靡的源头直接指向朝廷及各部大臣，要求朝廷自上开始厉行节约，约束大臣，如有违背，绳之以法。徐阶的奏疏较之于查秉彝的建议的确切实可行，甚至在实行过程中所可能会遇到的阻碍也都作了周密的计划与部署，可谓一份缜密的禁奢条令。然而，这份掘中根本的奏疏亦石沉大海，没有任何回音。云间名士李雯基于晚明严峻的国势，上疏论救国之策，他认为最关键的尚且不是发展军事力量而是禁止人民侈靡："陛下非有法制也，安得而禁之哉！虽然，禁之自陛下非难也。夫豪大之族，奢之母也，贪没之吏，侈之原也。陛下诚奖廉素者，至疏至贱而升之，屈豪侈者，至亲至贵而斥之。陛下示其意，天下孰不听也。然后，陛下明为诏书，禁所不当得为之物，尤奢之郡，陛下选强明敦朴之士以莅之，奉行教条，以豪断为治绳一，豪贵其下，望色而变，此一县令之所能致也。"[2]（《俗靡》）为帝献策，抑制地方豪门大族，惩处贪官污吏，奖励廉洁官员。继之以具体规定禁止民间所用的某些奢侈品的种类，严令执行。李雯满怀信心，认为皇帝如果采纳了他的建议并昭告天下，"天下孰不听"？可惜的是，他的热切期待再次如同徐阶的上疏一样失声于无法遏制的时代浪潮。

[1] ［明］徐阶：《世经堂集》，《明别集丛刊》第 2 辑第 43 册，黄山书社，2015 年版，第 173—174 页。

[2] ［清］李雯：《蓼斋集》卷四十三，《清代诗文集汇编》第 23 册，上海古籍出版社，2010 年版，第 753 页。

玉童（陆深墓出土）

　　禁奢的呼声此起彼伏，日益高涨，禁奢一度成为当时社会的主导话语。《弇山集》卷九十九《京中家书二十四首》其十二：

　　　　吾乡时俗，一毫不可效尤也。

《弇山集》卷九十八《京中家书二十三首》其五：

　　　　风俗日坏，海滨尤甚。吾儿宜力行古道可也。

然而，风靡于世的是文化习俗，而文化形态高出法律之上，流行文化是任何力量也难以左右的。因而，尽管朝廷三令五申，但到嘉靖时期，所有的禁奢圣旨皆化为一纸空文。豪门贵族，相竞争胜，"贵臣大家，争为奢侈，众庶仿效，沿习成风，服食器用，逾僭凌逼"[1]。"代变风移，人皆志于尊崇富侈，不复知有明禁，群相蹈之"[2]，禁而不止，人们依然挥金如土。

---

[1]《明神宗实录》卷一七二。

[2]［明］张瀚：《松窗梦语》卷七"风俗纪"，中华书局，1985年版，第140页。

三、颠覆传统：陆楫的新学说

中国文化传统倡导勤俭，积累家产。陆深寄给陆楫的《京中家书》"己亥九月"云："且如吾祖宗以来，勤俭敬慎、孝弟力田以起家，积而发于吾身，忝为仕族。"（《京中家书二十四首》其二十三，《俨山集》卷九十九）陆深对每况日下的世风焦虑不已，在世风日奢、人心日恣的事实面前，他感到能做的便是约束家人，洁身自好。因此他每教其子陆楫务要节省，不可学骄奢侈靡。"风俗日坏，海滨尤甚，吾儿宜力行古道可也"（《京中家书》，《俨山集》卷九十八）。他希望陆楫保持俭朴的古道之风。陆深远宦京师、云南、山西等，其子陆楫居家研磨时文，待考科举。陆深屡屡以书札告诫陆楫勿为奢侈，不要与松江豪华子弟为伍。其《京中家书》："吾儿当勤惕向上，以求无负知己也。家事只宜敬慎收束。吾儿将此事操练熟以为他日致用之地，亦无不可。但不可学骄奢侈靡耳。""吾儿治家闻有条理，时世如此，更宜收敛家人辈"。坚令陆楫俭朴持家，谆谆教诲，今日读来，仍然心为之动。面对每况日下的浇靡习俗，陆深哀叹江河日下外，他颇感有责任有义务矫正江南奢靡习俗，挽狂澜于既倒，他希望从自己的家庭开始，给乡人树立一个俭朴的榜样，以影响世风，恳切地希望儿子不负父望。至于实际行动中，陆楫有没有依照乃父的要求持家，不得而知，但他的诗文却留下了与其父完全不同的思想理念：他对江南的日趋奢靡的习俗表现得极为乐观，完全不似其父那般心情沉重和悲观失望。他看到了尽管人们舍本逐末，奔走利益之途，攀比财富，但社会并未因奢靡而萧条，人们也没有因为奢靡而穷困。在一片禁奢的众生喧哗中，陆楫特别撰写了与时论背道而驰的《论崇奢黜俭》：

> 论治者类欲禁奢，以为财节则民可与富也。噫！先正有言：天地生
> 财，止有此数，彼有所损，则此有所益。吾未见奢之足以贫天下也。自

132

一人言之，一人俭则一人或可免于贫；自一家言之，一家俭则一家或可免于贫。至于统论天下之势则不然。治天下者将欲使一家一人富乎？抑亦欲均天下而富之乎？

予每博观天下之势，大抵其地奢，则其民必易为生；其地俭，则其民必不易为生者也。何者？势使然也。今天下之财赋在吴、越，吴俗之奢，莫盛于苏，越俗之奢，莫盛于杭。奢则宜其民之穷也，而今苏、杭之民，有不耕寸土而口食膏粱，不操一杼而身衣文绣者，不知其几。何也？盖俗奢而逐末者众也。只以苏杭之湖山言之，其居人按时而游，游必画舫、肩舆、珍羞、良酝、歌舞而行，可谓奢矣。而不知舆夫、舟子、歌童、舞妓仰湖山而待爨者，不知其几？故曰：彼有所损，则此有所益。

若使倾财而委之沟壑，则奢可禁。不知所谓奢者，不过富商大贾、豪家巨族自侈其宫室、车马、饮食、衣服之奉而已。彼以粱肉奢者，则耕者、庖者分其利；彼以纨绮奢，则鬻者、织者分其利，正孟子所谓"通功易事，羡补不足"者也。上之人胡为而禁之？若今宁、绍、金、衢之俗，最号为俭。俭则宜其民之富也；而彼诸郡之民，至不能自给，半游食于四方。凡以其俗俭而民不能以相济也。要之，先富而后奢，先贫而后俭，奢俭之风起于俗之贫富。虽圣王复起，欲禁吴越之奢，难矣。或曰：不然，苏杭之境为天下南北之要冲，四方辐辏，百货毕集，故其民赖以市易为生，非其俗之奢故也。噫！是有见于市易之利，而不知所以市易者正起于奢。使其相率而为俭，则逐末者归农矣，宁复以市易相高耶？

且自吾海邑言之。吾邑僻处海滨，四方之舟车不一经其地，谚号为小苏州，游贾之仰给于邑中者，无虑数十万人，特以俗尚甚奢，其民颇易为生尔。然则吴越之易为生者，其大要在俗奢；市易之利，特因而济之耳，固不专恃乎此也。长民者因俗以为治，则上不劳而下不扰，欲徒禁奢可乎？呜呼！此可与智者道也。[1]

陆楫的主要观点是"奢能致富"，但陆楫决非毫无原则地鼓励奢靡，其前提是"若使倾财而委之沟壑，则奢可禁"。在不浪费财物的前提下，可以适当追求奢侈性的生活消费。

儒家向以节约为美德。孔子即倡导"与其奢也，宁俭"（《论语·八佾》）。倡导节俭向为统治者治民的金科玉律，尽管历代统治者自身难以付诸实践。但到明中期，商品经济浪潮使得"节用"的传统美德受到严峻挑战。此际许多文士认为，"节用"不利于生产发展，节财并不能使民致富，"天地生财，止有此数，彼有所损，则此有所益。吾未见奢之足以贫也。"陆楫从当时社会生活实际出发，委婉地规劝统治者应辩证地对待奢与俭的问题。因为，奢侈的前提是社会经济的发展程度超越了人们的糊口水平，"虽圣王复起，欲禁吴越之奢，难矣"。江南民众生活已经与市场经济紧密联系起来。"自一人言之，一人俭则一人或可免于贫；自一家言之，一家俭则一家或可免于贫。至于统论天下之势则不然。治天下者将欲使一家一人富乎？抑亦欲均天下而富之乎"？奢俭风习与社会经济发展程度密切相关，"先富而后奢、先贫而后俭，奢俭之风，起于俗之贫富"。陆楫所表达的观点在于，消费在不同地区所表现出来的特点是截然不同的，消费的水平和方式与当地的经济发展密切相关。而各地经济状况本来就存在很大差异，江南"为天下南北之要冲，四方辐辏，百货毕集，使其民赖以市易为生，非其俗之奢故也"。经济发展的水平决定着人们的消费标准。经济贫穷之地，其人民自然就俭朴。经济发达地区，财富过剩，人民就没有必要再去节俭了。所以，陆楫反复申述"奢俭之风，起于俗之贫富"。而吴越之尚奢，在于天下财富之所聚，"胡为而禁之"？他认为根本没有必要禁止奢靡。消费同时就自动为社会提供了积累，也只有这种积累才是财富形成的良性源泉。也就是说，富民每一次消费，都自动为

---

[1]［明］陆楫：《论崇奢黜俭》，《兼葭堂稿》卷六，《明别集丛刊》第3辑第1册，黄山书社，2016年版，第491—493页。

社会提供积累，消费越早，也就积累得越早。其新的"节用"观不仅是对传统儒家勤俭持家观的颠覆，而且对于江南奢靡的生活方式找到了一种必要而正当的消费依据。其后，江西郭子章《奢俭论》，认为"奢之为害也巨，俭之为害也亦巨"，他认为物质财富不应囤积而应使用和流动，"夫奢者纵一己之欲而激天下之怒，故其为祸烈而犹可制，俭者失万民之欲而丛天下之怨，故其为祸迟而不可复收拾"[1]。认为过度奢侈有害于社会，而过度节俭同样不利于社会发展。虽然郭子章没有公然对陆楫的奢侈观表示批评，但他终亦未能提出更为合理的消费方式。事实上，他仍然是间接地认同了陆楫的奢侈观。

"民赖以市易为生，非其俗之奢故也"（《蒹葭堂稿》卷六）。陆楫认为，追求奢华可以提供较之于奢侈品更多的谋生方式与生存渠道。战国时期，管仲即针对齐国的奢侈现象而作《侈靡》论，提出"富者散资于民"的富民主张。陆楫肯定部分富有者奢侈消费对扩大就业、增加他人收录的作用，进而可以解决千万人的劳动就业等社会问题。虽然陆楫并未能提及管子的学说，但他却表达了与管子近似的观点。"奢则其民易为生"，"盖俗奢而逐末者众也"。"彼以粱肉奢，则耕者、庖者分其利；彼以纨绮奢，则鬻者、织者分其利"。富商大贾、豪家巨族在日常生活方面的排场与炫耀，客观上为生产这些产品的农民、厨师、商贩、裁缝等提供了谋生的机遇，而富人应时出游，"游必画舫、肩舆、珍羞、良酝、歌舞而行，可谓奢矣。而不知舆夫、舟子、歌童、舞妓仰湖山而待爨者，不知其几"。而就在同时，宁波、绍兴、金华等地，风俗"最号能俭"，但"彼诸郡之民，至不能自给，半游食于四方"，其原因在于"以其俗俭而民不能以相济也"。讲究俭朴的绍兴、宁波等地的人民却生活多不能自给，而被迫外出谋食。万历年间，苏州大荒，有识之士主张禁止游船，结果富家子弟都转而到僧舍治馔为乐，而靠游船谋生的数百人却因此而失业流徙[2]。聚集于富户的财富也借此分流到更多的穷人手中，天下之富因而有望。因而，他希望国家应当制定相关政策鼓励消费，建立起

---

[1] 胡寄窗：《中国经济思想史》(下)，上海人民出版社，1981年版，第432页。

[2] ［清］顾公燮：《丹午笔记》"救荒相异"，江苏古籍出版社，1985年版，第132页。

一套完整的安全支撑体制扩大消费、刺激消费、鼓励消费。

消费与生产共同左右着经济的发展，所以，到嘉靖时期，陆楫等一批文士坚信：节俭不再是人类的美德。他们主张扩大消费，包括各种挥霍性消费。刺激消费能够在一定程度上推动社会的快速进步。如上海虽"僻处海滨，四方之舟车不经其地，谚号为小苏州，游贾之仰给于邑者，无虑数十万人，特以俗尚甚奢，且市民颇易为生尔"。因而，他认为，"俗奢，市场之利"。"奢，则其民必易为生产"，"予每博观天下之势，大抵其地奢则其民必易为生；其地俭则其民必不易为生者也。何者？势使然也"。追求生活奢侈必然需要多方面的服务，因而必然促进手工业、商业和服务业的发展。"彼有所损，则此有所益"，这是直接继承了《管子·侈靡》论的观点，陆楫认识到生产与消费的辩证关系，有消费处必有生产处，消费刺激生产，生产促进消费。诚可谓鸿识巨见。

稍晚于陆楫的学者王士性（1547—1598）著文鼓励享乐，他以游览为例："游观虽非朴俗，然西湖业已为游地，则细民所藉为利，日不止千金，有司时禁之，固以易俗，但渔者、舟者、戏者、市者、酤者咸失其本业，反不便于此辈也。"[1]认为富人的"游观"乃"细民"所藉为利的根本，渔者、舟者正依靠富人之游而得以生存，"损有余补不足之意耳"[2]。清初顾公燮《消夏闲记摘钞》描述奢侈生活的所见所闻："即以吾苏而论，洋货、皮货、绸缎、衣饰、金玉、珠宝、参药诸铺，戏园、游船、酒肆、茶座，如山如林，不知几千万人。有千万人之奢华，即有千万人之生理。若欲变千万人之奢华而返于淳，必将使千万人之生理亦几于绝。此天地间损益流通，不可转移之局也。"显然，他是带有十分自足的心态描述苏州的奢侈。江南士人不但追求物质享受，而且为此种追求寻求理论支持。到清代，苏州江南一带，奢侈性消费成为拉动经济的重要措施。《吴县志》载："议吴俗者，皆病其奢，而不知吴民之奢以穷民之所藉以生也。国家太平日久，休养生息之众，水无不网之波，山无不采之木石，而终不足以供人之用。奔

---

[1]　[明]王士性：《广志绎》卷四，清康熙十五年（1676）刻本。

[2]　[明]田汝成辑：《熙朝乐事》，《西湖游览志余》卷二十，明万历四十七年（1619）刻本。

走四方，驱驰万里，为商为贾。又百工技艺，吴人为众，而常若不足。向无人烟之处，今则宅舍弥望，盖人满之患，至斯极矣。四民之内，今之为游民者无业可入，则恐流而入于匪类之中。幸有豪奢之家驱使之，役用之。挥金钱以外宴乐游冶之费，而百工技能皆可致其用，以取其财。即游民亦得沾其余润，以丐其生。此虽非根本之图，亦一补救之术也。"由此，"奢易为生""奢能致富"成为新的消费观。

新的消费文化的崛起，从根本上改变了传统的精英文化观，为大多数人得以欣赏和"消费"文化产品提供了可能性。嘉靖时期，明代的文化进入了消费文化时代。晚明消费时代的一个明显的特征：人们已经越来越为商品所左右，商品的消费和信息的交流主宰了人们的日常生活。人们所关心的并不是如何维持最起码的日常生活，而是如何更为舒服地或艺术化地享受生活，追求生活的品味和质量。这种消费观念从经济学和人性学上看均具有积极意义。愈是大的消费中心，愈有高消费群体，提供的就业机会就越多，各种从业人员也就越多，城市也就越繁荣。高消费与城市的繁荣相互促进。

进入消费时代以来，人们的物质生活日益丰富多彩，这使得人们在很大程度上并不仅仅满足于物质文化的生产，而更多地崇尚对这些物质文化进行享用和消费。如果说在嘉靖以前的时代，人们的消费观念主要表现在注重与日常生活密切相关的生活物品的生产和实用性，人们对物质文化的消费只是低层次的"温饱"的话，那么在晚明消费时代，人们的消费观则更多地体现在文化产品的精致和收藏价值，包括绘画和古玩。陆深、严嵩、董其昌都是著名收藏家。晚明消费时代为人们提供了消费的多种选择：他们不必亲自动手，就可雇用苏州著名银匠打造精美首饰；可以从遥远的徽州雇用木匠，打制极具情趣和欣赏性质的美观的家具，明式家具至今使人赏心悦目；他们可以到绸缎庄上定制各种各样的华丽服装，而仅仅为了出席某个宴会。人们需要审美地消费而非粗俗地实现对这些文化产品的享用，细心地品味高雅的文化精品。徐树丕论"时尚"云："吴中陆子刚之治玉，鲍天成之治犀，朱碧山之治银，赵良璧之治锡，马勋之治扇，周桂之商嵌及歙，吕爱山之治金，王小溪之治玛瑙，蒋抱虚之治铜，亦比常价数倍。近日嘉禾之黄锡洪漆，云间之王铜顾绣，皆一时之尚也。"[1] 这些赏心悦目的时尚精美器皿，惊奇的人们对每一件精美的商品都喷喷称赞，引发人们千方百计去获取的欲望。在激情的消费时代，很难找到一位不赶时髦的人。张瀚认为"百工之事，固不可废"，他认为中国地大物博，资财取之不尽，"国有沃野之饶而不足于食，器械不备已；国有山海之货而民不足于财，工作不备已"。"今使有陇西之丹砂羽毛，荆、扬之皮革骨象，江南之楩梓竹箭，燕、齐之鱼盐毡裘，梁、兖之漆丝绵纻，非百工为之呈能而献技，则虽养生奉终之具，亦无所资。故圣王作为舟楫之用，以通川谷；服牛驾马，以达陵陆。致远穷深，所以来百工而足财用也。故曰四方之货，待虞而出，待商而通，待工而成，岂能废哉。然圣王御世，不珍异物，不贵难得之货，恐百工炫奇而贾智，以趋于淫，作无益而害有益，弃本业而趋末务，非所以风也"。反复论证了百工之人在社会上所起的重要作用。

奢靡之风刺激了手工艺商品的生产。由于消费水平的逐渐提高，人们对所需商品的质量和精密也要求愈来愈高。为此，手工艺匠人，努力施展技艺，提高制作水平，因而大批能工巧匠应运而生。"俱可上下百年保无敌手，至其厚薄、浅深、浓淡、疏密，适与后世赏鉴家之心力、目力针芥相投，是又岂工匠之所能办乎！盖技也而进乎神矣"[2]。能工巧匠所制作的形形色色的新潮工艺品，不仅巧夺天工，为其神奇的技艺所折服，人们向往着那么昂贵的名牌工艺品，每一个富人都成为追赶时髦的"追梦人"。在陆楫看来，以往的低消费，是因为低收入限制了消费。现在，随着工商业飞速发展，富有阶层的人越来越多，消费和市场必然会进入一个更高的层次。

奢侈可以促进商品流通。陆楫认为市场的需求导致世风之侈靡，因而得出侈靡可以促进商品流通的结论，商品的快速流通在于市场需求。"有见于市易之利，

---

[1] ［明］徐树丕：《识小录》卷一。

[2] ［清］桐西漫士：《听雨闲谈》，上海古籍出版社，1983 年版，第 139 页。

而不知所以市易者正起于奢，使其相率而为俭，则逐末者归农矣，宁复以市易相高耶！""有见于市易之利，而不知其所以市易者，正起于奢"，风俗侈靡而导致从商者多，而且社会分工愈来愈细。一些超过某事项实用需要与原本不应有的消费活动，以及稍许炫耀攀比而生产的消费等得到默认与肯定，甚至不再属于奢侈之列。同时认为所谓奢侈现象的出现正是经济发展及生活水平提高的具体体现，而不是将消费者的心态作为成因与判断标准。消费扩大了商品市场，进而刺激了商品的生产和流通，有助于推动社会进步。

带有现代性意识的陆楫的消费观，成为明中期消费时代的权威话语。因为陆楫的论断提出后的二三百年，德国学者维尔纳·桑巴特在《奢侈与资本主义》一书，才提出了与陆楫完全相同的消费观。维尔纳以经济学和社会学的视角分析了欧洲十七、十八世纪的奢侈现象，认为"奢侈促进了当时将要形成的经济形式，即资本主义经济的发展。正因为如此，所以经济'进步'的支持者，同时也是奢侈的大力创造者"[1]。这从其他角度证明了陆楫学说的历史意义。同时，资本主义的产生和发展成为陆楫学说的客观参照。

《崇奢黜俭论》以惊世骇俗的论点成为思想史上的反复被引用的经典之作，陆楫亦被后世视为中国古代崇奢思想的集大成者。尽管他不为当时大众所知，但随着时间的推移，陆楫以超越时空的社会理性，深刻的思想和真知灼见已经证明了他的理智的逻辑分析能力和思辨力。倘若天假以年，他必定成为一个开宗立派的思想者。而时至今日，经济发展的事实验证了陆楫当年的论点。在中国经济思想史上，在传统的崇俭黜奢的主流观念下，它不为人们所重视。在现实条件背景下，"侈靡"消费价值的发掘无疑对当今的经济管理、伦理观念的改变都具有很大的现实意义。这本是一个极有价值的建议，但正如其《华夷辩》一样，由于陆楫终生未中科举，身份卑微，因此他的建议并未能引起统治者的重视。

然而，尽管消费型经济模式或少数人的奢侈性消费在当今可以拉动经济增

---

［1］［德］维尔纳·桑巴特：《奢侈与资本主义》，上海人民出版社，2000 年版，第 150 页。

长，但消费必然是以消耗资源为代价，而中国的经济发展则向来是自我资源资本化。在此需要指出的是，由于资源的稀缺属性，在适当追求物欲生活的同时，不能透支后辈子孙应享的资源财富，这已经成为当下国人最为担忧的问题之一。从这个角度来说，陆楫《崇奢黜俭论》的价值则又具有了重新评估和诠释的广阔空间。

第三章　陆氏家族与明代文坛

第一节　陆深的诗文观与诠释系统

江南佳且丽，沃野多良田。

道旁采桑女，湖中木兰船。

礼让季札后，文学言偃前。

——《俨山集》卷四《江南行·送邓良仲尹昆山》

作为嘉靖时期上海地区职位最高的官员——陆深不仅贵至帝王师，被视为一代名宦，其诗学思想和诗文成就亦独树一帜，书法更是久负盛名。陆树声曾盛赞陆深："公出当弘治、正德间，方海内兴文章，士之游中朝称文艺者数家，公始以藻学雄盖东南，出而与之并驱，一时秉毫翰名家者，互为题拂，世咸宗之。"[1]陆深的文学思想、政策论、历史论、无神论等建构了一个庞大的知识谱系，是贯

---

[1]　[明]陆树声：《陆文裕公行远外集序》，陆深《陆文裕公行远集》卷首，《四库全书存目丛书》集部第59册，齐鲁书社，1997年版，第163页。

穿明中叶前后学术和思想的重要枢纽。因此，钱谦益认为陆深"博雅为词林之冠"[1]。吴履震同样认为，自明初陶南村著《辍耕录》及《说郛》后，松江"陆祭酒俨山最称博雅"[2]。何三畏《云间志略》中云"文裕公为海上社坛之先驱"[3]。这些评论无不鲜明地指向陆深在明代上海文坛中的权威地位，可以说，陆深真正开启了明代上海文坛的辉煌历程。

《四库全书提要》将陆深置于明代文学史的整体框架中加以评价："今观其集，虽篇章繁富，而大抵根柢学问，切近事理，非徒斗靡夸多，当正嘉之间，七子之派盛行，而独以和平典雅为宗，毅然不失其故步，抑亦可谓有守者矣。"[4]颇为公允精当。陆深论明代学术文章之变认为，"本朝文事，国初未脱元人之习，渡江以来，朴厚典易，盖有欲工而未能之意。至成化、弘治间，宣朗发舒，盛极矣。然要而论之，盖有两端：以雕刻锻炼为能者，乏雄深雅健之气；以道意成章为快者，无修辞顿挫之功"（《李世卿文集序》，《俨山集》卷四十三）。明代前期诗文缺少刚健之气和顿挫之功力。茶陵诗人出，在气质和功力方面努力，到成化、弘治已达其"盛极"。茶陵诗人率先对洪武以来雍容冗沓的台阁体进行抗衡，陆深与茶陵诗人多有交集，其诗尚存茶陵诗的影响痕迹，体现了"太平天子重斯文"（《乐府》"圣驾临雍词"，《俨山集》卷二十一）的升平景象。继之以"七子"，李梦阳于弘治十一年（1498）所作《朝正倡和诗跋》云："诗倡和莫盛于弘治，盖其时古学渐兴，士彬彬乎盛矣，此一运会也。"[5]七子派对台阁风格进行了颠覆性的回击，并彻底改变了诗坛风气。陆深与七子诗人也多有交往与唱和，在《俨山集》中随处可见与"七子"相互赠答酬和的诗文。因而陆深的诗学观与"七子"不无近似之处。但同时也可以发

[1]［清］钱谦益：《列朝诗集小传》丙集"陆詹事深"，上海古籍出版社，1983年版，第278页。

[2]［明］吴履震：《五茸志逸》卷一，清抄本。

[3]［明］何三畏：《云间志略》卷十，明天启间刻本。

[4]［清］永瑢等撰：《四库全书总目》，中华书局，1965年版，第1500页。

[5]［明］李梦阳：《空同集》卷五十九，《影印文渊阁四库全书》集部第1262册，上海古籍出版社，1993年版，第543页。

现，陆深有许多针对"七子"加以批驳的观点，这又从另一方面说明，陆深并未追随时流，步趋七子，而是有独到的思索。时人莫是忠《蒹葭堂集叙》称陆深"崛起濒海，入纬国华，放辞琼琚，雄视一世，时论以方平原"[1]。陆深生当"七子"时代，但其诗学观与"七子"并非完全相同。与"七子"同代的王阳明倡导心学，与"七子"倡导的艺术形式论进行抗衡，但陆深与王阳明学说亦趋相左。陆深之能在弘正诗坛上"雄盖东南"，正在于其不迎合时流的诗学意识。

一、经世文学观与诗学意义

陆深云："太平经济需巨儒。"（《蓉溪书屋为金司寇》，《俨山集》卷二）他认为，太平盛世，不仅需要歌咏升平，更需要经邦济世的干练之才。顾九锡《移愚斋笔记》："陆文裕公出入馆阁，前后凡四十年，每见国朝前辈抄录，得一二事，便命子弟熟读，曰：'盖士君子有志用世，非兼通今古，何得言经济？'"[2]陆深博览群书，致力于经世致用，其所著包括文学、兵法、农田、水利等众多子部及札记，是陆深毕生心力所倾的事业。故朱彝尊《静志居诗话》卷九云："（陆深）折衷经史，练习典章，其所纪载，可资国史采择。"[3]正是注意到这一点。《俨山集》卷四十《北潭稿序》云：

> 惟我皇朝一代之文，自太师杨文贞公士奇实始成家，一洗前人风沙
> 浮靡之习，而以明润简洁为体，以通达政务为尚，以纪事辅经为贤。时
> 若王文端公行俭、梁洗马用行辈式相羽翼，至刘文安公主静崛兴，又济

[1]［明］陆楫：《蒹葭堂稿》，《明别集丛刊》第3辑第1册，黄山书社，2016年版，第443页。
[2]［明］方岳贡等纂：《松江府志》卷三十九，《日本藏中国罕见地方志丛刊》影印本，书目文献出版社，1991年版，第1532页。
[3]［明］朱彝尊：《静志居诗话》，人民文学出版社，1990年版，第257页。

之以该洽，然莫盛于成化、弘治之间。盖自英宗复辟，励精治功，一代之典章纪纲，粲然修举，一二儒硕若李文达公原德、岳文肃公季方，复以经纶辅之，故天下大治，四裔向化，年谷屡登，一时士大夫得以优游，毕力于艺文之场。若李文正公宾之、吴文定公原博、王文恪公济之并在翰林，把握文柄，淳庞敦厚之气尽还，而纤丽奇怪之作无有也。

陆深基本梳理了洪武至成、弘间的诗文成就。可以看出，其所言正是明初百余年台阁体诗文盛行的时段。陆深的诗文创作一定程度上遵循台阁诗风。但无论台阁风、七子风，那只是陆深一种艺术风格的体现，他创作旨在"以经济自许"[1]。夏言《祭陆俨山先生文》："惟公江左奇才，早负英望，一登甲第，独步词林；华国之文，流传海内，经世之具，属望一时。"[2]文学只是陆深的"经世之具"，他督学于晋，参藩于楚，执掌于蜀，无不发展经济，推广文化教育，整顿社会秩序，有功德于民。其诗文创作体现了一贯秉持的社会关怀，登临咏歌之间，不忘经纶，意在"穷经致用"。他说："道以济时为上，物以资世为贤。故圣人不宝难得，不作无益。远观近取，凡以致用也。"（《石斋歌》"自注"，《俨山集》卷二）以下，进一步阐述陆深的文学观。

其一，陆深遵循文道合一的儒学传统，主张"文章、政事本出于一"。

台阁诗文尽管雍容华贵，以粉饰太平盛世为主要表现特征，但台阁作家所一向坚持的诗学观却是"文以载道"。倪谦云："文所以载道也……六经之文，唐虞三代帝王之道所载，孔子之圣所删定，万世祖之，不可尚矣。"[3]姚夔亦云："古今文章家无虑数十百，求其有裨于道而不为空言者，汉董仲舒、贾谊、司马子长，唐韩退之，宋欧阳永叔，数人而已。夫文章，载道之器；不深于道而言文

［1］［明］徐阶：《陆文裕公集序》，《世经堂集》卷十三，《明别集丛刊》第2辑第43册，黄山书社，2015年版，第286页。
［2］［明］夏言：《夏桂州先生文集》卷十八，《明别集丛刊》第2辑第16册，黄山书社，2015年版，第168页。
［3］［明］倪谦：《艮庵文集序》，《倪文僖集》卷十六，《四库全书》集部第1245册，第387页。

章，是徒言也，恶在乎其为文章哉！……六经，圣人之文章，以其能明人伦、资治道也。是为文章之本原，道之至极者也。"[1]认为上述诸子诗文，皆是当朝士大夫士节，他们之所以名著于史，即在于他们坚持文以载道，有补于世，明人伦、资治道，是文章根本。因此，台阁大臣即"明义理、切世用"（真德秀《文章正宗序》）作为论学宗旨。坚持儒学治教的陆深在诗文与政治的关系方面认同台阁派，"文以通达政务为尚，以纪事辅经为贤"。他论文章的作用云：

> 文之用广矣大矣。其体诸身，为德之纯；其措诸事，为道之显；其书诸简册，为训之昭。古昔圣人以此经纬天地、纪纲人伦、化成海内，贻则万世。故夫播而为训诰、萃而为典谟、删述而为经、笔削而为史，虽出于圣人之手，犹文之一端也。而后世不察，独以文字当之。于是道德、勋业、文章判为三途。[2]

《北潭稿序》云：

> 文章、政事本出于一。文章之可施行者即谓之政事，政事之有条理者即谓之文章。（《俨山集》卷四十）

他所强调的旨意在于："经世"为文章最高境界。他在许多序言题跋中都表达文学经世思想，在为友人隐士郑宜简绘《三松图》题词云："抱负伟奇，身通技能，俱造精妙，使推而致之，可资经济之用。"（《俨山集》卷二）陆深从绘画技法的精妙发现郑宜简的宏伟抱负，从而断言郑宜简的才华足以"资经济之用"。陆深认为："学与政通，学所以为学，政也。"（《大益书院记》，《俨山集》卷五十二）陆

---

[1]［明］姚夔：《刘文介公文集序》，《姚文敏公遗稿》卷六，明弘治三年（1490）刻本。

[2]［明］徐阶：《陆文裕公集序》，《世经堂集》卷十三，《明别集丛刊》第2辑第43册，黄山书社，2015年版，第286页。

深教儿育子的方法亦以经世为终极，其《江西家书》其十一云："大凡讲学须明经。明经以经世为大。"强调"学则以致用为实际"（《送叶白石学谕令邵武序》，《俨山集》卷三十七）。《江西家书》其二云："寄回《圣政记》一部十二本，此即《太祖实录》，要熟看，中间颇有误字错简，阙疑可也。"《圣政记》全面反映了明太祖倡导廉洁、惩治贪婪的为政思想，正是文章致用的经典范本，因此，陆深要求陆楫"要熟看"，即是希望陆楫能从中学习太祖皇帝的治国思想，如何通过文章将治国理念表达出来，既是练习八股、应对科举的需要，也是将来参政理政的理论储备。陆深42岁时编辑《书辑》，《书辑后序》言编辑是书的目的在于："正德戊寅，假馆老氏之宫，新凉病后，再加删次。深惧故人之法不尽传于将来也。昔人有言经术之不明，由小学之不振，小学之不振，由六书之无传。呜呼！余亦安敢少哉！"（《俨山集》卷五十）"戊寅"为正德十三年（1518），陆深任职京师，利用初秋假日，借住寺院，编辑历代书法理论文章为《书辑》。《述通》云："夫存教化、传礼乐，所以行远，及微功与造化侔者，文字是也。""书，心画也。心画形，君子小人见矣。"书学与治国相统一，这是贯穿《书辑》的思想脉络。

陆深经世致用的文学观在七子诗风靡的时代具有特殊意义，它遵循儒家文论的传统精神，继承台阁文论的精华，直接接续了有明开国文臣——宋濂的文学观。明初，宋濂提出"明道""立教"（《文说·赠王生黼》）之说，以合于儒家先王之教，以经世致用为文章至极。经世诗学观为汉唐以来历代皇朝所尊崇。洪武时期，出于治国之需，学界一直倡导文章济世。永乐以后，由于方孝孺的被杀，经世的文学主张受到质疑。伴随理学治国、八股取士，人们同归于科举利禄之途，"学举业者，读诸般经书，只安排作时文材料用，于己全无干涉。故其一时所资以进身者皆古人之糟粕"[1]。于是，诗坛上出现了性灵诗、格调诗，强调词藻，重视形式，仿古诗蔓延一时。陆深深感时调与时代的脱离，其《县侯张八峰膺奖序》云："今世学术，高者纂宋儒之讲义，务为拢摘之词以哗也；其下者则

---

[1]［明］薛瑄：《读书录》卷二，明嘉靖三十四年（1555）刻本。

猎取腐烂时文之语以合程式。"(《俨山集》卷五十）作为经筵讲官、帝王之师，陆深认为，他有责任有义务纠正文坛时弊，于是，他重新张扬明初宋濂之帜，倡导经世诗学，弘扬理学，强调伦理秩序。陆深自幼所受的儒家教育使他对文学教化说有种天然的默契和认同。陆深的坚守，使得理学在阳明心学盛行的时期得以延续和不灭，为万历间东林学派倡导经世致用的实学思潮保留了学术的火种。因而，可以说，陆深的经世学说在一定程度上启发了晚明复社、几社的文学思想，尤其是云间几社，至少，陆深是几社的文学源头之一。

其二，具体考察陆深的创作实践与诗学主张。

陆深生当明中期太平盛世，以建立功名作为自己的人生目标。陆深于 65 岁时作《鲁桥热》曰："牙缃架插余万卷，衮钺心传破千古。满座时看羽扇摇，半酣起拂吴钩舞。"(《俨山集》卷二）摇羽扇，舞吴钩，表面的潇洒情怀和放纵无拘所掩盖的是内心的压抑，他希望有机会施展自己的抱负，建功立业。其《渡淮放歌》："故人衮衮俱公侯，频岁劝予劳尺素。"(《俨山集》卷二）在身边同事纷纷步入要津后，陆深仍然"遥持一寸报主心"(《渡淮放歌》，《俨山集》卷二）。这就是道学家陆深的持守。他在《与黄甥良式十二首》其六中总结自己一生诗文创作云："予此等文字，大意欲穷经致用，与小说家不同。"(《俨山集》卷九十五）陆深著文的目的在于济世，于经则有《诗微》《道南三书》《学说》《同异录》；于政则有《处置盐法状》《神圣学光治体疏》《西川用兵书》《备胡弭盗赈饥诸策问》；于纪事有《翰林志》《经筵词》《郊祀录》《孙炎花云传》；尤重对明史的研究，著有《史通会要》，"而国家之典章，百司之故实，散见于碑志序记者尤多。率其言可以适道，举其说可以为治，信公之深于文也"[1]。陆深关注国家大政大计，关系农田水利、盐法钱法、商业借贷、学校建设。具体言之，陆深的经世创作最突出地体现于两方面：

---

[1]［明］徐阶：《陆文裕公集序》，《世经堂集》卷十三，《明别集丛刊》第 2 辑第 43 册，黄山书社，2015 年版，第 286 页。

（一）关注水灾与水利。作于明武宗正德三年（1508）的《沛水行》中有句云：

> 沛水东决如沸汤，家家水痕强半墙。
>
> 麦苗不收枣树烂，鸡犬缚尽无糟糠。
>
> 河上丈夫七尺身，插标牵女立水滨。

描述洪水过后，沛水流域百姓无以为生，被迫卖女的遭遇。正德四年（1509）再度洪灾，陆深作《瑞麦赋》云：

> 夏耘被垄，淫雨注天。昼夕阅七，飓风相牵。海波怒而山立，江潮喷以骏奔。蛟龙舞于街衢，冈阜沦为潴渊，漂尸横野，浮畜蔽川，千里一壑，万灶绝烟。于是百年之完聚，连邑之生全，化为鱼鳖、葬于鲸鳣者殆过半矣。暨乎水退，民失故居，沧桑一变，形胜都非。朱门沈其阀阅，碧瓦荡为丘墟。鸟窥巢而不下，狐访穴而重疑。号哭振野，提负沿途。父弃其子，妻别其夫，相与转徙乞丐，奔逐投依，若流星之逼曙，而败叶之辞枯也。（《俨山集》卷一）

夏季七月，飓风暴雨过后，千村万落被洪水淹没，一片汪洋，水面上飘浮着难以数计的人畜尸体。而洪水退后，大地沧桑，面目全非。阀阅之家荡然，碧瓦化为丘墟，悲凄哀嚎，声震原野。水灾之后，人民被迫背井离乡，流离失所。《重廿五行》：

> 前月今日风若掣，今月今日雨不绝。
>
> 颓垣败壁补未完，注栋倾盆势尤烈。
>
> 对床不辨儿女啼，悬天但恐星河决。
>
> 遥看密泻同织丝，复有大片如飞雪。

夜来沾洒愁图书，似闻挥霍鸣金铁。

昨听父老指顾言，目数群龙迸空裂。

海中沙县全城翻，邑里谯楼半腰折。

可知，正德四年（1509）七月一场飓风横扫江南，已经给江南带来毁灭性的打击。而正德五年（1510）七月，飓风再度来临，参天古木连根拔起，农田被淹。倒塌的房屋尚未修葺完毕，可八月二十五日，再度暴雨，暴雨如注，天河倾泻。海岛上的整座县城全被淹没，而上海县城的谯楼被狂风骤雨摧残后也支离破碎。江南雨水多，在危及人类的各种灾难中，对江南威胁最大的就是水灾。"水灾"是陆深诗文的重要主题。陆深《俨山集》，触目可及的是有关国家大政、大计。

黄河水灾为历代帝王所棘手，对于如何治黄，陆深在《俨山外集·续停骖录》中提出了自己的独到之见："大抵河患有二：曰决，曰溢。决，生于不能达；溢，生于无所容徙。溃者，决之小也；泛滥者，溢之小也。虽然，决之害间见，而溢之害频岁有之，被害尤大者，则当其冲也。是与河争也……今欲治之，非大弃数百里之地不可，先作湖陂以潴漫波，其次则滨河之处仿江南圩田之法，多为沟渠，足以容水。然后浚其淤沙，由之地中，而后润下之性、必东之势得矣。"其中，提出弃地让河、开沟容水的具体措施，可谓真知灼见。主山西乡试时，陆深考察山西水利，著《河汾燕闲录》，多有对山西水环境的考察与描写："晋水涧行类闽越，而悍浊怒号特甚，虽步可越处辄起涛头作潚湃，源至高故也。夏秋间为害不细，以无堰堨之具尔。予行三晋诸山间，尝欲命缘水之地聚诸乱石，仿闽越间作滩，自源而下，审地高低以为疏密，则晋水皆利也。"针对山西水势落差大，又无堤堰的阻遏，水势湍急，夏秋间水灾严重，于是陆深提出治理措施：仿照闽越的治水特点，缘水投石作滩，以遏水势。尽管陆深此建议未被当局采纳，但也充分说明陆深治水的远见。

（二）关注农事。强调以农为本，其《瑞麦赋》云："菽粟所以贵于珍鼎，布缕所以加以玄黄者，为其有用也。"（《俨山集》卷一）为宦京师，始终未忘身为田家子的出身,《近田诗序》云:"太宰松皋翁作《近田诗》……深读其诗序,窥见翁之实学,近里若此,因和一章。近世有讲学者长虚骛远,赖翁此作可以一变。"(《俨山续集》卷一)诗云:

西周帝王基,累世由农起。千载公刘诗,配天后稷祀。
致广本慎微,举远必自迩。请观阡陌间,东西仅尺咫。
耕耘贵及时,稼穑便佐使。屡杖傍门庐,饁饷出童婢。
收成俄顷间,焉用枉逦迤。心田尤近之,力耕从此始。
请君听我歌,我本田家子。

强调自己的"田家"身份,由此,他对于友人的《近田诗》备极称赏。正德五年(1510),丰收在望,陆深于田野间见麦浪滚滚,欣然作《瑞麦赋》,歌颂皇帝的恤民美德。正德九年(1514)春,二月大雪,陆深远居京师而忧虑农事,作《甲戌二月十三日大雪厚数寸晚得月书事》,自注云:"春雪后百廿日必有大风雨,俗占谓最伤农。"嘉靖元年壬午(1522),松江水灾,又使陆深忧虑不已,而作《重廿五行》,序云:"予忧居海乡,寄生理于稼圃。今岁壬午,连遭天灾,前月一风,今月一雨,咸为异常。况值七八月之间,伤农特甚。慨然远怀,命笔识之。题曰《重廿五行》,纪时变也。"(《俨山集》卷四)记录了上海连降暴雨所造成的水灾,"无乃苍生自诒孽,拥衾转辗苦待明。四野茫茫混鱼鳖,禾头生耳须浪传"。农田被淹,四顾茫茫,农田化为汪洋大海,禾苗的稍头飘荡在水面之上,处处惨不忍睹。此外,《俨山集》中尚多对战争的关注,对医学的探索,体现了陆深的经国之思。因此,可以说,陆深以全部的创作实践了务为致用的诗学思想。

陆深的诗学观和创作态度未免过于功利,而缺少艺术审美。但在明中期,被太平所粉饰的诗学氛围中,这却是引领时代发展的新精神。正是基于这样的思索,陆深诗在道德取向、学术方式等层面上均成为时代精神的典范。

二、文翰通乎世变

陆深论文体之变云:"律诗变小词、诗余,小词之变也;诗余变为曲子,金元时人最盛,有腔有调有板,谓之北曲;南曲,北曲之变也。病余间一为之,将令小童歌以陶写,犹得诗人之意者,风土之音存焉,尔所谓缠绵宛曲之辞、绮罗香泽之态,殆南曲之谓与?"(《跋龙江泛舟曲》,《俨山集》卷九十)基于本朝诗文规律的探讨,陆深提出"一代有一代之文献"的学术命题,开启了后世关于这一学术问题探讨的先河。《俨山外集》卷二十《中和堂随笔》论诗体之变云:

> 陆务观有言:"诗至晚唐、五季,气格卑陋,千人一律。而长短句独精巧富丽,后世莫及。"盖指温庭筠而下云。然长短句始于李太白《菩萨蛮》等作,盖后世倚声填词之祖。大抵事之始者,后必难过。岂气运然耶!故左氏、庄、列之后而文章莫及;屈原、宋玉之后而骚赋莫及;李斯、程邈之后而篆隶莫及;李陵、苏武之后而五言莫及;司马迁、班固之后而史书莫及;钟繇、王羲之之后而楷法莫及;沈佺期、宋之问之后而律诗莫及;宋人之小词,元人已不及;元人之曲调,百余年来,亦未有能及之者。但不知今世之作,后来亦有不能及者,果何事耶!

陆深认识到,时代风会制约着文体的变化,一种文体在其盛行的时代即达其峰巅,后世将难以为继,他选择历代王朝最具代表性的艺术形式包括骚赋、文章、书法、诗词等,打破艺术形式之间的分界壁垒,故云"事之始者,后必难过"。陆深在《一泉文集序》提出"一代有一代之文献"的论断:"有一家之文献,有一代之文献。一代之文献系乎时,一家之文献存乎后。何则?唐宋文献韩退之、欧阳永叔实当其盛,而元和庆历之治粗有三代之遗风。此一代之文献也。文中子讲道河汾,步趋周孔,而中说之传则福郊福畤与有力焉。此一家之文献也。"(《俨山集》卷四十五）陆深"事之始者，后必难过"和"一代有一代之文献"的论点体现了陆深敏锐洞彻的学术思索。

"一代有一代之文学"作为一个富有生命力的学术命题，在陆深的时代已非新鲜的论题。最早探求文学演进规律是刘勰，其《文心雕龙·时序》有云"时运交移，质文代变"，"文变染乎世情，兴废系乎时序"，"歌谣文理，与世推移"。萧子显《南齐书·文学传论》亦云："若无新变，不能代雄。"其后，到金元时期，人们反思唐诗繁荣的原因，开始探讨文体的嬗变的规律。金人刘祁《归潜志》卷十三云："唐以前诗在诗，至宋则多在长短句。今之诗在俗间俚曲也。"其中已经蕴含了时代与文体嬗变之关系。元代，罗宗信《中原音韵序》云："世之共称唐诗、宋词、大元乐府，诚哉！"罗氏所言"世之共称"，说明至迟到元代，唐诗、宋词、元曲并称已为时人所认同。由此可知，至少到元代，唐诗宋词元曲已作为一个朝代的代表文体而被学界所认同。稍后，元人虞集接续了罗宗信的观点，并将视野由韵文扩展到整个文学与哲学领域，在更高的层面审视文体之变，认为由于罗氏所论域于韵文，未能含概文学全貌，故引孔齐《至正直记》所论加以补充云："一代之兴，必有一代之绝艺足称于后世者：汉之文章，唐之律诗，宋之道学。国朝之今乐府，亦开于气数音律之盛。"在宋代的代表文体中，虞集以道学取代宋词，是说尽管并未得到后世的一致认同，却体现了虞集独特的思考。到明初，曹安在虞集的观点之上，将时代的代表文体进一步凝练为"汉文、唐诗、宋性理，元词曲"（《谰言长语》卷上）。至陆深则总结前人的各种讨论，认为文体代有所降：文、诗、词、曲各有其兴盛的时期，骚赋、史书，篆书、楷法，亦各有风行的时代，由此，提出"一代有一代之文献"的新观点。可以说，陆深是"一代有一代之文学"之命题的集大成者。其后，这一命题不断被重复被演义，但几乎未超越陆深的视野。陆深是基于文学艺术发展的大视野进行宏观审视。在陆深这一思路基础上，后人做了专题化研究，将陆深包括书法艺术的大"文献"集中在"文学"的视角。王骥德《古杂剧序》：

后三百篇而有楚之骚也，后骚而有汉之五言也，后五言而有唐之律也，后律而有宋之词也，后词而有元之曲也。代擅其至也，亦代相降也，至曲而降斯极矣。[1]

茅一相《题词评曲藻后》：

夫一代之兴，必生妙才；一代之才，必有绝艺；春秋之辞命，战国之纵横，以至汉之文、晋之字、唐之诗、宋之词，元之曲，是皆独擅其美而不得相兼，垂之千古而不可泯灭者。[2]

陈继儒《太平清话》：

先秦两汉诗文具备，晋人清谈书法，六朝人四六。唐人诗小说，宋人诗余，元人画与南北剧，皆自独立一代。[3]

王骥德、茅一相集中于明代以前文体的发展代兴探讨元曲的艺术价值。陈继儒将前人均忽略的唐人小说作为一个时代的文体与唐诗并举，说明陈继儒对小说题材的重视，亦一定程度上表明陈继儒认同陆深的大"文献"发展观。王思任亦云："一代之言，皆一代之精神所出。其精神不专，则言不传。汉之策、晋之玄、唐之诗、宋之学、元之曲、明之小题，皆必传之言也。"[4]王思任发现了明代的"小题"即小品文，认为明代文学堪与唐诗并举的唯有小品。明代文体开始进入人们关注的视野。钱允治、卓人月、李渔等亦多有独到之论。到清代，这一

---

[1]［明］王骥德编：《古杂剧》，明刻本。

[2] 中国戏曲研究院编：《中国古典戏曲论著集成》第四册，中国戏剧出版社，1959 年版，第 38 页。

[3]［明］陈继儒：《太平清话》卷一，《四库全书存目丛书》子部第 244 册，第 246 页。

[4]［明］王思任著，任远点校：《唐诗纪事序》，《王季重十种》，浙江古籍出版社，1987 年版，第 75 页。

学术命题成为文人学士所热衷探讨的论题，如王嗣槐接续陆深之说，在《宋诗选序》中云："盖诗之为诗，一代有一代之风气，斯一代有一代之好尚，一代有一代之名，亦如其唐初之有正始，其末之有余响，莫不各以其所自为神韵，自为风格行乎其间。"[1] 王嗣槐讨论历代诗的发展旨在论证宋诗的价值。尤侗《艮斋杂说》云："或谓楚骚、汉赋、晋字、唐诗、宋词、元曲，此后又何加焉！余笑曰：只有明朝烂时文耳。"（《艮斋杂说》卷三）包括明代的学者，人们在探讨文体嬗变时都未将时文八股纳入审美视野，这也证明八股文在人们心中的地位，因此，尤侗认为，最能代表明代成就的文体不是王思任所发现的"小题"而是"时文"。但尤侗在"时文"前加"烂"字则体现了对这一文体的彻底否定。至焦循，提出"楚骚、汉赋、魏晋六朝五言、唐律、宋词、元曲、明人八股，都是一代之所胜"（《易余籥录》卷十五）。从学术源流的层面上说，王国维"一代有一代之文学"的经典论断绝非空穴来风，而有悠长的学术渊源。

"今古兼通陆俨山"[2]。陆深是明中期最有影响的学者和思想家之一，是理学正统的终生捍卫者。其毕生致力于学以致用，全部著述均贯注着经世的洞识和天下情怀。这种卓识和胸襟成就了陆深学术的博大气象。生当繁荣兴旺的太平时代，他并未被浮华的世风所吞没，而是保持其独特的敏锐和观察；对文学的独特见解体现了他求实的学术精神，他振兴文化的努力和实践在一定程度上被赋予了历史的价值和意义。

第二节　陆楫的进化论与夷夏观

夷夏之辩作为一种文化观念和民族观念，曾是历代统治者处理民族关系和外

---

［1］［清］王嗣槐：《宋诗选序》，《四库未收书辑刊》第 7 辑第 27 册，第 185 页。
［2］［清］秦荣光：《上海县竹枝词》"杂事三十一"，顾炳权编：《上海历代竹枝词》，上海书店出版社，2018 年版，第 342 页。

交关系的理论依据。其影响之深远直至近代。其中，文化差异导致文野之分成为华夏排斥异族的主流观念。历史朝代更替及许多重大战争即因种族问题而起。而史家亦往往因华夷势力的消长或文化冲突与融合而出现不同的表述和记载。从非文化层面诠释华夏与夷狄之别，历史上也屡见不鲜。透过历史的镜像，可以看到夷狄是如何受到视华夏正统的汉民族的排斥，即使夷狄所建立的政权是进步的、开放的。华夏正统观影响了一代又一代人们的思想观念，而明代几乎是中国历史上华夷观念最为强烈的一个时期。宋辽金正统问题的讨论是明代华夷观念的一种表达方式。与元朝正统之辨不同，华夏正宗在明代几乎是毫无争议。明代士人所汲汲以求的是颠覆宋辽金三史的正统体系。正是在夷夏之辩的争论最为激烈的明代中期，陆楫（1515—1552）以布衣之身，也加入到这场旷日持久的思想辩论中，他以石破天惊之论重新诠释华夷之辩。其《华夷辩》成为夷夏之争史上最精彩的篇章。

一、历史上的"华夏正统"论

嘉靖三十年（1551），陆楫从友人处读到杨循吉的《金小史》[1]中称金国女真"于夷狄中最微且贱者也"（卷一），体现出杨循吉对金国的轻蔑。在书中，对于金人敌视的称呼随处可见，"其记录凡例，则书名削号，待以纯虏。虽英君硕辅，概曰酋长。意将以快臣宋之愤，而严夷夏之防。人多是之"[2]。杨循吉的态度是在宣扬华夏中心说，赢得多数读者的赞同。但陆楫对于杨循吉所流露的敌视金国的态度表示不满，为此，特撰《华夷辩》：

---

[1] 杨循吉（1456—1544），字君卿，号南峰，吴县人。成化二十年（1484）进士，授礼部主事。著《松筹堂集》及笔记《苏谈》《吴中故语》等。

[2] ［明］陆楫：《华夷辩》，《蒹葭堂稿》卷三，《明别集丛刊》第3辑第1册，黄山书社，2016年版，第472页。

华夷有辩乎？曰：有。中国居内，夷狄居外；中国为阳，夷狄为阴；中国以粱肉，夷狄以羶酪；中国以宫室，夷狄以毳幕；中国以冠裳，夷狄以旃裘；中国以礼义，夷狄以勇力。虽欲无辩，不可得也。然皆自吾人视之也，自天视之则不然。盖天高地下，而人生乎其间。人君者，民之主，而天之子也。夷狄亦人也，犹一乡一邑。然中国则市廛也，夷狄则郊遂也；中国则世族也，夷狄则村氓也。自邑长乡大夫视之，则皆其境土也，皆其民也。然则中国夷狄自天视之，则皆其所覆载也，皆其所生育也。使夷狄能进而中国，以外从内，以阴从阳，易羶酪而粱肉，易毳幕而宫室，易旃裘而冠裳，易勇力而礼义，足以康济宇宙，为生民主，则天必命之矣。元魏氏、辽金元氏是也。

史家泥古而不知变，故华夷之说，代异而人不同。观《南史》，梁武帝时，荧惑入南斗，占者谓其应则天子下殿走。武帝遂祖括徒跣，走殿下以禳之。既而闻魏孝武为高欢所逼，奔宇文泰于关中，乃自惭曰：虏亦应天象耶！盖魏帝中原，犹天之嫡子也，而象纬之验昭然。世儒徒欲以口舌强解，可笑已。譬之单门陋室之子，不敢与世族争衡，有崛起者，一旦抱经籍、取青紫归，过其里闬，章服驷马，奕然于道，虽贩童缯妇，咸得而窃议之曰：此寒乞家儿也。然不知名挂仕籍，则朝廷已簪笏之、禄秩之，与所录世家士等。天之视夷狄，何以异此！儒者之说不过祖仲尼，仲尼作《春秋》，西若秦，东若楚，南若吴，北若燕，皆从而夷之。使秦楚燕吴能修文武成康之道以兴，则天下归之矣，《春秋》安得而不王之乎！故曰中国而夷狄，则夷狄之；夷狄而中国，则中国之，固《春秋》之法也。

且自洪荒以来，中国渐辟而广，是故穷覆载而言之，则华夏为中国，四裔为夷狄；就华夏而言之，则中原为中国，边徼为夷狄，本非如禽兽之异类也。舜，东夷之人也。有舜焉，则人不得而夷之矣；文王，西夷之人也。有文王焉，则人不得而夷之矣。愚尝谓三代而下可以语王道者得四君焉，曰汉文帝，曰北魏孝文，曰周世宗，曰金世宗，而唐宋无称焉。然则夷狄顾居其二乎！盖有不容以中国私之矣。至元而一统，尤开辟所未有，虽其以夷俗治华，得罪名教，而天祚卒以不永，然帝王之传统固不可诬也。世儒多归咎仕元之士，虽以许文正公之贤，犹力非之。呜呼！果何说哉！文正生于中原，则元人也。遇时而出，为斯道计，为生民计尔。苟责文正以不仕，是欲将安从乎！是欲为无君之人而后可乎！耶律文王，吴草庐，尝臣于金宋，而文正则非其比也。此是非之大辩，而世儒之说可一扫而空矣。宋至道君，天下之涂炭已极，金入中国，改物易纪，而治者垂百五十年。若太宗之沉毅、世宗之贤明，章宗之文雅，皆有功于世。而东抚高丽，西制灵夏，南臣遗宋，颁正朔于海内，安得不以为帝王而妄黜之乎！南峰氏之说，亦泥古而不知变者也。使其为宋而仇之，则南峰非宋之臣子也。使其为中国而仇之，则前说已尽不可仇矣。

我皇明衷章群籍，综制百代，特修元书，并辽金二代，列之正史以传。识者犹谓明承元，元承金，金承辽，辽与前宋则兄弟，而欲列南渡诸君于闰位，况可为宋而黜金乎！呜呼！南峰氏，近世文人也，殁不可作矣，使果有知，能不莞尔于九原乎。[1]

《夷夏辩》在很大程度上颠覆了夷夏之防传统观念，体现了陆楫的卓识与远见。陆楫纠正了历史上关于夷狄的带有明显鄙视色彩的禽兽及虏的蔑称。陆楫作《夷夏辩》，源起于杨循吉对金人的蔑视。"儒者严华夷之辩，深致憾焉"[2]。历史上，称夷称虏、称戎称狄，可谓司空见惯。陆楫此论颠覆了"夷狄，野兽"的传统

———————————

[1]［明］陆楫：《蒹葭堂稿》卷三，《明别集丛刊》第3辑第1册，黄山书社，2016年版，第472—474页。

[2]［明］陆楫：《宋南迁解》，《蒹葭堂稿》卷三，《明别集丛刊》第3辑第1册，黄山书社，2016年版，第472页。

观念，提出了"夷狄，亦人"的新观点。传统的夷夏之防的核心在于视夷狄为野兽。管仲言："戎狄豺狼，不可厌也；诸夏亲昵，不可弃也。"（《左传·闵公元年》）野蛮的戎狄，永远不知满足，因此，华夏人民，必须团结一致，对抗戎狄。其实，与其说管子于此强调诸夏的凝聚，毋宁说在戎狄的强势面前，管子所流露的是对诸夏文化的焦虑。然而，一个重要事实是，管子的这一观点成为后世"尊王攘夷"的主要理论依据。孔子赞扬管仲，首先即肯定他保卫了华夏的文化习俗："微管仲，吾其披发左衽矣。"（《论语·宪问》）在孔子看来，华夏一族的沦亡就是文化习俗的消失。周定王云："戎狄冒没轻儳，贪而不让，其血气不治，若禽兽焉。"（《国语·周语中》）班固《汉书》"匈奴传"谓："夷狄之人，贪而好利，被发左衽，人面兽心……是以圣王禽兽畜之。"正统元年（1436），李贤《达官支俸疏》曰："臣闻帝王之道，在赤子黎民而禽兽夷狄。夫黎民而赤子，亲之也，夷狄而禽兽，疏之也。"将夷狄视为不与华夏比肩的野兽。与夷狄相应的另一常见的蔑称是"虏""丑虏"。一生致力于抗金的辛弃疾《美芹十论》中皆以虏代金，"虏人凭陵中夏，臣子思酬国耻"，"一介丑虏，尚劳宵旰，此正天下之士献谋效命之秋"，"中原之民业尝叛虏，虏人必不能释然于其心"。此外，亦蔑称为"胡人""胡奴"，如《美芹十论》"观衅第三"有"分布州县，半是胡奴；分朋植党，仇灭中华。民有不平，讼之于官，则胡人胜，而华民则饮气以茹屈；田畴相邻，胡人则强而夺之；孳畜相杂，胡人则盗而有之"。翻阅史籍，夷狄禽兽之论不绝如缕，由此逐渐演化出"非我族类，其心必异"的仇视夷狄论。

华夏民族从心灵深处轻视蔑视甚至仇视夷狄。夷狄因而变为汉族的敌人。从文化上即不认同夷狄作为"人"的身份和资格，所以有"夷狄之腥秽不可以久安于华夏"（辛弃疾《美芹十论·自治第四》）之说。由此，以汉族为尊，视夷若仇，成为历史公论。对于历史上几乎已成定论的对少数民族政权的蔑称，陆楫深感不平。陆楫认为，"夷狄，亦人也"，从上天、宇宙的角度看，夷狄与华夏都是平等的人，"皆其所覆载也，皆其所生育"。既然同为苍天之子民，那么就必须和睦共处以奉天。陆楫首先承认夷狄是人而非野兽，"本非如禽兽之异类"。但他如此结论的前提是，夷狄虽然是人，但却是人中的野蛮人，落后，原始。因此，陆楫认为华夏有责任有义务帮助夷狄走向文明，使夷狄进入"中国化"的进程，所谓"易膻酪而粱肉，易毳幕而宫室，易旃裘而冠裳，易勇力而礼义"。

汉族自视为文化正统，因此以汉人的文化衡量异族文化，只要有违于汉族文化的皆在排斥之列。站立在华夏族的角度审视少数民族，并称其为夷狄是儒学中根深蒂固的观念。如果从人类的角度审视夷夏，则华夏与夷狄则无可区分。陆楫从人类历史发展的高度着眼，一改历史上对少数民族政权的蔑视，客观地评价和尊重异族别种，体现了陆楫思想的科学辩证和独到识见。他对于历史作出了自我的深刻思索，没有随波逐流，人云亦云，甚至敢于否定前说和历史"定论"，站立在人类的高度回顾历史的发展，体现了陆楫突破儒家狭隘之见的视野。

陆楫认为，在同为人的前提下，华夏和夷狄都有资格统领中国。谁能代表民心，谁就可以称帝为王，从而颠覆了传统思想中华夏中心的狭隘之见。陆楫认为，历史上夷狄统治中国、君临天下的例子不为少数，其中"可以语王道者得四君焉，曰汉文帝，曰北魏孝文，曰周世宗，曰金世宗，而唐宋无称焉。然则夷狄顾居其二乎"。历史所谓治世，除唐宋外，即汉文帝、北魏孝文帝、后周世宗、金世宗。其中孝文帝、金世宗即夷狄身份，但后世史书中并未以夷狄视之。"至元而一统，尤开辟所未有"。元朝所开创的辉煌史无前例，有目共睹。中国历史的进程中，已经有多个朝代是在夷狄的统治下向前发展的。这一点，历史已经反复证明，而腐儒还固持夷夏之防，只能说明儒家相关观念的迂腐、保守与落后。无论华夏还是夷狄，谁能推动历史的发展，谁就可称帝称王，这是历史选择的必然。为了证明这一观点，陆楫作《宋南迁解》专门分析北宋亡国的原因。尽管史书中有宋太宗继位非正的传说，但陆楫认为宋太宗在助太祖平定天下中的作用不可取代，"宋艺祖之受禅也，太宗之谋居多，艺祖私德之，且遵昭宪之命而传位焉"[1]。尽管宋太祖主动传位于宋太宗，宋太宗成为千古疑狱的"烛影斧声"并非

---

[1] [明] 陆楫：《宋南迁解》，《蒹葭堂稿》卷三，《明别集丛刊》第 3 辑第 1 册，黄山书社，2016 年版，第 471 页。

北宋亡国的原因。北宋亡国的根本原因在于太宗传位于自己的儿子，而未能传位于太祖之后。"宋之天下，艺祖之天下也。太宗使弟侄之不得其死，而私传位于其子，不深负艺祖乎？不为天地神人之所共愤乎"[1]，宋太宗的行为触怒天颜，人神共愤。而同时期的北方金国，同样是面临金太祖与金太宗传位的继统与礼仪问题，"金太祖之兴也，百战而百胜，莫不与太宗共之"，"然太祖之传位于其弟，犹之宋艺祖也"。开国国君的传位与宋相同，亦传位于弟。但是，宋太宗和金太宗的开国之功却非能同日而语："（金）太宗亦弟也，卒之灭辽定鼎，其功浮于宋太宗，何啻倍蓰什百哉！"[2] 在开国奠基的功劳上，金太宗战功赫赫，远非宋太宗所能比。而"金太宗诸子蒲庐虎等皆称杰一时，而不得立，竟立太祖之孙亶，是为熙宗。吁，可谓不负其兄者矣"[3]。孝道为先的夷狄之君足以"康济宇宙，为生民主"。况北宋末年，"天下之涂炭已极，金入中国，改物易纪，而治者垂百五十年。若太宗之沉毅、世宗之贤明，章宗之文雅，皆有功于世。而东抚高丽，西制灵夏，南臣遗宋，颁正朔于海内，安得不以为帝王而妄黜之乎"！不仅暴露了"中国主宰世界"美丽传说的尴尬，而且颠覆了"夷狄不能中国"的古老神话。

从作为个体的历史人物来说，当元朝定鼎后，"世儒多归咎仕元之士，虽以许文正公之贤，犹力非之"。许衡（1209—1281），字仲平，号鲁斋，谥文正，出仕元朝，官至尚书。因为许衡以汉族而仕元，遭遇后世变节的责难。对于许衡的遭遇，陆楫愤然不平，"果何说哉！文正生于中原，则元人也。遇时而出，为斯道计，为生民计尔"。许衡虽然是中原汉族，但是他出生的时候，中原已属金国统治。当蒙古灭金后，许衡便出仕元朝。陆楫认为，许衡的仕元是出于救民水火的高尚之举，华夏子孙未必不可辅佐夷狄王朝。而耶律楚材（1190—1244），是大辽国契丹皇室后裔，仕金，后归降蒙古，辅佐成吉思汗成就大业，所至无不保护人民财产。吴澄（1249—1333），号草庐，江西人，宋亡后出仕元朝，传播朱子理学，成为著名思想家。从个体人生功业来说，华夏正统、夷狄正统已经不重

---

[1][2][3]〔明〕陆楫：《宋南迁解》，《蒹葭堂稿》卷三，《明别集丛刊》第3辑第1册，黄山书社，2016年版，第471页。

160

要了，重要的是自己所辅佐的王朝是否代表人民的利益。所以人们所津津乐道的夷夏之防的争论，"可一扫而空"。陆楫颠覆了历史上仅从文化习俗上否定异族政权而忽略一个先进民族的勇于创新的传统偏见，充分肯定了异族政权的历史进步意义。

　　传统的"华夏中心论"的优越感不过是华夏族站在自身角度作出的文化优劣高下的判断。当审视角度和评判角色发生变化时，这种文化优越感自然也会随之变化。春秋时，北戎之由余即曾嘲笑中原礼乐法度为乱源，并自视"戎夷之政"为圣人之制。明初大臣于谦即云："中国之有夷狄，犹君子之有小人。"（于谦《议处边计疏》）在历代儒家传统中，周边夷狄与中华不可同日而语，即使他们的军事力量无比强大，甚至取代华夏统治中国，依然被华夏族视为野蛮落后之人，而得不到文化认同。所以明朝讨元檄文开篇即云："自古帝王临御天下，皆中国居内以制夷狄，夷狄居外以奉中国，未闻以夷狄居中国治天下者也。自宋祚倾移，元以北狄入主中国，四海内外，罔不臣服，此岂人力？实乃天授。"其后便是指责元朝纪纲废坏，其德丧失，认为元朝主宰中国是违反社会秩序的，所以天命又另有所授，以新君"驱逐胡虏，恢复中华；立纲陈纪，救济斯民"（《明太祖实录》卷二十六）。朱元璋驱元之一的口号便是"驱逐胡虏"，儒学的政治思想便相应在朱元璋的治国思想中占据相当核心的位置。巨儒邱濬（1420—1495）《大学衍义补·驭夷狄》即言："天地间有大界限，华处乎内，夷处乎外，各止其所，而天下之理得矣。"基于华夏中心的逻辑，他认为，在华夷关系方面中国理所当然处于核心地位，为天朝大国，夷狄则处于从属地位，是四方以奉中国。明末西方传教士利玛窦《中国札记》："因为不知道地球的大小而又夜郎自大，所以中国人认为所有各国中只有中国值得称羡。就国家的伟大、政治制度和学术的名气而论，他们不仅把别的民族都看成是野蛮人，而且看成是没有理性的动物。在他们看来，世界上没有其他地方的国王、朝代或者文化是值得夸耀的。"据此，对应陆楫的夷夏之辩，陆楫以魏孝文帝、金世宗为楷模，为夷狄的"中国化"提供事实依据。他所提出的"夷狄亦人""夷狄中国化"等重要理论观点，为后来多民族中国的发展提供了思想资源。

二、陆楫的《华夷辩》

　　夷狄政权对于中国历史的推动有目共睹。那么，为什么传统思想中仍然夷夏之防永远占主流？陆楫分析，原因在于"泥古"："儒者之说不过祖仲尼，仲尼作《春秋》，西若秦，东若楚，南若吴，北若燕，皆从而夷之。使秦楚燕吴能修文武成康之道以兴，则天下归之矣。《春秋》安得而不王之乎！"陆楫认为，固守夷夏之防的腐儒对孔子的《春秋》笔法断章取义，只择取了孔子所言之秦楚吴燕皆夷狄之说而放弃了孔子所认同的夷狄中国的客观事实，孔子本人实际上是抱着"居陋屋，不弃夷狄"的思想。陆楫的意图是，圣人孔子并没有毫无原则地排斥夷狄，而是充分肯定夷狄的历史进步作用。孔子思想中具有民族平等的因素。因此，陆楫认为"中国而夷狄，则夷狄之；夷狄而中国，则中国之"才是孔子著《春秋》的真正动机。而"世儒徒欲以口舌强解"，而往往自相矛盾。因此，他批驳杨循吉的敌视金国曰："南峰氏之说，亦泥古而不知变者也。使其为宋而仇之，则南峰非宋之臣子也。使其为中国而仇之，则前说已尽不可仇矣。"如果站在中国的高度审视历史的沧桑巨变，那么华夏归一，所有的争辩便都失去意义。

　　明清易代后，雍正帝曾就汉人秉持的传统夷夏之防表达自己的观点。他认为，儒家所谓的圣人也不过出自夷狄，他说："舜，为东夷之人，文王，为西夷之人，曾何损于圣德乎！"舜和文王拥有夷狄血统而并未被视为夷狄，为什么后世就一定仇视夷狄之人？雍正固然是针对大批明代遗民的夷夏之防而发表言论的。明末清初的黄宗羲《留书》认为"中国之夷狄，内外之辩也，以中国治中国，以夷狄治夷狄，犹人不可杂之于兽，兽不杂之于人也"。王夫之亦谓："天下之大防二：夷狄华夏也，君子小人也。"（《读鉴通论》卷十四）态度更为激烈的是顾炎武，他认为其"戎翟（狄）入居，必生事变"（《日知录·徙戎》）。强调"夷夏之防"，反对"中国之人"学习"胡制""胡风""胡俗"，以防止"变中夏为夷狄"。他希望"后王"能够吸取其历史教训，看透"夷狄"之人"慕中国之利"

而来的实质，"虽有慕化之美苟悦于当时，而狼子野心旋生于异日，及归部落，鲜不称兵"（《日知录·徙戎》）。他认为，若"为社稷生民之虑"，最好是如此来对待"夷狄"之人："其来也惩而御之，不使之久处；其去也守而备之，不诱其复来。"（《日知录·徙戎》）严华夏和夷狄的区别，把异族和禽兽相提并论。在明清易代的动荡时期，在当时反清复明的大语境中，这种言论浸透了强烈的时代色彩。但当清朝定鼎，取代朱明的统治而成为中国的实际统治者后，夷狄的内涵已经发生了变化，再视清朝为夷狄即有反抗皇权的性质。

雍正帝是否读过陆楫的《夷夏辩》不得而知，但雍正的滔滔雄辩的思路和足以服人的例证显然是对陆楫思想的遥相呼应。雍正认为，"若以戎狄而言，则孔子周游，不当至楚应昭王之聘；而秦穆之霸西戎，孔子删订之时，不应以其誓列于周书之后矣"，儒家"既云天下一家，万物一源，如何又有中华夷狄之分"？于此，雍正对传统的夷夏观提出质疑。就士人对新政权的合法性和合理性的质疑，雍正提出政权的合法与合理并不在于地域空间，而在于道德。《论语》有云："远人不服，则修文德以来之"（《论语·季氏》）。《尚书·蔡仲之命》亦曰："皇天无亲，惟德是辅。"雍正认为，"盖生民之道，惟有德者可为天下君。此乃天下一家，万物一体，自古迄今，万世不易之常经也"（《大义觉迷录》），如果当权者能够造福人民，那么这个政权就是合法合理的。儒家云"有德者可为天下君"，"惟有德者乃能顺天"，那么，夷狄中的"有德者"为何不可为"君"？"何得以华夷而殊视？"雍正进一步引入汉人一直耿耿于怀的清人入关，云："自我朝入主中土，君临天下，并蒙古极边诸部落俱归版图，是中国之疆土开拓广远，乃中国臣民之大幸，何得尚有华夷中外之分论哉！"（《大义觉迷录》）新王朝为巩固自己的政权，从明遗民的夷夏辩出发，为自己的政权找到了一个无可辩驳的例证。由此反观陆楫的夷夏观，已经超越其时代，而成为被历史所反复证明又被思想史所忽略的通则。

《华夷辩》以恢弘的历史视角和富有激情的历史评论，对传统的夷夏之防进行了修正。不仅重新诠释了夷夏之关系，而且充分肯定了夷狄在中国发展进程中所发挥的重要作用，体现了陆楫超越时代的人类观和宇宙观。他以"大文化史"

观审视历史变迁，颠覆传统的夷夏之辩，他已经朦胧地意识到，天下已经绝非华夏一家之天下，而是华夏与夷狄共治的天下。并且已经初步具有了以进步的世界历史观为基础的国家观念。然而，令人遗憾的是，陆楫生前是个孤独的思辨者，他的惊人之语未能引起人们应有的关注。其中重要的原因是陆楫一生布衣，科举不达，又英年早逝，在世仅三十八个春秋。他的这种"异调"虽然在当时未能引起更广泛的讨论和争辩，但他独到的夷夏之见终于在数个世纪后的中国得到了验证。在倡导"人类命运共同体"的当代语境下，重新发覆陆楫的民族观念具有重要的现实意义。

第三节 《古今说海》与嘉靖上海文坛

晚明上海名士陈继儒在《偃曝谈余》云："吾乡自陶南村撰《辍耕录》及《说郛》，有此一种气习，而嗣后陆祭酒俨山，最称博雅。"[1] 认为上海地区最博学的学者就是陶宗仪与陆深。陈继儒之"有此一种气息"则指个人编辑丛书的文化现象。陶宗仪开辟的这种以个人之力主持编纂大型丛书的学问路径很长时期内未能引起人们的关注，直到明中期《古今说海》的问世。此后，一批依据不同标准编辑的小说丛书纷纷问世。《古今说海》保存了大量宋元珍本、善本，使得许多古代传奇小说因《古今说海》的收录而得以流传于世。《古今说海》推动了人们对小说文体的认知，开启了明清文学小说主流的新时代，对明清文学产生了极大影响。

一、陆氏家族与《古今说海》

《古今说海》是历史上第一部小说丛书，也是最早的文言小说丛书，共收录

---

[1]［明］陈继儒:《偃曝谈余》,《四库全书存目丛书》子部第 111 册，第 860 页。

唐、宋、元、明说部及笔记一百三十五种，总一百四十二卷，分说选、说渊、说略、说纂四部，以唐宋小说为多。这项空前浩大的文化工程是明中期在上海名宦陆深的主持下一群上海本地的文人学士集体完成，并在俨山书院刊刻。唐锦《古今说海引》云：

夫博文博学，孔孟之所以为教也。况多识前言往行，乃为君子畜德之地者乎？黄子良式、姚子如晦、顾子聘夫、陆子思豫，皆海士之英也。与予季子赟，共为讲习之会，日聚一斋，翻绎经传，考质子史，阐发微奥，究极旨归，不但求合场屋绳尺而已。探索余暇，则又相与剧谈泛论，旁采冥搜，凡古今野史、外记、丛说、脞语、艺书、怪录、虞初、稗官之流，其间有可以裨名教、资政理、备法制、广见闻、考同异、昭劝戒者，靡不品骘决择，区别汇分，勒成一书，列为四部，总而名之曰《古今说海》，计一百四十二卷，凡一百三十五种，斯亦可以谓之博矣。虽曰用以舒疲宣滞，澡濯郁伊，然学者反约之道，端于是乎基焉？好古博雅之士闻而慕之，就观请录，殆无虚日。譬之厌饫八珍之后，而海错继进，不胜夫嗜之者之众也。陆子乃集梓鸠工，刻置家塾。俾永为士林之公器云。嘉靖甲辰岁夏四月朔，龙江唐锦题[1]。

"嘉靖甲辰"即嘉靖二十三年（1544）。陆楫《古今说海校录名氏》署："嘉靖甲辰四月己巳，云间陆楫思豫识。"[2] 可知《古今说海》成书于嘉靖二十三年（1544）。目前发现最早的《古今说海》版本即为嘉靖二十三年甲辰（1544）陆氏家刻本，其中：

"说选部"与"说渊部"由"俨山书院"刻；

---

[1][2]［明］陆楫等辑：《古今说海》卷首，上海文艺出版社，1989 年版。

"说略部"由"云山书院"刻;

"说纂部"之《艮岳记》和《炀帝海山记》由"云山书院"刻;

"说纂部"之"杂纂家"由"青葵馆"刻。

"云山书院"是俨山书院的别称,"青葵馆"是陆深家塾的馆名,即唐锦《古今说海引》所谓"陆子乃集梓鸠工,刻置家塾"。据此可知,《古今说海》的刊刻与印刷都在陆深的私人书院——俨山书院完成。《古今说海》收录时间最早的是唐人段公路《北户录》,而宋、元至明代前期的文言小说搜罗毕至,是历史上第一次对古代小说的全面搜集与整理,为后世研究提供了宝贵的文献资料。

《古今说海》的编纂充分体现了陆深对文学发展的敏悟。向来不能登大雅之堂的"小说"开始受到文人的推崇,较之于功利性的八股,小说更受文人青睐,为此,陆深颇感到有搜集整理古代小说的必要。陆深也预见到这部丛书问世后的前景,判断这部丛书将会产生巨大的社会影响力,预感到他们正在从事的这项文化工程必将受到社会的普遍认可,因此他对这部内容浩繁的文化工程极为关注,在整个编纂刊刻过程中深度参与,及时指导。可以说,陆深身在京师,心在俨山园。《俨山集》卷九十五《与黄甥良式十二首》其八:

> 小说若刊,须唤得吴中匠手,方可发还。九种检入,但讹谬极多,
> 要校勘得精,却不枉工价也。予家所有,俟天晴清出。《农书》《麈史》
> 两册,颇便病目,留一看。

广泛地搜集,咨询,甄选,抄写,付刻,印刷,整个过程极为复杂困难。陆深对刊刻标准要求很高,比如刻工,固然不能随便聘请一般工匠,叮嘱具体从事者"须唤得吴中匠手",要求聘请苏州刻工。明清时期,苏州经济文化引领江南,刻书制版领域以技术精湛扬名天下。为了保证刻书质量和降低成本,便于古籍校勘,陆深决定高薪从吴中招聘刻工入住俨山园,并且要求陆楫在校勘和刊刻质量

方面的投入不惜代价。

《古今说海》共收珍本典籍一百三十五种，一百四十二卷。其中，陆深父子捐献三十五卷，其余一百零七卷则主要由上海名门捐献。据陆楫撰《古今说海校书名氏》，为该部丛书提供底本的藏书家及校录者有：

      姜南，字明叔，号蓉塘，浙江仁和人，己卯举人，出藏书五卷，校勘十卷。

      顾定芳，字世安，号东川，太学生，授太医院御医，出藏书二十卷。

      谈万言，字子约，号寅江，上海县学生，录副稿二十卷。

      黄标，字良式，号云谷，上海县太学生，出藏书三十卷，总校勘编次。

      姚昭，字如晦，号晋明，上海县学生，校勘一十五卷。

      瞿学召，字南仲，号养愚，上海县太学生，出藏书十卷。

      唐赟，字世具，号云山，上海县太学生，出藏书十卷，校勘十四卷。

      顾名世，字应夫，号龙泉，上海县学生，出藏书十四卷，校勘二十卷。

      沈希皋，字叔明，号瞻岳，癸卯举人，上海县学生，擅书法绘画。

      余采，字元亮，号秀洲，上海县学生，出藏书十二卷。

      董宜阳，字子元，号西霞，上海县太学生，出藏书五卷。

      张之象，字月鹿，号王屋，上海县太学生，出藏书一卷。

      瞿成文，字道夫，号月滨，录副稿二十卷。

上述名单中，顾定芳因任太医院御医，无暇参与校勘，但他献书二十卷，姜南、唐斌、顾名世、瞿学召、余采、董宜阳、张之象、黄标共捐献家藏典籍八十七卷，《古今说海》总一百四十二卷，据此，陆深父子捐家藏典籍三十五卷（其中，有不少是陆深通过各种途径从他处获得，或直接借阅，或抄写）。俞颂雍《〈古今说海〉考》经过详细的比勘考证，证明《古今说海》的材料基本采自于参与者所捐献的珍稀家藏，从而推翻了学界一直认为的采自《太平广记》之陈说："现存最早的《太平广记》刻本已是明代嘉靖四十五年（1566）的谈恺刻本，其初刻的时间晚于《古今说海》二十二年，故在时间上《古今说海》就没有掇采现存《太平广记》之刻本再加刻汇辑的可能。"[1] 这同时表明《古今说海》对于保存和传播唐宋小说发挥了重要作用。

姜南、唐斌、顾名世不仅捐献家藏，而且参与《古今说海》的校勘工作。姜南校勘十卷，唐斌校勘十四卷，顾名世校勘二十卷。姚昭，字如晦，号晋明，未捐献家藏，却参与校勘十五卷之多。沈希皋，字叔明，未载献书数量或校勘数量，名列其中，知其是丛书编纂的积极参与者。《古今说海》主要的校勘工作当由总校勘黄良式、陆楫和沈希皋共同完成。另有，誊录副本者两人：上海县学生谈万言誊录副本二十卷；瞿成文誊录副本二十卷。谈万言、瞿成文只是在刊刻竣工之后誊录副本，并未参与具体的校勘工作。

这是一项卷帙浩繁的文化工程，在广泛搜集藏书的基础上方得以满足出版需求。不少江南藏书家捐献家藏，除浦东陆氏、黄氏外，则上海多数与陆氏有姻亲关系的豪门如唐氏、瞿氏、顾氏、沈氏等皆慷慨献书，董氏系陆深的挚友，也积极襄赞。基于亲友关系，他们热情地为这项工程捐献家藏古籍，可知陆深在上海地区的文化影响力。参与《古今说海》的献书者中，董宜阳（1511—1572），字子元，号七休居士、紫冈山樵，博通小说及国家掌故、郡县文献。居家著述，校诵书史，编辑乡邦文献，尤"收蓄本朝先达纪载甚多"（陆深《与董子元二首》其二，《俨山续集》卷十），著有《云间近代人物志》《皇明名臣琬琰录》《中园杂记》《上海纪变》《董氏族谱》《松志备遗》《皇明先哲金石录》《金石林》《紫冈集》《兰金集》《云间诗文选略》等。陆深多有向董宜阳搜集古籍的请求，其《与董子元

---

[1] 俞颂雍：《〈古今说海〉考》，华东师范大学硕士学位论文，2007年，第8页。

二首》其二："张月鹿云祝枝山所著《苏材小纂》在文府，亦望发来一目。"从张之象处得知文徵明府上存有《苏材小纂》，董宜阳与文徵明交好，陆深遂托董宜阳到文府借阅。陆楫亦有《送董紫冈上南雍调喜迁莺》等唱和诗词。张之象（1496—1577），字月鹿，号碧山外史，晚号王屋山人，有家族书坊，大量刻书，协修万历《上海县志》等。张之象与陆深父子因姻亲关系交往密切。其他如顾定芳，宫廷御医，家富藏书，陆深表弟，情同手足。唐斌，唐锦之子。顾名世，著名画家。瞿学、余采、姜南、姚昭等都是上海名门望族子弟，皆家富藏书，对于《古今说海》的编辑，无不积极参与。由于他们多科举不第，史料中有关他们的记载非常少。从陆深与他们的诗文交往中，未见有关刻书事宜的安排。据唐锦撰于嘉靖二十三年（1544）的《古今说海引》可知，《古今说海》是上海这一批青春才俊共同完成的文化工程。值得注意的是，上海太学生黄标捐家藏珍籍"三十卷，总校勘编次"，明确黄标"总编"的身份，而从《俨山集》中陆深给黄标的众多书信也可知，《古今说海》的编纂黄标起到了不可替代的作用。

二、黄标与《古今说海》

陆深晚年于京师居高位，无暇参与这部丛书的编纂及校勘工作，但是他可以全局规划布局，特地委托外甥黄标负责管理。黄标办事细致周全，精于刻书，陆深在书信中多次提及。《与黄甥良式十二首》其六：

> 刻书复成几种？可草草印来一阅。病余，因清出《杂记》，略有数卷，写得十叶付去，就烦一校勘，若雷同剿说，抹去可也……幸着眼，可命照入刻行。款写一本来，有商量处也……雪天殊无好况，晴霁西来一叙，悬望悬望。臂痛不减，不多及。

《与黄甥良式十二首》其七亦云："吾甥作事必精，所刻书不下古人，计费亦不赀也。"可知，黄标家族从事刻书事务，在刻书领域，黄标富有经验。已逾中年的黄标仕路坎坷，科第无望，长期追随舅氏陆深的仕宦踪迹，是陆深颇为信赖的得力助手。这封信写于京师，黄标住城东，陆深住城西，希望黄标待雾散天晴，到城西绿雨楼一聚，商讨刻书校勘事宜。黄标祖上多有收藏，黄标本人也是明代上海地区著名的藏书家，其家族坊刻运营有序，黄标有能力承担起舅氏陆深所委托的重任。

黄标，字良式，一字良玉，陆深姊子，太学生，一生追随陆深左右。陆深《黄良式妻陈氏权厝志铭》：

> 标，予姊子也。自幼从予问学，人称曰：陆家宅相。予爱之。往岁戊子，予赴内召，携家入都时，标亦以家从……然既予南，黄甥陈妇复跋涉从之去国。丁酉岁，予召自蜀藩。明年，标自故乡来，卒业太学。陈氏妇再从之行。

嘉靖七年戊子（1528），陆深 52 岁，召赴北上，任国子监祭酒充经筵讲书官，携家入都。外甥黄标亦携家相从。次年，嘉靖八年（1529），53 岁，三月，陆深为权宦所害，谪福建延平府同知。黄标又携家跋涉陪同。行至杭州，陆深为不使黄甥一家遭受旅途劳顿之苦，遣其回乡，并作《跋所书黄甥良式绫卷》：

> 黄甥标，字良式，予赴召，侍予北行；及赴调，又欲侍予南行。至杭，予辞之，以此绫索书。旧作舟过严濑，行青山中如画，不觉尽此。嘉靖己丑七月廿四日，俨山转拙翁。

"己丑"为嘉靖八年（1529），所记即赴福建延平任的途中与黄标临别告辞的场景，黄标请舅氏陆深为其在绫绢上题词，以为纪念。嘉靖十六年丁酉（1537），陆深 61 岁，二月，出蜀赴京，升光禄卿。同年（1537），陆楫再度参加科考，不幸名落孙山之外，这使陆深颇感意外，但仍鼓励陆楫继续努力，"吾儿且可因此积学未迟也"，"此三年正好用工，以远大自期，待要与古人为侣"。宽慰陆楫，静心苦读三年，准备再考。回到京师后，致书黄标，《与黄甥良式书》其二云：

> 别来三年，行数万里。栈道、剑阁、瞿塘、巫峡，水陆极天下之至
> 险，而实亦天下之至奇。此生游览之兴可谓厌饫。而予已老矣，连年三
> 月三日每有事。今年以是日渡汉江，由襄樊而北，四月初入朝，遂履
> 任，随分供职。

"今年"即嘉靖十七年（1538），春日启程，沿途经三峡，登剑阁，备览天下奇观。信中描述旅途所见，可当黄标的卧游图。同年（1538），黄标自松江启程赴京师，陆深开始指导黄标编纂《古今说海》。嘉靖十八年（1539），黄标妻陈氏病卒于京师。嘉靖十九年（1540），黄甥辞京南归，陆深作《送黄甥标东归》序云：

> 黄甥良式，博文好学，予雅爱之，相从南北二十余年，患难之日多
> 而安乐之日少。予既不能无愧而亦不能无望焉。兹行也，怅戚殊甚，赋
> 此为别，以期明年之会。

陆深宦职京师，黄甥一直陪同，人称"陆家宅相"（陆深《黄良式妻陈氏权厝志铭》）。《俨山集》中，陆深多有与黄甥的题咏与赠和。陆深有《京口别黄甥良式》："千里相随论古今，河桥风雨夜沉沉。不知此日江头路，何似当年渭水深。"又有《与黄甥良式》十二首。当黄甥妻病故后，黄甥决意回乡，并请其舅父陆深为亡妻陈氏撰写《墓志铭》。此后，黄标便一直居上海，从事典籍的编辑出版。嘉靖二十年（1541），陆深 65 岁，夏，致仕离京归乡，载满船书籍。嘉靖二十三

年甲辰（1544），陆深 68 岁，是年卒。嘉靖二十三年（1544），陆楫科考因"忌者阻抑，遂终坎坷"（莫如忠《蒹葭堂集叙》）。

同治《上海县志》载：

> 黄标，字良玉，藏书甚富，翻阅无间，寒暑叩之，如指诸掌。陆深临文有疑义，必属标考核。与人谈经济，凿凿可行。辑《古今说海》一百四十二卷，选《陆文裕集》一百卷，所著有《书学异同》二十二卷，《县志稿》十卷，俱毁于倭，惟《戊己庚辛稿》存。[1]

《松江府志·人物传》卷五十二"黄标小传"：

> 叩以奥义，僻事具即响答。舅陆文裕临文有疑义，必属标考核。与人谈经济凿凿可行。辑《古今说海》一百四十二卷，选《文裕集》一百卷，所著《书学异同》二十二卷，《县志稿》十卷，俱毁于倭。

两种方志皆云《古今说海》的编纂者是黄标。不仅如此，黄标还编辑了《陆文裕集》一百卷。由于黄标文集俱毁于倭乱，故已无法从其诗文中寻绎纂辑《古今说海》的蛛丝马迹。但由于陆深及陆楫的文集得以保存，据此仍可考察出黄标在《古今说海》的纂辑过程中所发挥的作用。

黄竹泉，名涔，字克清，竹泉乃其别号，陆深姊丈，黄良式父。黄涔卒后，陆深为撰《墓志铭》，其中有云：

> 先生姓黄，讳涔，字克清，别号竹泉。其先汴人，从宋南渡，家于嘉定之青浦。高祖子富……考钺，妣陈氏。钺以义授承事郎，号滨阳。

---

[1] 同治《上海县志》，俞樾等纂修：《中国方志丛书》，台北成文出版社，1975 年版，第 1402 页。

> 滨阳翁始迁上海，故今为上海人。孺人陆氏，讳翠翠，予从父东隐先生
> 之女也，母顾氏。竹泉先生天常甚厚，动合典则，予雅重之。自少事滨
> 阳翁以孝称，陈夫人见背时，以幼弟潮为属，竹泉抚之，终身有恩。迨
> 事继母陆，又事邵母有礼，待庶弟漳有惠。母兄浙早卒，以次子标后之
> 有伦，其孝友有如此者。

可知，黄涔娶陆深堂姐陆翠翠为妻，生黄标，为次子。陆翠翠是陆深的四叔陆
震（号东隐）的女儿。黄涔兄长黄浙早卒，故黄涔将次子过继给黄浙为嗣。《俨
山集》有三封《与黄竹泉》的书札，其一："令弟渊卿书来说河弟李廷益房基
事……但河之嗜利忘义，乃其积习，必有不当人意处。吾姊丈当教而改之可也。"
其三："令弟渊卿与河弟房产事，想有善处之道。幸早断之，恐惹别议也。"所言
皆为黄竹泉之弟黄渊卿与陆深弟陆河之间的房产纠纷，陆深让姐夫出面裁决，不
必顾及亲戚情面。信中讨论的是家族矛盾与生活琐事。黄良式有兄良器，陆深有
《与黄甥良器》书札二首，即谈论学问，其一："扁为书去四字，易后二字，以寓
孝思，易前一字，以避俗。纸用矾重甚不宜笔，只写去一幅，亦不佳。可求佳
纸，至当写去。"所讨论的是匾额的题写。其二：

> 近日人来，得画卷，多谢装束之劳，手柬亦作一卷，极见贤甥致
> 意。世谊令人感慰。为写跋语去，藏之。载来石，题一檀扇为谢。大抵
> 湖石须以无斧凿者为甲，老奴欠眼，孔非贤甥初意也。绢画一幅，写旧
> 作其上……此月方接人事。贤甥有暇可以扁舟来觅我水石间也。四轴已
> 写毕，阿奴负不起，俟别致之，余不尽欲言者。

黄氏，上海豪门，家富藏书，黄标兄黄良器也与舅氏陆深多于文化合作。从信中
可以得知，陆深委托外甥黄良器装裱画卷。另，陆深的家书，黄良器也为装订为
一卷。可知，黄良器所装订的该卷手柬当是甥舅之间的通信，而不包含陆深的家

书。为感激外甥赠送的太湖石，陆深特赠送一柄檀香木柄折扇，并亲自题诗于扇面，另又赠外甥一幅绢画。应外甥之请，陆深为黄良器题写高大的屏轴。由此可知，陆深与黄氏兄弟的交往更似朋友之间的文艺切磋。也可知，黄氏家族丰厚的文化底蕴。

《俨山集》中，有十二首《与黄甥良式》的书札，其中多有涉及刻书之事，叮嘱备至。《古今说海》的最早编辑者是黄标，当其刻书即将竣工之时，面对如此浩瀚的丛书典籍，黄标希望有一个能够概括丛书内容的书名，于是书札征求其舅的意见，因此，陆深建议用《说海》之名。《俨山集》卷九十五《与黄甥良式十二首》其七云：

> 篇名嫌不响，可题作"说海"如何？有紧要与典礼书，多入几种为佳。臂痛转剧，指不多及，日下望西出，闲否？亮亮。

小说丛书原定书名无从考知，但书信中"篇名嫌不响，可题作'说海'"，可知，陆深对于书名的确定极为认真，而《古今说海》之名最终也是经陆深所拟定。"若雷同剿说，抹去可也"，他希望这部小说丛书在编纂过程中对内容进行调整。而对于小说丛书所要收录的大致内容，陆深也予以限定，即"紧要与典礼书，多入几种为佳"。为此他至少亲自检入九种。陆深认为编纂这部丛书的目的在于"欲穷经致用，与小说家不同"。传统小说家著述的目的多擅长谈奇语怪的猎奇故事，吸引人们的阅读兴趣。陆深则认为小说应当与文章一样，宣导人情，引人向善，发挥文学的社会教化即经世致用功能。当然，在明中期商品经济蓬勃发展的江南，陆深刻书并不排斥投向市场的商业动机。

而在陆楫的《蒹葭堂稿》中不见有纂辑《说海》的片言只语。陆深的《俨山集》及其《陆文裕公行远集》内容包括天文、地理、政治、经济、社会风俗、历史和文学，记述可谓详赡，但于中亦不见有指使陆楫纂辑的任何蛛丝马迹，却有指导其甥黄良式进行古书刊刻与纂辑的多处记录。黄标投入大量的精力从事古籍出版事宜，在刊刻过程中，凡有不明白之处，黄标多有向其舅陆深请教及交流之事。如《与黄甥良式》其六云："刻书复成几种，可草草印来一阅。"其十云："二文皆宜抄录……《痘疹书》校勘得，可写便写，入刻早完，亦一件事了。"其十一云："《痘疹论》已入刻未？吾甥所作后序亦佳。老怀殊为喜慰。刘柏山北行在近，可促匠手早完，欲送与一部以答其意耳。"其十二曰："《稽中散集》及《麈史》俱便病目。连日雨中，借此消遣，尚未毕也。《松筹堂集》，闻是此老手编，果精当否？款可细读三四，过西来商议。其中若有关系朝廷典故及可备郡乘阙遗者，另录以藏。此看书要法也。"据此可知，黄标居京城，从事古籍出版工作，并未与其舅陆深同住，同时，也可知，当黄标刻书中所遇到的许多疑难，多由舅氏陆深帮助解决。而陆深的古籍出版，也多请黄标帮助校勘。《与黄甥良式》其六：

> 病余，因清出《杂记》，略有数卷，写得十叶付去，就烦一校勘，若雷同剿说，抹去可也。予此等文字大意欲穷经致用，与小说家不同。幸着眼，可命照入刻行。款写一本来，有商量处也。

《古今说海》自嘉靖十六年（1537）开始刊刻至嘉靖二十三年（1544）止，共历八年的漫长时间。嘉靖十六年（1537）陆楫23岁，正全力准备次年（1538）的科考。陆深的《江西家书》《山西家书》《四川家书》《京中家书》中，贯穿的主题即是陆楫的科考与健康及其母亲的身体状况，这些令陆深牵肠挂肚。有趣的是，这些家书只字未提关于刻书之事，只是一味地交代陆楫须刻苦读书，努力进取。直至人生的终点，陆楫始终未放弃科举。在陆楫科举蹭蹬之中，陆深眼见"故人衮衮俱公侯"（《渡淮放歌》，《俨山集》卷二）而心急如焚。他认为"国家进士之途阔矣，惟科目为正途"（《送沈子龙别驾之任汝宁序》）。所以，从家族声望和家族定位方面看，陆深并不希望陆楫从事繁琐的刊刻工作，而要求其全力应对科考。所以关于丛书的具体刊刻事宜并非由陆楫负责。是集刻成之日，陆楫刚到而立之年，亦正是倾力赴举之时。更为重要的是，陆楫生来即体弱多病，在陆深的家书中，科举之外，陆楫的健康就是最令他忧虑之事了。

陆深的家书中，唯一将陆楫与出版工作相关联的是嘉靖十八年（1539），陆深63岁，陆楫计划为其父出版文集。陆深《京中家书二十四首》其十七有云："书来欲为吾集文稿，旧曾清出三册，是丙子以前所作，是姚天霁写清，置于浦东楼上西间壁厨内。丁丑以后文字散漫稿簿，俱留在家，可乘闲清出，令人写净。须我自删定编次也。"（《俨山集》卷九十九）"丙子"为正德十一年（1516），"丁丑"即正德十二年（1517）。可知，陆深晚年同意陆楫为其整理诗文集出版。而在整理编辑过程中，陆楫及时向父亲汇报，陆深则亲自删定编次，也就是说，今日世传《俨山集》经过陆深的把关审核，其中有些作品已被删除了。陆深诗文集最终成书编订者仍是黄良式，陆楫是投资出版人，徐阶《俨山集序》"陆文裕公集一百卷，其子国子生楫所刻"之所云即此。

值得一说的是，《古今说海校书名氏》中没有陆楫之名，是因为这份名单由陆楫撰写，而《古今说海》的刊刻在俨山园，资金投入全部由陆楫负担，因而在校录名单中陆楫的名字便不再出现了，因此，唐锦《古今说海引》即云陆楫"集梓鸠工，刻置家塾"。另，陆楫《古今说海校书名氏》录中有参与编纂的沈希皋，字叔明，号瞻岳，嘉靖二十二年（1543）举人，名单中只列其名，未云其具体参与的是捐献典籍还是校勘。陆深的众多书札中，没有与沈希泉通信的任何踪迹，在其《俨山集》中，只有两首诗涉及沈希泉：《雨后对花和答沈叔明》与《次答沈叔明石屏歌》，可知，沈叔明也出身豪门，是贵族子弟，雅好文化。陆楫《蒹葭堂集》有《元旦祝圣寿和沈瞻岳韵》《送沈瞻岳上太学》《次瞻岳赏菊二首》三首，均为相互磨研诗文唱和之作，并未涉及刻书之事。《蒹葭堂集》中，没有任何与黄良式交往的踪迹（或相关记载已佚），这也一定程度上印证了黄良式终生追随陆深的事实。

《古今说海》的编纂过程中，陆深是决策者，丛书的立意、命名、取材、选本甚至校勘人员的选择，皆由陆深指导安排，而雇用苏州刻工与刊刻的巨大费用，则是陆深最大的投入。嘉靖二十三年（1544）俨山书院所刻《古今说海》[1]署名却是陆楫。陆深晚年位高名重，而小说历来为文人所鄙视，因此，尽管陆深满腔热情投入丛书的编纂工作，但他本人并不希望署名。陆楫正奔波于科举之途，他没有功名，却需要扬名，需要社会的知名度，更重要的是在丛书的搜罗、编辑和刊刻过程中陆楫发挥了重要作用，"集梓鸠工，刻置家塾"。《四库全书总目提要》即言《古今说海》与宋曾慥《类说》、元陶宗仪《说郛》并彪于史，并驾齐驱，"搜罗之力，均之，不可没"。

由上可推知，《说海》于嘉靖十六年（1537）陆深具体指导，由黄良式负责开始刊刻，至嘉靖二十三年（1544），陆深卒前竣工。《古今说海》的总纂辑者为黄良式，由陆楫投资出版，刻于陆深后乐园的俨山书院。该集的问世凝聚了陆氏家族两代人和上海地区诸多文化望族的心血与智慧，堪称一个颇具纪念意义的文学事件。

第四节　陆深与王阳明

王阳明（1472—1529）历来被视为明中期最富哲学气质的思想家，明代唯一立德、立言、立功"三不朽"兼而有之的典范人物。他所提供的崭新的世界观以及所建立的心学体系，在其当代直至后代，一直深受学界关注。曹一士《陆文裕公行远集序》谓："正德、嘉靖之间，姚江盛谈良知，北地矜言复古，士大夫靡然从之。"（《陆文裕公行远集》卷首）在新学说的环境中，陆深坚定地站在儒学的传统立场，对阳明心学则"能心知其非是，言绪论，时所指斥"（曹一士《陆文裕公行远集序》）。陆深认为王阳明讨逆平蛮，功在天下，而对其"心即理"的学说断为"不通之论"（曹一士《陆文裕公行远集序》）。陆深一生严于律己，无

---

[1]《古今说海》一百四十二卷的版本最早为嘉靖二十三年甲辰（1544）俨山书院刻本，1909 年集成图书公司有印本，1989 年上海文艺出版社据 1909 年版影印。

论官场，无论里居，陆深"喜作官话，与妻子童仆亦然"[1]。朝廷同仁谓其"跛胡将军"，致使松江晚辈董含深感诧异，其《三冈识略》云："陆公名人，此却大可怪。"[2]这正说明陆深为人之严谨持重。陆深努力将自己打造成"朱子之忠臣"（《诗微序》，《俨山集》卷四十一），终其一生捍卫孔孟圣学。尽管陆深与王阳明的哲学思想、学术观点相左，最终二人成为学术劲敌，但仍然未能影响彼此的私人情感，交谊相当持久。基于对彼此的认知，二人的哲学思想和学术观点亦往往针锋相对，切中要害。

一、道统与师统的对立：思想学术的辩论

王阳明心学思想的星星之火，正在燎原，朝中大臣首辅杨廷和、太宰杨一清都是理学的捍卫者，罗钦顺、刘健都是名重一时的理学大臣，一致坚决反对阳明心学。面对阳明心学蓬勃发展的态势，朝廷大臣纷纷发表观点予以抗衡。

黄宗羲论明中期学术云："时天下言学者，不归王守仁，则归湛若水，独守程、朱不变者，惟柟与罗钦顺云。"[3]"柟"即吕柟（1479—1542），字仲木，号泾野，正德三年（1508）状元，理学家。罗钦顺（1465—1547），字允升，号整庵，弘治六年（1493）探花，官至南京吏部尚书，倡导"气学"，与王阳明"心学"分庭抗礼，世称"江右大儒"。罗钦顺弘治末期曾担任南都国子监司业，而陆深会试落第后曾在此攻读，并受业门下，彼此有师生之谊。陆深与吕柟则是挚友。嘉靖十八年（1539）吕柟致仕，陆深曾邀张邦奇诸友为吕柟送行，并作《邀甬川少宰过报国寺送吕泾野致仕》："赤日都门道，青山故国情。风前邀客过，寺里送君行。有梦凭清晓，何心计去程。秦川一水隔，天远九重城。"（《俨山集》卷八）在阳明学风靡天下之际，吕柟等关中学者坚守朱子学立场，通过与阳明学者

---

[1][2]［清］董含：《三冈识略》卷八"居乡不操乡音"，《四库未收书辑刊》第4辑第29册，北京出版社，2000年版，第745页。

[3]［清］黄宗羲：《明儒学案》（修订本），中华书局，2008年版，第7244页。

就"格物致知""修己以敬"等问题进行激烈辩论,有效地抵制了阳明学在关中地区的传播和发展。在捍卫理学方面,吕柟与陆深结为同道。因"大礼议"而被贬云南的杨慎,也是理学的捍卫者,他反对心学,攻击王阳明。

王阳明晓畅军事,在镇压农民起义上,颇有心得,因此一直备受朝廷重用。后来宁王朱宸濠叛乱,王阳明大显身手,建功立业,一时间誉满天下,其学说自然水涨船高,在社会上的影响力也与日俱增。与此同时,传统理学家反对"阳明心学"的声音并没有引起社会上的全面关注。特别是嘉靖皇帝登基初年,朝廷上下正忙于所谓的"大礼议之争",对"阳明心学"的批判也被忽略了。

然而反对"阳明心学"的声音,自始至终从来都没有停止过。王阳明在世时,其所倡导的心学思想招致大学士桂萼、杨廷和、费宏等的诽谤;王阳明辞世不久,御史游居敬便向嘉靖皇帝提出,要求禁毁王阳明书籍,捣毁王学书院,禁绝王氏学生讲学。鉴于理学大臣的反对,嘉靖皇帝遂下诏剥夺王守仁新建侯的爵位,罢黜祭祀。王阳明的学说也被认定是伪学,在嘉靖一朝遭到严厉禁止。

陆深在嘉靖三年除服后,之所以没有立即进京还朝,上疏朝廷起复委用,是他不希望卷入"大礼议之争"的旋涡,因此选择称病请假,在陆家嘴修建俨山园。当"大礼议之争"尘埃落定,陆深回归朝廷。但由于各自持守的学术观念的差异,陆深与王阳明之间的隔阂再也无法弥合。

作为理学的忠实守护者,陆深终生都致力于弘扬儒学。当王阳明讲学蓬勃兴旺之时,许多朝廷大儒都起而针锋相对,纷纷著书立说进行回击反驳。《俨山集》中驳斥阳明心学的文章随处可见,其《理学括要序》《学说》与《立心辩》等都直接指向阳明心学。《俨山集》卷三十四《立心辩》:

> 君子之学始于为己,终于成己,非有待于外也。有待于外,非君子之学也。君子之心,亦以为吾何待于外哉?自我学之自我、成之自我,得之而已矣!故见于外也,宁暗然而毋慕于的,然其立心以为不若是,是则外矣。由外□者,何与于吾之损益哉!诚使一乡之人是之,一州之人是之,

179

而天下之人举是之。吾之学其弗然，与吾之心其能安乎？一乡之人非之，一州之人非之，而天下之人举非之，吾之学其然，与吾之心其有安乎？君子之心求于安而已矣！岂有待于外耶？心之安，吾遂之以成吾之安也，心之不安，吾去之亦以成吾之安也。夫知吾之安之也。而遂之内以自信、外以自坚，诚之立也，知吾之不安之也，而不去之，内以欺己，外以欺人，伪之趋也。诚则圣人矣，伪将不为小人乎？是皆原于立心之间也。果有待于外哉？夫自学者至于圣人，其上不知凡几等矣。自圣人至于小人，其下亦不知凡几等矣。一诚一伪之间，若是之悬绝吁，可怪也。盖行吾之诚，则日进，由信而美，由美而大，其至圣人也，何远之有，由吾之诈，则日退，盖于此者，恐其露于彼也。饰于暂者，恐其彰于久也，反复转辗，此心丧焉，不自知其入于小人之域矣！呜呼！成己者圣人也，丧己者小人也，曷为成己始乎为己也，曷为□为人也。是故圣人之于小人，诚伪辩之也。□人以即乎圣人者，在辩乎？诚伪而已矣，孰□于外哉。

王阳明继承南宋陆九渊"心即理"[1]的学说，认为"心外无物，心外无事，心外无理，心外无义，心外无善"[2]，视"心"为万物主宰，人们要从自己的内心去探求真理，发现自己的良知。王阳明将宋学视为天命所赋需物外求之的"理"，重新界定为反身自省可得并以良知为内核的"心"。相较而言，心学无疑更能彰显个体的自我精神。落实到具体实践中，宋学重视规矩格套，不失纲常轨范；心学则讲究因时求变，顺乎人心。王阳明认为，凡事只信自己的心，而不敢以孔子之是非为是非。其《答罗整庵少宰书》云："夫学贵得之心，求之于心而非也，虽其言之出于孔子，不敢以为是也，而况其未及孔子者乎？求之于心而是也，虽其

［1］［宋］陆九渊撰，钟哲点校：《与李宰书》其二，《陆九渊集》卷十一，中华书局，1980年版，第149页。

［2］［明］王守仁撰，吴光等编校：《与王纯甫》其二，《王阳明全集》卷四，上海古籍出版社，2018年版，第175页。

言之出于庸常，不敢以为非也，而况其出于孔子者乎？"[1] 他以空前的姿态怀疑圣贤、挑战圣贤，主张不拘泥于"六经"载籍的陈迹，"五经亦只是史"，强调反求诸心，认为心外无理，以"心"作为裁判"六经"的标准。他所创立的心学，不仅融合了他对天地、人情、事物的情感和理解，融入了他对生命、对宇宙、对自然的体验和追求。而且，他试图重建一个礼乐的世界。阳明心学向世人昭示了一种新的人格形态，显示了明代士人正在开始艰难地摆脱长期的从属地位，从政治工具的身份转向道义的承担者，从婢妾心态转向精神独立。这种极具活力的新思想给当日学界以极大的振奋，思想界顿然变得活跃起来。

从统治秩序的视角看，王学显然存有颠覆圣贤权威的意图。长期以来牢不可动的圣贤思想开始受到冲击，神学化的经典开始松动了。面对王学空前浩荡的声势，许多文化巨儒、高层大臣开始对心学展开攻击。陆深就视王阳明的奇学为"末世支离"。他认为人的生命的价值在于建立功德，而这种价值观却不是自己就能产生的，而是产生于圣人。因此后世必须学习圣人之道，才能学会做人的准则。"夫圣人之道大矣，远矣。今六经所载皆圣人之道也。有能以六经之道蕴之身心是曰立德；发挥六经之理，见之政治是曰立功；讲明六经之文，形于著述是曰立言。夫德以建极也，功以抚世也，言以乘训也"。他认为，人"心"不能自然产生德言功，因而需要"学"圣人之道。而从另一层面说，王阳明强调人的内省，故称心学；陆深则认为"六经皆心学"，圣人著经，诏告万世，正学门户，惟兹肯綮。

既然六经即心学，那么诵读六经就成为陆深心学的关键环节。六经，皆为孔子编订，弘扬六经，就是弘扬孔子学说。"圣人之道本末一贯"，"末不先本，后不加前，自然之次也。孔子曰志于道、据于德、依于仁、游于艺，夫是之谓善学于乎"，认为孔子之学乃学术之根本，弃孔而从他，则本末倒置。陆深认为："心者，身之体也；身者，家之体也；家者，国之体也；国者，天下之体也。孔子之

---

[1] ［明］王守仁撰，吴光等编校：《王阳明全集》卷二，上海古籍出版社，2018年版，第85页。

于大学，其论修齐治平，必先之以格致诚正，是固用之说也。"孔子之学，是古代集大成的学说，所有的个人、集体、家国的修养与整治都包含在孔子学说中，圣人的声威不可撼动，"孔子，万古之法，程卓乎不可尚也"。

按照圣人的指示行事，不逾规矩，约束自我，如此，才可能立功立德立言，才能有功于社会。为此，苦读圣贤学说外，传统中弘扬孔子的一个重要措施是祀孔。历代朝廷都非常重视孔子的祭祀以维护儒学的尊严。明初，宋濂著《孔子庙堂议》论述修复孔庙的重要意义："建安熊氏欲以伏羲为道统之宗……天子公卿所宜师式也。当以此秩祀天子之学；若孔子，实兼祖述宪章之任，其为通祀，则自天子下达矣。苟如其言，则道统益尊，三皇不泪于医师，太公不辱于武夫也。不识可乎？昔周有天下，立四代之学，其所谓先圣者，虞庠则以舜，夏学则以禹，殷学则以汤，东胶则以文王。复各取当时左右四圣成其德业者，为之先师，以配享焉。此固天子立学之法也。"（《宋学士全集》卷二十八）宋濂论证，不仅修复孔子庙堂，而且历史上的那些圣哲先贤也应当配祀孔子。到嘉靖九年（1530），进一步发展为审定孔庙从祀的人选。从祀的原则是是否发挥孔学和儒家经典。以此为据，凡是对经典的保存、传承、对义理的阐释有过贡献者均在从祀之列。由此，左丘明、公羊高、谷梁赤之于《春秋》，伏胜、孔安国之于《尚书》，毛苌之于《诗经》，高堂生之于《仪礼》，后苍之于《礼记》，杜子春之于《周礼》皆可谓"守其遗经"。董仲舒、王通、韩愈尽管早于宋儒，但其著述已开启宋调，亦被理学家所广泛认同。而胡瑗、周敦颐、程颢、邵雍、张载、司马光、程颐、杨时、胡安国、朱熹、陆九渊、吕祖谦等固为著名理学家，均在从祀之列。而明朝开国已百余年，明代理学仍然在发扬光大，薛瑄就是奠定明代理学思想的第一人。陆深继承了明初宋濂的学说，上疏《薛文清公从祀孔庙议》，请求将理学家薛瑄配享孔庙。

薛瑄（1389—1464），明初显宦，理学家，完善和发展了程朱理学。他通过长期聚徒讲学，培养造就了大批学者，创立了河东学派。在之后的一个多世纪里，河东学派不断壮大，遍及山西、陕西、河南、湖北等地，他们在弘扬薛瑄思想学说和发展程朱理学方面发挥了巨大作用。他们以精深的学问和崇高的品节，跻于名儒之列。为此，陆深上疏力请以薛瑄配祀孔庙，以供后世瞻仰和仿效，使得薛瑄同圣人一样，起到道德感化的作用，以企挽救王阳明心学所带来的冲击。《薛文清公从祀孔庙议》(《俨山集》卷三十四)：

> 孔门七十二贤，亲炙圣化，相与讲明，有翊道之功固宜祀；秦火之烈，典章焚弃，故二十二经师口授秘藏，有传道之功，宜祀；魏晋之际，佛老并兴，故排斥异端者有卫道之功，宜祀；隋唐以后，圣学蓁芜，故专门训释者有明道之功，宜祀；自程朱以来，圣学大明，学者渐趋于章句口耳之末，故躬行实践者有体道之功，亦宜祀……我朝列圣，纯以道化天下，表章六经，不遗余力，名臣辈出，足配古人。然知以理学为宗者，实自瑄始。

陆深认为薛瑄是明代第一个理学巨儒，对于明朝道统的形成有筚路蓝缕之功。薛瑄不仅一生弘扬圣道，而且其"平生出处进退，言论风旨，其不合于圣人之道者，鲜矣。况生当程朱之后，素尊程朱之学，而反躬实践，复性存诚，所以立其德者，亦足以救末世支离之弊习。其于世教，似为有功，揆之祭法，亦应有合"，足以德冠千古，风励后来。

自永乐十三年，用朱学观点纂辑的《四书大全》《五经大全》成为科举功名的标准，程朱学说便化为官方学术正宗。固然，从学术环境言之，由于政治的干预，学术失去了争鸣的活力。以薛瑄为代表的学界大儒，认为"自考亭以还，斯道已大明，无烦著述，直须躬行耳"。这一学说极有益于统治者对人们思想的控制，有利于稳定社会秩序。当王阳明打破传统，倡导心学，并以强大的声势撼动着儒学权威时，向以弘扬儒学作为使命的陆深即奋然而起，与王阳明展开辩论，捍卫儒学。

由此，尽管王阳明与陆深为同年挚友，但二人最终因道相左而不相谋：王阳明成为传统道德的颠覆者，而陆深则是传统道德的忠实维护者。

二、从《风闻论》看陆深与王阳明的交谊

上海文士曹一士在《陆文裕公行远集序》中认为陆深与王守仁交恶："岂恶启争端，削其稿耶？"终究是什么原因，陆深与王阳明至死不相往来？

陆深于弘治十四年（1501）乡试解首，是年25岁。王阳明之父王华（1446—1522）字德辉，号实庵，晚号海日翁，成化十七年（1481）状元，为陆深乡试座主，王华卒，陆深为撰《海日先生行状》[1]，可知，陆深对座师的情谊。

陆深与王阳明同年，交好如兄弟，《俨山集》卷八十八《跋阳关图》：

> 右唐王右丞诗，世所传阳关三叠词也。调存而叠法废，往在京师日，与王阳明都南濠论此……此图余所藏李嵩旧本思斋子，命工模之，西土景物，蔼蔼有思致，可备览观，非徒以工为也。因录本词于左方，并识是说，以审于思斋子。

二人曾共同研讨过古典大曲《阳光三叠》的音律。可知，陆深与王阳明二人在文学上彼此视同知音。《四库全书总目提要》评论杭淮《双溪集》曰："淮与兄济并负诗名，与李梦阳、徐祯卿、王守仁、陆深诸人递相倡和，其诗格清体健。在弘治、正德之际，不高谈古调，亦不沿袭陈言，颇谐中道。"[2]说明在京师，王阳明、陆深都参与过七子派的诗文复古活动，但二人交往时间并不长。陆深弘治十八年（1505）进京，次年即正德元年（1506）王阳明被贬贵州，交往时间不足

---

[1]［明］王守仁撰，吴光等编校：《王阳明全集》卷三十八，上海古籍出版社，2018年版，第1544—1554页。

[2]［清］永瑢等撰：《四库全书总目》卷一二七，中华书局，1965年版，第1499页。

一年。其间二人情同兄弟，一是因为座主王华，二是因为王、陆皆是宦官刘瑾的反对者，二人情谊因而愈发笃厚。

正德元年（1506）冬，宦官刘瑾擅政，逮捕南京给事中御史戴铣等二十余人。王守仁上疏论救，触怒刘瑾，被施廷杖四十，王阳明由兵部主事被贬谪为从九品的贵州龙场驿驿丞。次年（1507）春，起程远赴贵州。王阳明去国之日，陆深依依惜别，特为创作《南征赋》，其自注曰："空同子、阳明子同日去国，作《南征赋》。""苟璠玉之终在兮，虽屡刖又何伤？谋人之国兮，焉有祸而弥藏。"《赋》中将刘瑾比作"巨盗"，对王阳明、李梦阳等忠君而被疑，报国而被谗的遭遇表示愤慨。从情感看，二人曾交好挚深，相知无间。所以，王阳明被谗去国之日，陆深"瞻望弗及涕泗零"，对王阳明被贬谪由衷同情，同时也对自身的命运产生危机之感。正德三年（1508），陆深便被逐出京城，贬为南京精膳司主事。在反对刘瑾的斗争中，王阳明与陆深堪称同道挚友。

王阳明开始在赣州授徒讲学，倡导心学后，曾数次贻书与陆深，往复多不合。从此，在陆深的作品中再也无从寻觅王阳明的踪迹。清康熙六十一年（1722），上海文士曹一士为《陆文裕公行远集》作序时即借此推断："岂恶启争端，削其稿耶？"而在陆深同期的诗文中，与李空同的交谊则多有记载。在陆深《俨山集》及《行远集》中，李空同不乏其声，如《杂言赠别李献吉》颂扬李梦阳为英雄大丈夫，并认为二人的交谊为管鲍之交。其他《酌别何舍人兼问讯空同子》《寄李献吉》《连日迟李献吉不至有作》等亦所在多有。明武宗正德元年（1506），陆深与李梦阳夜坐长谈，彻夜不寐。而王阳明的信息则从此在陆深的笔下荡然无存了。

可以推断，陆深与王阳明的断交始于王阳明的赣南讲学。正德九年（1514）春，陆深等于京师举办同年会，当年同举共135人，这次与会者49人。此时，王阳明在南京讲学。正德十二年（1517）二月，陆深41岁，充会试同考官，得舒芬、夏言等。陆深亲家顾清担任主考。三月二十四日，陆深主办乡同年会，撰《乡同年会序》："弘治辛酉，南畿录士凡百三十有五人。正德丁丑之春，三月二十有四日，会于京师，与者凡二十六人，越七日再会。前此甲戌之春尝会矣，凡四十九人，至是则会愈数，人愈寡，而情愈亲。"（《俨山续集》卷八）就在陆深等同年频频聚会京师时，46岁的王阳明则正在赣南致力于讲学活动，广招弟子，创建书院，如火如荼。陆深通过频繁地举办同年会，加强巩固理学的群体力量，既联络感情，又可形成一股抵抗南方阳明心学的强大势力。

从正德十一年（1516）八月，任右金都御使巡抚南赣，直到正德十四年（1519）离开赣州，这四年中，王阳明平定了几欲倾覆大明帝国的宸濠之乱。其间，正德十三年（1518），新建义泉等六所书院以教化民俗，修复濂溪书院以传播心学。同时，他开始著述，对程朱理学进行解构。先后有《朱子晚年定论》《传习录》《修道说》《中庸古本》《大学古本序》《大学古本》。其中，弟子薛侃刊行其《传习录》，收录王阳明正德七年（1512）至正德十三年（1518）间讲学言论。反观陆深，则希望通过同年会的方式加强理学的力量，抵制心学，与心学抗衡，其《乡同年会序》云："国家设科以待天下之士，固将以同文求之。夫文同则道同，求同则进同。"通过同年会，陆深努力推广理学，可知，参加同年会者皆是理学的传承人，彼此视为理学同道。

正德十六年（1521），陆深45岁，父亲去世，他自京师归乡，一住即十年之久。而是年王阳明50岁，在南昌讲学，开始传播"致良知"学说。自从经历了宁王朱宸濠之乱和张忠、许泰之谗，王阳明更加相信"良知"足以忘却患难，超脱生死。他在这种特殊的内心体验中，认识到"良知"对于统摄身心和适应灾变具有决定性的作用，由此进而找到了心学发展的新途径——"致良知"。六月，王阳明因平定江西叛乱之功而升为南京兵部尚书。嘉靖元年（1522），王阳明51岁，在山阴讲学。二月，父王华卒，丁忧。王阳明绍兴讲学期间，声势浩大，震动朝野，引起了固守程朱理学的官僚们极力反对。御史程启充、给事中毛玉，秉承首辅杨廷和的旨意，倡议论劾王阳明，加之以遏止正学的罪名。但是，此举并未能影响到阳明心学的深入人心，办书院，授门徒，讲学规模日大，声势日重，影响日益广远。嘉靖四年（1525），王阳明一直在山阴讲学，建阳明书院。嘉靖六年（1527），闲居讲学六年之久的王阳明被起用，总督两广及湖广军务，镇压叛乱。乱平后，再度广招门徒，致力讲学，直至嘉靖八年（1529）王阳明卒于江西。在这段长达十年之久的时间里，陆深一直家居上海，并未返回京师。上海、山阴并不遥远，然而，陆、王二人竟无往来。

嘉靖十二年（1533），陆深57岁，王阳明卒后五年，陆深由浙江提学副使迁江西布政使右参政。在浙江任上，专程赴绍兴看望王阳明母亲，《俨山集》卷四十《寿王母赵太夫人七十序》云：

> 深忆往岁癸巳之春，持宪东巡，拜太夫人于绍兴之里第。时太夫人出坐中堂，冠服雅艳，肃然语家门三数事，徐牵守文而嘱之曰：是儿或可教，以毋忘先尚书之德。则又愀然曰：守仁遗孤幼，老眼在望，门户事倘可经理，以无忘新建伯之功。深唯唯乃退……是时蔡提学金宪宪宠、汪提学应轸、郑大行寅时，尚为贡士，与徐贡士建，俱以宗亲侍郡守，县令、军卫黉校之士，皆从旁观如堵，一时感动，撼撼有声，非太夫人之贤，而能若是乎？初，尚书公例当荫子，时守文有庶兄守俭，太夫人亟推，与之曰：恩当自长受坐，是守文居乡校者，数年不与荐名，晚乃从太学得列天子畿内之英，为翰林先生之高第弟子，使天下拭目而睹之曰：是状元冢宰之子，而会魁勋臣之弟，不又将继踵而起矣乎！一时京师亦复感动有声，非太夫人之贤而能若是乎！闻德懿范，见于吕宗伯邹太史姚学士之所叙述，皆可咏歌，又有他人之所不及知者尚众。然即此二事，亦可以为太夫人寿矣……守文行矣，书以为序。

"癸巳"即嘉靖十二年（1533）。陆深刚刚上任浙江提学副使数月即迁江西布政使右参政。在江西任，著《豫章漫抄》四卷，《俨山外集》卷二十《豫章漫抄》其三：

予还自饶，至富阳，陆行过萧山，入绍兴，拜吏部尚书海日公王先生于家。先生名华，字德辉，辛丑状元，新建伯守仁之父，予乡试座主也。时广东梁乔为守，先生陪入郡斋访之。梁适他出，先生握予手，登越王台，观兰亭石刻，还，过厅事，指所扁牧爱二字，笑谓予曰：往年戚编修澜文湍还，谓时守曰：此便可撤去。我自下望之，乃收受字也。似含讥讽。予心以为可。

陆深途经山阴。尽管王阳明在世时，二人已经断交，但此次陆深特地专程去看望王阳明继母赵太夫人，并作《寿王母赵太夫人七十序》。此时，王阳明已故去五年有余。这说明，尽管王阳明与陆深因思想观点相左，但这并未影响到陆深对王氏家族感恩之情。嘉靖十六年（1537），陆深61岁。四月，朝廷下令罢各处私创书院。嘉靖十七年（1538），陆深62岁。充会试读卷官，升翰林院侍读学士。六月，王阳明继母赵太夫人七十初度，应王守文之请，为撰《寿王母赵太夫人七十序》：

浙水之东、姚江之上，有寿母曰赵太夫人，先南京吏部尚书龙山先生王公之配、新建伯兵部尚书守仁之继母，今乡进士守文之母也。行太常寺卿兼翰林学士陆深于龙山公为乡试座主，亦尝从阳明游，而守文则督学时所校士，视太夫人犹母也。太夫人进封一品，今年寿七十，守文自京闱取捷，名在魁选，春试毕归，及六月十六日初度之辰，谋捧觞而问寿于深。（《俨山集》卷四十）

对儒学传统来说，以道统自命的陆深的人生宏愿即做孔子学说的传播者。他固守儒学正宗的文化传统，承礼乐文章之学养，涵温柔敦厚之性情，反映了他对儒家传统的忠贞和继承。陆深的持守及其与王阳明的最终绝交说明，在封建时代的任何时期，儒学永远是难以撼动的思想主流。

《俨山续集》卷八《乡同年会序》论朋友交往，"情必附义，私不胜公，此古之道也……国家设科以待天下之士，固将以同文求之。夫文同则道同，求同则进同"。道不同，不相与谋。思想的南辕北辙，使得陆深断然从生活中删除与王阳明交往的所有细节。晚年编辑文集，他在《京中家书二十四首》其十八："（书稿）须我自删定编次。"（《俨山集》卷九十九）对于其一生的创作，陆深进行认真筛选，凡是他不希望流传于世的作品全部删除，可知，他与王阳明的唱和交往之作也在删除之列。此外，陆深采取了多种方式，消除王阳明的存在。嘉靖元年至嘉靖六年（1527）王阳明一直在山阴讲学，而陆深自嘉靖三年（1524）虽然父忧服除，但他仍然在陆家嘴隐居。上海距离绍兴仅一江之隔，交通极为方便，王华在世时，陆深能专程去拜访王华，却绝不在多年里居期间去拜访同样里居的王阳明。这说明陆深根本就不希望再与王阳明有任何关涉。正德十二年（1517）至嘉靖三年（1524）长达八年时间，杨廷和任首辅，他是理学的坚定倡导者，其间，许多理学大臣交章上疏，纠劾王阳明扰乱朱子理学，欲以此遏止心学的传播。而陆深既是杨廷和主持会试时选拔的门生，在杨廷和门下长达十余年之久，陆深也是自奉为"朱子之忠臣"的朱熹学的继承者，将弘扬理学视为人生使命。在许多朋友故去后，陆深都有纪念诗文，如《跋邵二泉西涯哀词》，即怀念李东阳。此外，《俨山外集》卷十八《停骖录》记载："嘉靖己丑秋，献吉寻医，渡江留京、润一两月，予适有延平之行。是岁除日，献吉下世。予赴晋阳，以庚寅三月二十一日经汴城而西，望几筵一恸而已。其子枝，字伯材，以《空同子》八篇来贶。燃灯读之，重为之流涕。"由此可见，陆深对昔日好友李梦阳的哀悼之情。然而在昔日好友王阳明死后，迄今为止没有发现任何一则涉及陆深悼念王阳明的作品。为消解心学的影响，陆深不主张王阳明入祀。陆深在举荐理学名臣薛瑄入祀配享孔庙，《俨山集》卷五十四《薛文清公从祀孔庙议》中称薛瑄的道德学问可以救"末世支离之弊习"，无疑是指斥理学异端思想——阳明心学。

第五节　陆深与严嵩

陆深《送沈子龙别驾之任汝宁序》中论上海风俗云："吾乡风俗之概，衣食饶洽，人尚艺文，居民得以耕织自足。而僻处海隅，无通都奇丽之习，盖淳如也。近年文风尤盛，家诗书而户笔墨，秀民贤子弟取高科当显任者亦可与天下争衡矣。独于所谓名臣贤辅者，二百年来或未之见。"（《俨山集》卷四十）陆深于此所感慨的是入明以来，江南地区已经家诗书户笔墨，登第中举，前后接踵，却一直未出现位及阁臣的高官显宦，这与江南浓厚的文化氛围不相匹配。陆深认为，江南尤其是松江应该有一个振臂一呼，领袖群贤的人物。基于对地方文化的认知，陆深潜意识里相信，这一光荣使命已落在自己的肩上，责无旁贷，他将努力成为上海第一个"名臣贤辅"，并且他一生都在向着这一目标奋进。最终陆深成为人们所仰慕的一代"儒宗"（《云山图赠严介溪西还》，《俨山集》卷六），其同年严嵩也高度评价陆深"崛起一代为文雄"[1]。陆深终生以道统自立，所交不仅有内阁夏言、严嵩、徐阶、顾鼎臣、翟銮五首辅以及兵部尚书王阳明，亦与当时文坛名士李梦阳、何景明、康海、徐祯卿等酬唱往还，他既是七子诗风的热情鼓扬者，也是理学道统的坚守者。陆深自言"夙有山水之好"（《跋李嵩西湖图》《俨山集》卷八十八），足迹遍天下，交友半朝廷。其中严嵩是陆深的同榜进士，陆深比严嵩年长四岁。二人都数度科考，又于弘治十八年（1505）同时中进士。严嵩二甲第二名，陆深二甲第八名，科名相近，兴趣、才能、爱好亦相同。陆深与严嵩都以文学起家，皆擅长书法，都喜好收藏古玩字画及珍本古籍，严嵩一生收藏仅珍稀书画即达三千余幅。《俨山集》卷六《云山图送严介溪西还》："忆昔燕市初相逢，年少意气双飞龙。"即写二人京师相识相知的青春风流。二人出身相

[1]［明］严嵩：《明故通议大夫詹事府詹事兼翰林院学士赠礼部右侍郎谥文裕陆公神道碑》，《钤山堂集》卷三十五，明嘉靖二十四年（1545）刻本。

似，都是地方望族，但都没有来自家族的政治背景，都是个人努力奋斗走向人生的巅峰。陆深晚年填词《念奴娇·秋日怀乡再和介翁》："一生四海，交游浮沉，聚散长啸从风发。惟有钤山严少保，不共世情磨灭。"（《俨山集》卷二十四）陆深晚年，严嵩已位极人臣，但陆深认为，他们的情谊并未随"世情磨灭"，体现了陆深对这份友情的珍惜。严嵩入阁二十年，握天下之权柄二十载。在严嵩真正掌权之时，陆深已经辞别人世。在陆深的仕宦生涯中，严嵩未能给予陆深一定的帮助。陆楫科考时，严嵩已入内阁，但他也未能给予陆楫以长辈应有的关照，因此，陆深与严嵩是真正意义上的纯粹的诗文之友。

一、陆深与严嵩的同年之谊

陆深《圣驾南巡日录》（嘉靖十八年二月）："二十三日辛酉，月初出即上车。严介溪宗伯向予说，坐车可抵按摩。予忆弘治辛酉冬，同介溪赴会试，车行。屈指三十八年矣。""辛酉"为弘治十四年（1501）。严嵩《钤山堂集》卷三十五《明故通议大夫詹事府詹事兼翰林院学士赠礼部右侍郎谥文裕陆公神道碑》："嵩忆在弘治壬戌春，会试，识公于沧、卫之间，倾盖如平生，是岁并下第归。""壬戌"为弘治十五年（1502），严嵩云与陆深相识于是年（1502）春的赶考途中，在河北沧州附近的某一地点（盖酒肆或客舍），与陆深所记稍有不同。陆深写《圣驾南巡日录》时，严嵩已是礼部尚书"大宗伯"，正得帝王信任；严嵩所追忆的场景是在陆深辞世之后，故陆深所记当更为准确。此次科考虽俱落第，但二人相识，一见如故，相约再度相携赴京。弘治十八年（1505），二人同时中进士，严嵩26岁，陆深29岁，状元是昆山顾鼎臣。在陆深的仕途生涯中，顾鼎臣给予陆深以极大帮助。严嵩曾回忆与陆深的深厚情谊：

> 归则约次年必偕来，已而果如约。同寓邸，同举进士，自是出必联骑，居必连榻，公才气俯一世，顾以予之不类，独不鄙辱为知己，栝羽

镞砺，蒙益为多。然追念畴昔同游之士，冠佩如云，文采风流，照映一时。（《明故通议大夫詹事府詹事兼翰林院学士赠礼部右侍郎谥文裕陆公神道碑》）

可知，二人同举进士后，同时步入官场，同入翰林院任编修。直到正德三年（1508）他们先后丁忧辞京。在京师的七年是二人一生中交往最多、最轻松愉快的时光，也是彼此唱和最多的一段时光。翰林院当值，他们"玉堂对榻闻晓钟"；休沐之日，则又"南郊献赋追扬雄"（《云山图赠严介溪西还》，《俨山集》卷六）。他们都在距皇宫不远的西城购置房屋，营建花园："过从莫限风雪冲，卜居长安家屡通。"（《云山图赠严介溪西还》，《俨山集》卷六）"长安东陌复西城"（《与介溪联句》，《俨山集》卷十八）。两府相近，往来过从，时相切磨。他们一起走访京师古旧市场，购买古籍、古鼎彝器，相互鉴别欣赏。《俨山集》卷十八《与石门介溪联句二首》"石门"指翟銮，号石门，与陆深同年中进士。这是陆深、严嵩、翟銮三位同年在京师的一次雅集，翟銮于嘉靖六年（1527）擢内阁大学士，以吏部左侍郎入值文渊阁，《俨山集》中，也多有与翟銮的唱酬之作。

在严嵩的诗文中，与陆深的唱和之作也集中于此数年间，其《寄陆太史》："客舍燕台对雪眠，别来心迹两茫然……新诗海内流传遍，凭寄枫林水石边。"追忆二人曾经客舍对眠的往事和别后思念。严嵩对他们的友情也视如往昔，赞颂陆深诗已经传诵天下，也传播到严嵩所隐居的钤山堂。《大司成陆公枉驾钤山草堂予远寓金陵无缘攀迓感别增情作此寄谢次原韵》："浦东我昔登公堂，岂意公犹度我乡。海内交游同骨肉，天涯涕泪各参商。"陆深的枉驾问候，令远宦金陵的严嵩倍增感激。当陆深重新起用，将赴京任职之时，严嵩表达了由衷的祝贺。当陆深再度与严嵩共侍朝廷时，二人的友情则成为"陈酿"。二人于京师相从相处，诗文唱和，往来密切，《和介溪赏莲》："开傍金波太液池。"（《俨山集》卷十五）《次介溪看牲韵》："辇路金沙涌，郊坛翠辇开。"（《俨山集》卷九）"太液池""辇路"等皆京师独有之景，可知，许多时候，出入皇宫，陆深与严嵩都是并踏而行。《绿雨楼赏月联句二首》："此夜万金难买得，归程休促马蹄忙。"（《钤山集》卷十八）这是夜色美好的夜晚，严嵩、陆深、艾某某、元某某四人在陆深的绿雨楼饮酒小聚。早朝或朝廷会议结束后，他们常常"退食联步时从容，移书论道相磨砻"（《云山图赠严介溪西还》）。陆深赠送严嵩一只精美的油漆八仙盘，使得严嵩兴奋不已，严嵩以诗记录下来，《俨山学士以漆镂八仙盘见赠并侑以诗用韵奉谢》："燕肆雕盘价比珍，多情投赠况佳人。为盛玉斝擎方重，细酌宫醪赏更新。捧爱洞仙朝献寿，醉看歌席夜生春。他年绿野堂中物，留伴诗翁后乐身。"陆深《题严介溪所藏何竹鹤画》通过题画赞颂严嵩："宪使先生最爱才，玉堂学士真博古。""竹鹤"为金元之际画家何澄的号，其绘画深得赵孟頫称颂，严嵩收藏了元初画家何澄的画，极为珍贵。陆深《次韵严介溪》序"志荣遇之感"，"尚余忠赤供趋向，岂有文章佐圣明"，是写陆深荣获升迁后，严嵩写诗祝贺，陆深则次韵表达自己一片忠心归朝廷，并谦虚地表示自己的文章不足以歌咏升平。《次介溪看牲韵》《叠韵答严介溪赏莲》《赴介溪赏雪》《道院夜酌联句三首》等，皆余暇时间风花雪月的消遣。

正德三年（1508），严嵩祖父卒，回里奔丧。次年（1509），严嵩母亲卒，继续守制。三年后（1512）服除，未赴阙，读书钤山，一住即八年之久，直到正德十二年（1517）方回到朝廷。陆深亦于正德三年（1508）丁母忧回到陆家嘴。丁忧期间，二人书札问候不断。正德六年（1511），刘瑾伏诛，陆深复职赴京，补经筵展书官。正德七年（1512），明武宗册封淮王于江西饶州，陆深任副使。事竣还朝，途经分宜，看望严嵩，二人登钤山，寻郑谷书堂，访洪阳洞。分别后，陆深因病请假直接返回上海。

丁忧里居期间，陆深、严嵩仍书信往来，交流不绝。《钤山堂集》卷七《酬陆司业见寄秋怀之作》："书囊药裹镇吾随，岐路东西岂预期。多病祇怜癯骨在，素心惟荷故人知。"将陆深视为"故人"，可知二人相知之深。又《钤山堂集》卷三《寄陆太史》："客舍燕台对雪眠，别来心迹两茫然……新诗海内流传遍，凭寄枫林水石边。"追忆与陆深客舍对眠的往事寄托别后思念。陆深诗已名满天下，也传播到严嵩所隐居的钤山堂。

正德十一年（1516），陆深40岁。是年春，37岁的严嵩乡居八年之后辞别家乡北上京师，沿途走亲访友，有《寄陆太史》诗："驽马极知难附骥，玉堂真叹远瞻天。"（《钤山堂集》卷三）严嵩不仅主动寄陆深诗，而且表达了对陆深才华的钦佩。此时，严嵩认为自己这匹"驽马"尚不敢高攀令人仰望的良骥——陆深。又《如松江访陆太史先申寄赠》："孤岸雨声急，松门烟浪深。沿洄趣易惬，怀望思难任……总多山水兴，兼慰别离心。"（《钤山堂集》卷三）可知，这段时期二人的交往严嵩相当积极主动，为此次上海之行，专门寄给陆深的诗作至少有两首，告知将来拜访。《钤山堂集》卷二十七《北上志》："予卧痾钤山，阅八稔。正德丙子春三月，疾愈，治装将如京师。"郡守徐珵、县令萧时宾、县寮属、亲友、家族长少，皆为其送行。经安仁、贵溪，入富春江，经松江，到达上海，拜访陆深：

> 初十日微雨，晚抵松。十一日侯二守景德邀集棠溪书院，复集同年陶员外良伯第。十二日，同年丁别驾文范，以舟至唐桥，宴别。夜分，抵上海县境。迟明，至浦东陆太史里第，去县治尚三里，同年宋户部义卿，督税于此，越江来会，有鄞士碧溪张鈇能诗，同集。是日风雨，坐觉凛肃，乃知海国夏寒如此。十四日早，渡江入上海县，访诸旧识，遂行。义卿舟送三十里，至龙华寺，宴别。夜行，月色如昼，四鼓，泊松城下，三汀、碧溪二君送予，至此而别，郡僚暨孙太史征甫、张给舍时行、吴工部子仪，及良伯诸君，偕饯于问俗亭下。良伯又饯，而前晚宿魏塘。十七日还至嘉兴。（《北上志》）

严嵩于五月十三日辞别松江友人乘舟入吴淞江，十四日到达陆家嘴陆深府邸。有朋自远方来，陆深期待已久，赋《迟严介溪太史》："远至卜灯穗，近约嗔路遥。娟娟十载别，盈盈中夜潮。"（《俨山集》卷五）事实上，二人相别未及十载，在此陆深表达的是久别后的思念。严嵩到来，陆深遂召集宋义卿、张鈇等同仁雅集俨山园，《俨山集》卷十八《雨中同严介溪张碧溪怀宋西溪地官》，其中严嵩有句"台里缄书枉见招"，说明陆深、严嵩里居期间不仅书信未绝，而且这次上海之行是陆深发出的邀请。相聚二日后，临别，陆深赠送严嵩一幅珍贵的《云山图》（《云山图赠严介溪西还》，《俨山集》卷六）。浦江渡口依依惜别，《俨山集》卷十有《江上载疾送严介溪太史》：

> 风风雨雨渡江来，此岁登临第一回。
>
> 五月葛衣犹未着，几群鸥鸟莫相猜。
>
> 催农已尽黄梅节，送客须传绿蚁杯。
>
> 南去舵楼波浪阔，望君真是济川才。

诗中洋溢着陆深对这次短暂相聚的惋惜以及因疾未能远送的遗憾，表达了陆深对同年严嵩远大前程的祝愿。陆深《与刘子》云："介溪至舍下留两宿，奉所惠手书，如获瞻对。"在给刘姓友人的书信中谈及严嵩到俨山园拜访，并为陆深捎来刘姓朋友的信件。严嵩在陆家嘴俨山园留宿两日，成为陆深永久的追忆。张鈇送严嵩至松江城下。严嵩回京复职，任翰林院编修。送别严嵩不久，同年（1516）秋，七月，陆深服满赴阙，履翰林院编修职，与严嵩职位相同。多年后，严嵩尚对这次上海相聚仍记忆犹新，《和东坡大江东去·忆旧游呈陆俨山学士》："记得当年，携客棹、曾览吴淞风物。黄浦矶边芳草径，因叩朱门素壁。宛似游仙，真同忆戴，夜泛山阴雪。挥毫觅句，不让一时才杰。"通过严嵩的回忆，可知俨山园朱门白壁黛瓦，明清时期多数江南富豪共同的宅邸风格，竹林碧树，低调的江南豪宅。俨园题诗，挥毫觅句，意气风华，抒发壮志豪情。

"海内论交见此心"。正德十二年（1517）二月，礼部会试，靳贵、顾清任主考，严嵩、陆深充同考官，不仅主持考试而且正副考官出题，严嵩《钤山堂集》卷二十七《南省志》载："（初七日）入院，复宴至公堂，乃锁院入帘。八日出初场题。哺时，主考二公遍视各同考房，灭火启吏子房内，乃偕诣聚奎堂序坐。故事，主考上坐，同考翰林年深二人前对坐，余皆旁坐。是岁，二公特请前席四人，滕子冲洗马、崔子钟侍读、陆子渊编修，而余亦与焉。揭书出题毕，即付刻工，且刻且印，不停手。"这次会试，未来的首辅夏言夺第，严嵩、陆深同时成为夏言的座主恩师，此后当夏言掌权之日，严嵩、陆深都得到了夏言的倾力回报。是年，二人在京同时参加了许多诗酒聚会，《俨山集》卷十八《丁丑六月二日与东江石潭未斋介溪钱别闲斋司业于受公房联句二首》，"丁丑"为正德十二年（1517），"六月二日"，顾清、汪俊、顾鼎臣、陆深、严嵩等雅集京师萧寺，集体联句："十年萧寺此重游，一酌还同惜别留。"可知，诸子彼此已多年不见，此日相聚一堂，表达彼此的祝愿与希望。十一月，陆深、严嵩同时受命教内馆，《钤山堂集》卷二十七《内馆志》："正德丁丑十一月二十一日，予受命教内馆……与予先后同事者编修陆子渊、刘华甫、孙远宗、尹舜弼、刘元隆，检讨边汝明。"二人仍然朝中同事，平起平坐。

正德十三年（1518），严嵩充副使赴广西靖江册封桂藩。是年陆深 42 岁，严嵩 39 岁。陆深、顾清、徐祯卿、柴齐、刘泉、舒芬、崔桐集崇文门外为严嵩践行。[1]《钤山堂集》卷二十七《西使志》："正德十三年秋，册封诸宗藩，正副使各十三员，予充副使，同正使建平伯高霔如广西靖江府……顾宫谕九和、陆太史子渊、柴给事德美邀予，同俞国昌大参饯于崇文门外。太史刘应占、舒国裳、崔来凤又饯。"正德十四年（1519），严嵩从广西回朝廷途中遭遇朱宸濠之乱，应剿抚使王守仁之招，赞画军务。乱平，因时局不稳，严嵩回乡避居，回到钤山。正德十六年（1521），严嵩启程赴京，陆深则于是年回里丁父忧。嘉靖元年（1522），严嵩起复南京翰林院侍读。至嘉靖三年（1524）年末，严嵩任职期满升

---

[1]《钤山堂集》卷二十七《西使志》："正德十三年秋，册封诸宗藩，正副使各十二员，予充副使，同正使建平伯高霔如广西靖江府……辛丑，诸使出城。壬寅，夜大雨。癸卯，黎明复雨，雨止，予始启行。顾宫谕九和、陆太史子渊．柴给事德美邀予同徐国吕大参饯于崇文门外。太史刘应占、舒国裳、崔来凤又饯。"

国子监祭酒，赴北京。陆深则一直在陆家嘴。直到嘉靖七年（1528）陆深52岁方回到朝廷履职，其间七年一直在陆家嘴。

嘉靖七年（1528），经内阁首辅杨一清（1454—1530）等举荐，严嵩擢礼部右侍郎，陆深接替严嵩任国子监祭酒。不久，严嵩奉命赴湖北安陆（今钟祥）监立兴献皇显陵的墓碑。众僚为送行，《钤山堂集》卷四《谒陵途次柬子渊太史》："公我相携久，朝陵复此行。暂违清禁直，重问碧山程。听雨惊宵梦，看松惬野情。喜随冠盖入，立马万峰晴。"尽管丁忧七年，相见渺然，但因书信往来，未曾间断，因此严嵩云二人"相携久"，也流露出对这份情谊的珍惜。陆深为严嵩送行撰《送严介溪宗伯奉使安陆诗序》：

> 今天子大孝尊亲，又将备物于显陵。陵，故在安陆，于是特以礼部右侍郎介溪严公往。凡礼仪之事悉总之，奉玺书，佩织符至重也……公方自祭酒迁，于是国监自司业林先生而下，咸赋诗送之。深适来嗣公为祭酒，乃联而为什，以为赠，且遂为之序……公少以神童闻天下，未弱冠掇巍科，举进士，入翰林，读中秘书，擢史馆为编修官，校文于礼闱，侍经于先朝。今天子绍统之初，署篆于南翰林，召掌成均，迁副宗伯。自今以往，崇阶峻陟，未见其终也。而皆有其始矣。其在龆龀时，妙语奇句，应声而成，每试场屋，必以经义为士人传诵，唱进士名几，及第居馆阁，试必在首选，为史官，编摩有法，户外求文之屦常满，校文辄得名士。南院有望，北雍有化，可谓随所因而绪见者矣……公其行哉，公之教学也，尤有恩诸生，至怀涕以思。公之去，一时属下多才士观感之深。深之初至京师也，翰林学士未斋顾先生遗之书曰：善乎严公子，当以为法。故深之序是诗也，尤致拳恋焉，若夫览形迹之奇神，江山之助隆，体貌之尊养，宰辅之望，此公之余事也，所以望之公者，亦余事也。故序。（《俨山集》卷四十九）

"副宗伯"即礼部右侍郎职。按例，礼部右侍郎的职位不足以担当奉祀显陵使的任务，这次是破格重用，证明朝廷对严嵩的信赖。据《序》可知，国子监司业的同仁集体为严嵩送行，每人都写送行诗或联句诗，积累成帙，准备付梓，因陆深方升祭酒，理当亲为撰序。序文简述了严嵩读书入仕，才华横溢，为人谦和，深孚众望，并寄以未来之"宰辅"的期待。陆深对严嵩青云直上的宦途流露钦慕之意，对严嵩湖北之行的历史意义给予深切厚望，他深信，未来的严嵩必将位至宰辅。陆深已看到严嵩辉煌的未来，后来的事实也证实了陆深的高瞻远瞩。《序》文中称严嵩"礼部右侍郎介溪严公"，说明在陆深的心目中，他们仍是志同道合的同事，"宰辅之望"只是表达心里的祝愿。湖北归来不久，次年（1529）严嵩擢升礼部左侍郎。而同年，因太傅桂萼未经陆深同意便擅自修改陆深的经筵讲章，陆深抗辩，被降一级出任福建延平府同知，离开京城。

延平任上未及一年，嘉靖九年（1530），陆深转山西乡试主考。岁末，回上海陆家嘴。嘉靖十一年（1532），陆深补浙江按察副使，是年55岁。严嵩则于是年（1532）擢南京礼部尚书。嘉靖十二年（1533），严嵩任南京吏部尚书，而陆深则由浙江提学副使迁江西布政司右参政。途经江西，陆深专程绕道袁州看望严嵩家人。严嵩在南京吏部，闻知感激备至，遂寄陆深《大司成陆公枉驾钤山草堂予远寓金陵无缘攀迓感别增情作此寄谢次原韵》三首，其中有："浦东吾昔登公堂，岂意公犹度我乡。海内交游同骨肉，天涯涕泪各参商。"（《钤山堂集》卷十）表达了与陆深情同手足的厚谊。二人皆在外任，会面不易，但书信未绝。嘉靖十三年（1534），陆深迁陕西布政司右参政。从江西启程赴陕西任。嘉靖十四年（1535），陆深迁四川左布政使。数年间，陆深辗转福建、江西、陕西、四川，步履匆匆，奔波路途。直到嘉靖十五年（1536），夏言任首辅，陆深60岁，擢光禄寺卿，从成都启程回京。是年，严嵩南吏部尚书考满，擢北京礼部尚书兼翰林院学士，结束了南京五年的官场生活。从此，严嵩开启了仕宦辉煌的人生旅程。而正在严嵩春风送暖的同时，陆深则及时止步，在仕宦辉煌的时刻致仕归里。

二、嘉靖十五年（1536）

嘉靖十五年（1536），夏言入内阁参与机务。嘉靖十七年（1538）冬，首辅李时病薨，夏言继任首辅。夏言感激严嵩、陆深的提携之恩，自正德十二年（1517）中进士至此终于有机会报答师恩。掌权之始，疏荐严嵩由南京吏部尚书擢礼部尚书兼翰林院学士，陆深由四川布政使升光禄寺卿兼侍读学士，预修玉牒。严嵩由南京启程，陆深由四川启程，分赴北京。

陆深、严嵩重聚京师，开始仕宦新征程。政事余暇，多重温当年京师的诗意生活，《钤山堂集》卷十三《奉酬俨山甬川二学士同年》："杏园席上题名处，晚岁登朝复几人……曾是十年江海别，喜君重到凤池身。""甬川"即同年鄞县张邦奇，可知弘治十八年（1505）的同年进士经历三十余年的岁月风雨许多已经阴阳两隔，而晚岁尚能重回朝廷共事的同年即更为不易，说明严嵩对重聚首共朝廷的珍惜。据统计，严嵩一生填词六首，其中即有两首寄陆深：《和东坡大江东去·忆旧游呈陆俨山学士》《和东坡大江东去·俨山学士示病中词一阕乃有辟谷寻山之语予广其意而慰答之》，也佐证了二人情谊的非比寻常。一次相聚的机会，陆深欣赏到严嵩所珍藏的五代顾闳中所绘名画《韩熙载夜燕图》，陆深为撰《跋韩熙载夜燕图》："此卷所图韩熙载夜燕，其事至不足道，其描写景物意态，备尽委曲……介溪先生旧藏此图，今位秩宗，佐圣天子议礼制度，身任繁剧，当其继日待旦之余，所以宣湮塞而通高明，其亦有取于此也夫。"（《俨山集》卷八十七）"今位秩宗"，显然，这是严嵩升任礼部尚书后的题作。陆深借此题跋颂扬严嵩的辅国才华，他认为，在严嵩的辅佐下，明朝不久也会出事韩熙载夜宴图中繁华盛景。此番返京，二人皆得到升迁，但严嵩"礼部尚书"掌实权，陆深只是有职无权的虚衔。从对严嵩的称呼中可感知陆深因彼此官职之殊而产生距离感的微妙心理。

嘉靖十七年（1538），陆深62岁，由光禄寺卿改太常寺卿兼翰林院侍读学士，领衔修玉牒，充廷试读卷官，扈驾天寿山谒诸陵。从是年始，陆深、严嵩都在京师，二人都曾扈驾天寿山谒陵。嘉靖初继位之时，因帝父是亲王，大礼议事件爆发，前后持续二十余年。先是许多大臣要求嘉靖称孝宗为父，称其亲生父亲为叔，嘉靖坚拒。最终以内阁首辅杨廷和被罢，其长子杨慎被贬戍充军而结束。大礼议的结果是加强了帝王的权威。于是，嘉靖加尊自己的生父兴献王为"献皇帝"。随后开始了将王陵升级至皇陵的浩荡工程。显陵的改建，嘉靖亲自勘察设计。嘉靖十八年（1539），皇帝南巡，回故乡湖北钟祥，亲自审查选址设计，将父母合葬。十余年后，升级改建竣工，显陵就此诞生。封安陆为承天府，封为兴都，成为明朝陪都之一。同时旧藩邸兴王府也升级为帝王宫殿，成立新的军事单位留守司，将安陆卫和荆州左卫并为显陵卫，守护皇陵。一座新城由此诞生。正是皇帝南巡的嘉靖十八年（1539），夏言加少师，特进光禄大夫、上柱国。八月，夏言荐严嵩任礼部尚书。严嵩赴京，加太子太保，扈驾南巡。63 岁的陆深则擢升詹事府詹事兼翰林学士，扈驾南巡，掌行在印，其《圣驾南巡日录》序：

> 嘉靖十有八年己亥春正月望，圣驾巡幸承天，相度显陵迁合。是行也，秉于上心之独断，诸凡机务，咸躬亲裁决，若册立东宫、分王裕景、祭告郊庙、建置留守、遣使行边、特设都护将军、左右副将军，由是临轩挂印，内刺前驱，雷动风行，雅尚整峻，至于车旗辇服之制一新，皆出宸办，非臣工之所能与。呜呼大矣哉！圣人之作为也，诸司印信，次第掌署，乃发旧铸行在印以从，特谕辅臣，以深掌行在翰林院充扈从，御笔亲署为翰林学士，抹落侍读，圣眷厚矣。

陆深于嘉靖十八年（1539）得入宫任经筵讲官即由夏言与顾鼎臣共同推荐。扈从南巡，皇帝亲自划去陆深原职务"翰林院侍读学士"中的"侍读"二字，这是一种极高的荣誉，翰林学士成为皇帝心腹、未来内阁的人选；而侍读学士，只是为皇帝及太子讲读经史，以备顾问。闻知殊荣，严嵩特写诗为陆深祝贺："行朝特

视词林篆，御笔亲题学士名。"（张鼐《宝日堂初集》卷二十二引）

扈从南巡，陆深有两部日记：《圣驾南巡日录》和《大驾北还录》。《圣驾南巡日录》记载嘉靖十八年（1539）陆深随世宗南巡承天府旧邸途中所记日记。《大驾北还录》记载世宗南巡北还诸事，其中也多记载了往返途中与严嵩的交集。《圣驾南巡日录》（嘉靖十八年二月）：

> 二十三日辛酉，月初出即上车。严介溪宗伯向予说，坐车可抵按摩。

二月，陆深、严嵩皆扈从出京。三天后，到达漳河，住宿彰德。

> 二十六日乙丑，晓发月中……抵彰德……午饭过学宫，访三春坊，出自南门，候驾……会介溪讲送亲王还国之礼，始知深亦与焉，顾不知有御札尔。介溪第嘱之曰：从行三学士须不远。亦不知有宣召之事。过内阁直庐，桂洲云有御札，笑且贺曰：昨御笔特称卿先生，当又迁矣。还寓次，复办车行，三更遂发。

到达彰德后，夏言告知陆深，皇帝特别表扬他，估计当很快升迁。陆深未写自己对这则消息的反应。半夜三更，启程赶路。又行八日，到达湖北襄城。

> 四日壬申……晓过醝塞，已至襄城，行宫候驾。视介溪疾入城。发，是日始行山麓，林木向荣。晚至叶县，寓次宿。

> 十六日甲申雨，谢过内阁，直庐，议表贺，还，过介溪，留酌，观赐衣，酒杯，适乐工至，奏伎。东桥、阳峰同席，尽情。冒雨暮还，风雨益甚，更余得旨，明晨午前后候，旨上陵。

三月上旬，圣驾一行到达襄阳行宫。沿途劳顿，严嵩身体不适，陆深前去探望。到达安陆。对于扈从大臣，皇帝一一进行奖赏。在安陆上陵期间，陆深与严嵩多有酬唱，陆深有《华盖殿外候驾雪中有怀崔后渠严介溪上陵》《次韵严介溪上陵》等诗。但是，在《钤山堂集》中，关于这一段路程的诗文中，却没有陆深的身影，严嵩所记者全部是与国事相关的礼仪以及得到皇帝的奖赏等。事实上，严嵩较之陆深，更擅长全面记载某段行程。踏入仕途后的第一次丁忧服满，严嵩回京，从辞别袁州亲人乘舟启程，沿途所经之地，一一拜访相知和在地长官，也专程绕路到上海看望同样丁忧的陆深。但当严嵩以"未来宰辅"的身份扈驾南巡的行程中，却不见陆深的踪影，只有陆深记录了沿途二人的交集，这可推知，曾经情同手足的同年因地位的悬殊尽管同时扈驾一路同行却极少交流，而陆深对于每一会面都极为珍惜。嘉靖十八年（1539）"三月二十三日"，大驾启程北还。《大驾北还录》：

> （四月）二十七日乙未，晓发博望，遇介溪于途，袖出武当笋分赠
> 云：上赐也，品格俱绝佳。辰复随驾骑行，午至裕州，候朝，旨免。崇
> 王来，有诏止之。午发裕州，过张释之墓，晚至保安。

从三月二十三日启程回京，行月余，四月二十七到达湖北博望。"遇介溪于途"说明扈从往返途中，严嵩与陆深多未同行。在博望相遇，严嵩将皇帝所赐武当山的鲜笋分赠陆深，可知，皇帝对严嵩已经十分信任，也知严嵩与陆深的知己情谊。

> （四月）二十九日丁酉，黎明至钧州，直抵行宫接驾，免朝得旨。限
> 月朔渡河。次日新乡受朝饭，介溪席寓。不入城，而行夹路，饥民老稚
> 号乞，辄以钱与之，势不能遍，有瞑目而过者。午至新郑……昏黑抵村
> 店投宿，再定寓次，闻桂洲诸公咸止此。是夜，雨不歇，以一毡假寐。

四月二十九日，在河南钧州，与严嵩席上相遇。河南大地，四处饿殍遍野，百姓饥寒交迫，流离道路。可知嘉靖间内陆地区尚是经济萧条，呈衰败之势。

（四月）十一日戊申，晓出行宫候驾，过内阁直庐，议回銮表，桂洲留饭，遂。午驾至，免朝。遂发，过刘伶墓，申至安肃，即发，乘月行三鼓，至定兴，过南皋，户书家少叙而别，宿萧氏。

（四月）十四日辛亥晓先发，午抵彰义门，光禄少卿草亭彭道显邀于江氏园亭候驾，治具留宿。

（四月）十五日壬子五更，出候驾，居守来迎如仪，自宣武门入，过大明门，旭日初升，而车驾还宫矣。是行也，往返凡六十日，驿路五千四百余里云。

在回京的路途中，陆深与严嵩、夏言多有相遇。因时间紧迫，每次相遇虽然没有更多交流，也未及唱和诗词，但却加深了彼此情谊。

銮驾南巡回京后，嘉靖十八年（1539）八月，经夏言推荐，严嵩入内阁。从此，陆深相关诗文中对严嵩的称呼发生了极大变化，此前一直称"介溪"或"介溪先生"，此后则以官职称严嵩为"大宗伯""阁老"，即使称"介溪"体现无距离感，但也会加上"宗伯""阁老"的职位。此后，严嵩的身影始终伴随着陆深的踪迹，严嵩的声音也一直回荡在《俨山集》中。但是，严嵩的诗文中，关于陆深则日渐淡薄了。

三、严嵩入阁：逐渐疏离的交谊

南巡归来，严嵩日益受到皇帝的重视。嘉靖十九年（1540），夏至将至，皇帝特赐严嵩麒麟官袍。明代官服规定：公、侯、伯、附马的官服绣有麒麟、白泽，官员是文禽武兽。一品文官绣仙鹤，二品锦鸡，三品孔雀，四品云雁，以下是白鹇、鹭鸶等；武官一、二品狮子，三、四品虎豹，五品熊黑，六、七品彪。对于严嵩来说，得赐麒麟袍——地位极贵的象征，也是严嵩不敢奢望的荣耀。宫廷画师特为严嵩绘像，陆深则为撰《严介溪像赞四首》，其一称严嵩"大宗伯"："身居廊庙之上，心存山水之间，任当宰辅之权，享有神仙之乐。"（《俨山集》卷三十）其四又称严嵩"当代之名臣"，自注云："此公扈从南巡时耶，恩袍晃耀，杂佩陆离，公孤雅望，文武兼资。"对严嵩称赏有加。可知，此画像是銮驾回京严嵩获奖赏后的画像，"恩袍晃耀"即写严嵩高贵的身份。众僚友纷纷写贺诗，陆深《俨山集》卷十五有《介溪宗伯荣赐麟袍和甬川少宰韵》，据此可知，当严嵩获赐麟袍后，第一个写贺诗的当是张邦奇，陆深为题和作，严嵩则次韵，《钤山堂集》卷十四《恩赐麒麟服次俨山陆学士见赠韵》："宫衣擎出圣恩新，云锦辉裁五色麟。"表达对所获荣耀的珍视，他似乎预感到自己未来的光明前景。南巡归来，陆深仍履职经筵讲官，除了华贵的麟袍外，似乎严嵩所获的川扇、瓷器等陆深也悉数尽有。嘉靖十七年（1538）十二月，夏言任内阁首辅，推荐严嵩接任礼部尚书。嘉靖十八年（1539）五月，顾鼎臣担任一个月的首辅旋被罢，夏言复任首辅。正是嘉靖十八年（1539），64岁的陆深及其家族达到了荣耀的巅峰：得封三代，赠祖考筠松、考竹坡俱太常寺兼翰林院侍读学士、祖妣尤氏、妣吴氏、配梅氏俱淑人，同时，恩荫一子。上海县政府特在县城为陆深家族竖牌坊，嘉庆《松江府志》卷三载，应天巡按欧阳铎檄知县梅凌云在上海县城长生桥北为陆璿、陆平、陆深祖孙三代立"三世学士"牌坊——这是家族在地方的崇高荣誉，成为上海地区最显赫的豪门。陆家嘴陆氏家族迎来最光辉的时刻。

在生命最辉煌的时刻陆深提出退休申请，并安排退休事宜。《俨山集》卷九十八《京中家书二十三首》其二十三：

圣谕礼部掌行在印，御笔亲写作翰林学士矣。故宫僚之选，得兼此衔，介溪先生赠诗，是实事实景，寄回，便可悬之中堂，永作家传之宝，有和章二首，并示吾儿，亦可和作，或求邑中文人才子和之，成一小集，亦可誊黄，可多抄分，与各房藏之。

说明陆深对严嵩赠诗的高度重视。严嵩与陆深同时中进士，在夏言看来，陆深、严嵩都是恩人，但夏言与严嵩是同乡。当夏言掌权时，他力所能及的报答提携之恩。最终，陆深、严嵩都因夏言回京并履任高职，陆深是詹事府詹事，三品官，而严嵩是礼部尚书，一品官。对严嵩来说，距离进入内阁仅一步之遥。陆深推断严嵩必将至宰辅的未来，所以，他极为重视此时与严嵩交往的任何细节，极为重视严嵩的赠诗，这将会是未来提升门庭的有力凭证，也是树立乡里威望的机会，这将有助于确立陆氏家族在地方上的声望。因此，他要求家人将严嵩的赠诗装潢起来，悬挂到会客厅的壁罩上，让所有来过俨山园的人都知道陆氏家族与未来内阁首辅的密切关系。同时，陆深也努力与夏言保持友好关系，嘉靖十九年（1540），夏言生日，陆深因是夏言座师而回避，却专门派儿子陆楫与女婿瞿学召带厚礼到夏言府上祝寿，可知陆深的良苦用心，为儿子和女婿提供走进首辅的机会。抛开私人情谊，从身份地位来说，陆楫、瞿学召绝不可能接近内阁首辅。据《贵州通志》，瞿学召以监生出任贵州思州府知府，以如此低级的身份出任如此高职的官位，当与有机会接近夏言不无关系。

嘉靖二十年（1541）八月，陆深致仕回陆家嘴。次年即嘉靖二十一年（1542），夏言被排挤罢职，翟銮出任首辅。其间，陆深有《与夏桂洲阁老》（《俨山集》卷九十三）书札以示安慰，而此时陆深已经 66 岁。嘉靖二十二年（1543），陆楫赴北京参加会试。临行前，陆深写了分别给严嵩、许松皋、李蒲汀、孙毅斋、张阳峰五封当朝大臣的密札，陆楫携带秘札赶赴京师。其中，给严嵩的《与严介溪阁老》：

深无似受知，至久至深。前岁东归，重辱垂爱，抵家之日，惟有北望。感恋无已，跧伏田野间，侧闻大拜之命，圣眷无前，亦惟有举手加额为祝而已。恭惟台候万福，功在鼎彝，顾闻问无阶益深。瞻企江东旧居，向承驻节，每登小楼，恍如公之在阑槛也。此意非他人所能知，真切，真切。深入春即抱病，已成衰朽，兹遣小儿楫北来补历，少为门户计尔。幸有以教之。老妻久淹病卧，宛转床蓐间，特念尊夫人不置，可怜此意，亦非他人所能知也。亮之！亮之！特命楫儿托东楼兄转达之。(《俨山集》卷九十三)

这封给严嵩的书信写于嘉靖二十二年（1543），陆深67岁。信中称严嵩"阁老"即是严嵩于前一年（1542）入阁后，"东楼"是严世蕃的号，陆深其中给严嵩的信则由严世蕃转交。没有资料证明在陆楫的会试中严嵩等五大臣有否提供帮助，但，嘉靖二十二年（1543）陆楫再度名落孙山的会试结果看，五大臣给予陆楫的帮助当微乎其微或根本未给予关照。从此，陆楫放弃科举。嘉靖二十三年（1544），陆深辞世，寿68岁。八年后，陆楫抑郁而终，年仅38岁。

序号	姓 名	出任时间	卸任时间
1	夏 言	嘉靖十七年（1538）十二月进（前任李时，同年十二月卒）	嘉靖十八年（1539）五月卸任
2	顾鼎臣	嘉靖十八年（1539）五月代	嘉靖十八年（1539）五月降
3	夏 言	嘉靖十八年（1539）五月复	嘉靖二十年（1541）八月致仕
4	翟 銮	嘉靖二十年（1541）八月进	嘉靖二十年（1541）十月降
5	夏 言	嘉靖二十年（1541）十月复	嘉靖二十一年（1542）七月罢
6	翟 銮	嘉靖二十一年（1542）七月进	嘉靖二十三年（1544）八月罢
7	严 嵩	嘉靖二十三年（1544）八月进	嘉靖二十四年（1545）十二月降
8	夏 言	嘉靖二十四年（1545）十二月复	嘉靖二十七年（1548）正月致仕
9	严 嵩	嘉靖二十七年（1548）正月进	嘉靖四十一年（1562）五月罢

从嘉靖二十一年（1542）至嘉靖四十一年（1562），严嵩在内阁任职达二十年之久。嘉靖二十七年（1548）夏言被杀，严嵩任首辅长达十四年，从此，朝中再也无人能与之抗衡。当严嵩与夏言争权时，陆深已经致仕；嘉靖二十七年（1548）至四十一年（1562）严嵩第二次入阁任首辅时，陆深早已过世。在严嵩与夏言

的权力斗争中，陆深始终站立于严、夏权争的矛盾之外，他坚持不卷入政治纠纷中，他密切关注错综复杂的政治纠纷，以谨小慎微的态度周旋于其间。

陆深官至三品，不能与位及首辅的严嵩相提并论，但陆深却能富贵两全，安度晚年，而这恰是严嵩仕途最失败之处。从另一方面看，陆深仕途虽然显赫，但毕竟他没能入阁，也没有建立卓越功勋，严嵩则专柄朝政十四年之久。因此，在陆、严的交谊中既不存在同党相助的帮派问题，也不存在政敌倾轧的矛盾斗争，他与严嵩保持了毕生的同年之谊。

附：

严嵩《钤山堂集》卷三十五《明故通议大夫詹事府詹事兼翰林院学士赠礼部右侍郎谥文裕陆公神道碑》：

俨山先生陆公既卒且葬，其子楫属予书诸隧首之碑，于是楫哀公遗文刻之，曰赋诗歌行乐府，曰表疏颂赞议辩铭解记序杂文碑志表状，凡一百卷。又所著述曰《诗微》、曰《书辑》、曰《道南三书》、曰《河汾燕闲录》、曰《史通会要》、曰《蜀都杂抄》、曰《平湖录》、曰《诗准》，予得遍读之，曰富哉，文也。然而辩博宏伟，驰骋恣肆，若泉涌而山出。其纪载时事，沉郁隽永，若咀炙鬻而有余味。其诗清拔俊逸，若芙蕖之濯朝露，而丰茸艳彩夺目。可谓虎踞词林、鸾骞文囿者矣。公始发解南畿，举进士，入翰林，文章名即，轩然重天下。是时孝皇御极，朝廷清明，百官各安其职，得以其余肆力于简册翰墨之间，诸司各属，往往名隽崛起，而与馆阁之士争衡而并驰，公于时翘然特出，扬英振华，每篇章一出，人争传诵之。盖公于书无所不读，抉隐而钩其玄，与李空同、徐迪功诸子上下其议论。至于字学，钞逼钟王，比于赵松雪。公每临书，日数百字，过同舍见髹几，辄纵笔涂写，旁若无人。既本于天质之高迈，又辅以学力之勤笃，得于朋友之切劘，故其问学之宏博，书法之精绝，皆有所自。世之士束书不观，独学寡闻，欲望公之堂奥，其可得耶！公磊落瑰奇，嬉笑成文，有苏长公之风。其品骘古今，商榷事理，赏析文义，辩识书画、古器，谈锋洒然，一座尽倾。天下之士，闻其名而慕往，揖其貌听其论而惊以伏也。公自翰林编修升国子司业，丁父忧，家居数年，以廷臣荐起，入备讲读，遂升祭酒。一日经筵进讲，内阁阅公讲章，辄加窜易。公讲毕，面奏云：今日讲章，非臣原撰，乞自今容讲臣，得尽其愚。上虽可之，而经筵面奏，非故事。公出，上疏谢罪，上覆批答以讲章内阁阅看，系旧规不必更改，果有所见，当别具闻。公感激条奏，有关圣学事，凡千余言上之，当路益忌之。疏下吏部，左迁延平府同知。盖公奇节高行，不苟同于众，类如此。升山西副使，提学阳曲。生员父为知县笞死，诉于御史赵，反抵生罪。公曰：父死非辜人子，不共戴天，奈何罪之？与力辩不合，即上疏劾赵，赵亦劾公，已而科道官勘实，赵谪外任，公得复职，补浙江副使，仍理学政。升江西参政、陕西右布政，未履任，转四川左布政。公自翰林出，扬历藩臬，即刑名、钱谷、甲兵之事，若素习然。在江西决淹狱数十，民德之。蜀、威、茂诸夷作乱，朝廷命将进剿，公移文总兵何卿凡数千言，洞悉夷情，曲中事机，当事者多采用其议。复悉力调度兵食，未几，夷患悉平。召为光禄卿。内阁疏荐，领修玉牒。改太常卿兼侍读学士，扈驾幸承天，给行在印，御笔署公衔，去侍读二字，改行在翰林院学士，升詹事府詹事，宗庙灾诏，百官修省。于是公疏乞休，词极恳切，乃得旨致仕云。呜呼！始公入翰林以文学名，继出补外，则优政事，晚岁召还。既升华选，曾几何时，乞身以退，所谓讨论润色之才，弥纶经济之用，皆未之究，岂不重可惜哉！公讳深，字子渊，姓陆氏，学者称为俨山先生。其先华亭人，曾祖曰德衡，始迁居上海之洋泾，祖讳璿，考讳平，俱赠如公官，前母瞿氏、母吴氏俱赠淑人。公生成化丁酉八月十日，其卒嘉靖甲辰七月二十五日也，享年六十有八。配梅氏，封淑人。

子男一，即楫，荫补国子生，好学而文，得公家法。女一，适贵州布政司副理问瞿学召。公卒之明年，葬于上海黄浦之原。朝廷遣官营葬，赐祭及赠官易名，恤典赍临，其可无憾也已。嵩忆在弘治壬戌春会试，识公于沧、卫之间，倾盖如平生，是岁并下第归，归则约次年必偕来，已而果如约，同寓邸，同举进士，自是出必联骑，居必连榻。公才气俯一世，顾以予之不类独不鄙，辱为知己，栝羽镞砺，蒙益为多。然追念畴昔同游之士，冠佩如云，文采风流，照映一时，今则零谢无几矣。荒鄙之词，何能为役。楫数以书请，谊不忍辞，则抆泪叙之，而系以铭，以致予思，亦以慰公于地下。其辞曰：

> 大江之东环吴淞，蕴灵标异秀所钟。实生哲人为时宗，崛起一代称文雄。
>
> 弱龄献赋明光宫，云梦七泽蟠心胸。挥毫落纸辉晴虹，厥声四溢何泷泷。
>
> 文章有道用乃弘，属词纪事气以充。美哉东序列大镛，爰振文铎鸣西雍。
>
> 倏然蹻翼下鳌峰，武夷云谷留其踪。五台三晋驰行骢，岷峨万叠观芙蓉。
>
> 晚归西掖庆遭逢，属车南狩载橐从。玉堂视篆承恩隆，遄归三径哦菊松。
>
> 浩然雅志犹冥鸿，大星夕陨遘闵凶。天下学士皆哀恫，公神洋洋升大空。
>
> 或乘麒麟跨虬龙，下上寥廓随云风。俯视寰世尘蒙蒙，厥名不灭垂无穷。

第四章　陆锡熊与《四库全书》

《四库全书》作为乾隆年间编纂的大型丛书，在数百位学者型官员的共同努力下，历经十余年始成，既代表了清代文献总结的典范成就，又彰显出官方尊崇学问的文化意义，其总纂官纪昀之名也便伴随着是书的流传而为人们所熟知铭记。殊不知在纪昀之外，还有一位总纂官不应被忽视和遗忘，他即是本章所要论述的主人公——陆锡熊。

第一节　陆氏先贤对陆锡熊的影响

陆锡熊，字健男，号耳山，松江府上海人。生于雍正十二年（1734）十二月初二日，幼年在祖父的教导下学习五经及唐宋诗，二十一岁补博士弟子员，入紫阳书院读书。乾隆二十三年（1758），陆锡熊入赘南汇县周浦镇朱家，次年举于乡。乾隆二十五年（1760）春，二十七岁的陆锡熊进京参加会试，第二年五月通过殿试成为进士。乾隆二十七年（1762）三月二十八日，遇皇帝南巡，陆锡熊献赋行在，召试入一等，赐内阁中书舍人，是年六月抵京。在京履职期间，陆锡熊曾多次担任要职：乾隆二十九年（1764），官至都察院副都御史；乾隆三十二年（1767），迁入军机处；乾隆三十七年（1772），擢升刑部郎中。乾隆三十八年（1773），与纪昀同被荐为《四库全书》总纂，此后便与这部丛书的编撰和修订结下了不解之缘。乾隆四十一年（1776），充文渊阁直阁事，后又改授光禄寺卿、都察院左副都御史等职。乾隆五十七年（1792），因文溯阁所藏《四库全书》多有讹误，陆锡熊请往校之，比至奉天而卒。其著作有诗集《篁村集》十二卷，《宝奎堂集》十二卷，奉敕编撰有《通鉴辑览》《契丹国志》《胜朝殉节诸臣录》以及《河源纪略》等史学、地理类书籍。

为了更加准确地把握陆锡熊的人生履历，可以将其分为三个阶段：第一阶段在得中进士之前，陆锡熊广泛地吸取各家之学以充实自己，是为少年求学期；第二阶段为初仕京职的十年，即乾隆二十七年（1762）至乾隆三十七年（1772），陆锡熊经历了编纂《通鉴辑览》，典试山西、浙江、广东三省乡试以及充任会试同考官等一系列重大事件，然皆不离文化要员的基本身份，故而这一时期可视作任职京官期；第三阶段以乾隆三十八年（1773）《四库全书》的编纂为肇始，至乾隆五十七年（1792）陆锡熊谢世，《四库全书》之外，还包括奉敕编撰的《天禄琳琅》和《河源纪略》，集中体现了陆锡熊对官修典籍的严谨态度和奉献精神，可称之为《四库全书》编纂期。梳理陆锡熊的人生轨迹不难发现，他与科举时代的大多数知识分子颇为相似，皆通过得中进士而步入仕途，并进一步改变了自身命运。然而与许多游宦四方的官员不同，陆锡熊除了提督福建学政的三年之外，鲜有远离京师的为官经历，另一方面，他所从事的工作也多围绕着各类官修典籍而展开，亦少有尔虞我诈的权力斗争，从这一意义来说，陆锡熊无疑是幸运且独特的。

一、陆深与陆锡熊

陆锡熊作为陆深的第七世从孙，友人王昶在为陆锡熊所作的墓志铭中曾指出二人为官轨迹的相似性，并暗示裔孙陆锡熊更是受到了超越远祖的知遇之恩：

"惟松江陆氏世以文章著见，君七世从祖文裕公深，在明弘治、嘉靖间，以通人名德望重台阁，流传翰墨，迄今人宝贵之。公官职略与文裕等，若其掌著作而被恩遇，有文裕所未逮者。"[1] 从陆深到陆锡熊跨越数代的精神共鸣中，不仅可以看到了陆氏家族文脉流传的生生不息，也可以看到了家学传统的历久而弥新。陆深当年的家物、墨迹都曾在陆锡熊手中得到了保护和珍藏，睹物思人并进而督促自己莫辱门风，陆锡熊当是怀着这样的心情而收藏了文裕旧物。由此不难想象，家族遗物传承的背后，折射出的还有家族风貌和精神传统的继承与沿袭。

陆锡熊曾藏有宫扇一把，乃是陆深任经筵讲官时皇帝所赐，陆锡熊在京履职之暇，便常常与友人赏玩并赋诗吟咏："明上海陆文裕公，嘉靖中以祭酒直经筵，尝拜宫扇之赐。裔孙锡熊官京师，暇日出示其友程晋芳、汪孟鋗、赵文哲、阮葵生、董潮、吴省钦，爰共联句。"[2] 翁方纲亦曾有《宫扇歌》一首，正是应陆锡熊之请而作："明上海陆文裕公深，嘉靖中直经筵所赐也，公裔孙刑部郎中锡熊属赋。"这些围绕陆深宫扇而展开的诗歌往来，不仅是清代文人雅趣的生动呈现，更是陆锡熊珍视先人遗物并借以抒发自豪之情的曲折表达。此外，陆锡熊还藏有陆深《秋兴诗》墨迹的手卷，在出行之时亦不忘随身携带，并在卷尾赋诗以致意先人，更为有趣的是，整件事情的原委也以诗题的形式被他写入了诗歌之中："濒行儿子庆勋以先文裕公《秋兴诗》八首墨迹卷请题字，携至行箧舟中。无事感念生平，因尽次原韵，以窃比于《秋兴》之意，为附书卷尾。其卒章则专及本事也。"[3] 其实不仅是七世从祖陆深的遗物，陆深独子——陆楫的遗像也曾被陆锡熊加以保留，在为陆楫遗像所作的赞语中，陆锡熊首先表示了对于陆楫一生未能入仕的遗憾，而后反思了自己对学业的懈怠态度，决心要以先人为榜样一心向学，不堕家声："独励志于典坟兮，抗千秋以为期。夫何后生之怠业兮，若

[1]［清］王昶：《春融堂集》卷五十五《都察院左副都御史陆君墓志铭》，《续修四库全书》第1438册，上海古籍出版社，2002年版，第219页。

[2]［清］王昶：《湖海诗传》卷三十二程晋芳《宫扇联句》，商务印书馆，1936年版，第870页。

[3]［清］陆锡熊：《篁村集》卷十，清嘉庆十三年（1808）刻本。

农舍耒而荒嬉。惧先训之颠坠兮,几折足而莫支。瞻遗像而肃拜兮,愿先生之是师。"[1] 若从价值的属性来衡量,宫扇、手卷和画像不能算是珍稀昂贵的传家之宝,然而其所承载的文化意义和精神信仰,却又犹如历经岁月淘洗而愈发鲜明的家族图腾,彰显着家族先辈曾经的荣耀,同时也为后人指引着前行的方向。

既然陆锡熊与陆深之间存在着实物和精神联结的可能性,那么探讨陆深的文学和史学理念对陆锡熊所产生的间接影响,也便具有了学理层面的依据。史载陆深于文学、书法、鉴赏等领域造诣精深,在当时的文坛颇有名望:"深少与徐祯卿相切磨,为文章有名。工书,仿李邕、赵孟頫。尝鉴博雅,为词臣冠。"[2] 具体说来,陆深的诗文创作尤其是他"文以载道"的文学价值观,在一定程度上对陆锡熊文学持见的养成不无启发意义。徐阶在为陆深文集所作的序言中,曾结合陆深的具体创作,系统阐述过他的文学理念,从中不难发见陆深所秉持的文道观念:

> 公自少时,文则有名。既官翰林,以文章为职业。于是其所著作,日益工以富。每一篇出,士大夫辄传诵推逊之。然公尝言"文以通达政务为尚,以纪事辅经为贤,非颛颛轮辕之饰已也。"夫文之用广矣大矣,其体诸身为德之纯,其措诸事为道之显,其书诸简册为训之昭。古昔圣人以此经纬天地、纲纪人伦、化成海内、贻则万世,故夫播而为训诂,萃而为典谟,删述而为经,笔削而为史。虽出于圣人之手,犹文之一端也。而后世不察,独以文字当之。于是道德、勋业、文章判为三途,至其甚也。又举所谓文字者,归之乎浮靡、诡诞之作,而其为文因亦流于俳优之末技,家人之俚语。则何所系于人文世道,以庶几古作者之万一哉?惟公之见不然。故于辅经有《诗微》,有《道南三书》,有《学

[1] [清] 陆锡熊:《宝奎堂集》卷八《六世从祖小山先生遗像赞》,清道光二十九年(1849)陆成沅重刻本。
[2] [清] 张廷玉:《明史》,中华书局,1974 年版,第 7358 页。

说》，有《同异录》；于论政有《处置盐法状》，有《裨圣学光治体疏》，有《西川用兵书》，有《备胡弭盗赈饥诸策问》；于纪事有《翰林志》，有《经筵词》，有《郊祀录》，有《孙炎花云传》。而国家之典章，百司之故实，散见于碑志序记者尤多。率其言可以适道，举其说可以为治，信公之深于文也……昔公尝重修《苏文忠传》，而近时名公卿品第人物，亦率以文忠拟公。嗟乎！后世合公与文忠较量之，当益知阶之序公集非诔矣。[1]

由上可见，相较于诗文的审美功用，陆深更看重的是其"通达政务""纪事辅经"的佐政功能，也即是将文学视为效仿古贤、君王德治的手段和载体，追求文学在裨补时政领域所能发挥的实用价值。在这一思想的指导下，陆深的许多诗文作品皆体现有道德文章的意味，有研究者认为在一定程度上独具庙堂文学的宏大气象："陆深出入馆阁三十余年，且又操持翰苑文柄多年，长年累月的历练，使得他的诗文作品往往深受翰林院博洽文风的影响。陆深诗文集中大部分作品，就内容与形式而论，均蕴育庙堂之风与充实之美。"[2]

与此相适应，陆深在诗人与史官的对比中就尤为推崇史官，他在《史通会要》一书中便极力抬高史官的地位，认为史官不惟有着记录掌故的重要作用，而且是学问水平的集中体现，故而陆深本人即热衷于各类史籍的搜集和整理。他曾费尽心力求得《史通》的善本，以补全旧本之残缺："深在史馆日，尝于同年崔君子钟家获见《史通》，写本讹误，当时苦于难读也。年力既往，善本未忘。嘉靖甲午之岁参政江西时，同乡王君舜典以左辖来自西蜀，惠之刻本，读而终篇，已乃采为《会要》，颇亦恨蜀本之未尽善也。明年乙未，承乏于蜀，得因旧刻校

---

[1]［明］徐阶：《世经堂集》卷十三《陆文裕公集序》，明万历徐佺刻，清康熙二十年（1681）补刻本。

[2]周巍：《浦东文脉：陆深陆楫家学研究》，上海师范大学 2014 年博士学位论文，第 190 页。

之，补残刊谬，凡若干言。又订其错简，还其阙文，于是《史通》始可读云。"[1]
还不忘在校记中批评作者刘知几白璧微瑕，作为史官不应过多体现个人的好尚批评，违背了真实性的原则："顾其是非任情，往往捃摭贤圣，是其短也。"可见陆深在重视史官的同时，也对史官的职责提出了较高的要求，而他作为翰林院的一分子，除了校订并刊刻《史通》以外，还编订了以《南巡日录》《淮封日记》《平吴录》《北平录》以及《平蜀记》《南迁日记》等为代表的大量史籍，在一个侧面践行了其所主张的史学理念。

　　陆楫就曾在文章中追忆父亲陆深对自己史学素养的培养，指出陆深的教育理念隐含有"言经济须先通古今"的史学先行观："先文裕公出入馆阁，前后几四十年，每见国朝前辈，抄录得一二事，便命不肖熟读而藏之。盖士君子有志用事，非兼通古今，何得言经济？此先儒所以贵练达朝章，而魏相条晁董之对，特见重于朝廷，良亦为此。"[2] 陆楫之所以能成长为明代不可多得的经济思想家，可以说与其父的言传身教不无关系。有学者还进一步指出，陆楫的某些经济学思想亦直接源于其父："陆深曾任国子监祭酒（相当于国立大学校长）当过皇帝的老师。陆楫的一些思想显然受到过其文的影响。如宗藩人口问题，陆深对宗室繁殖越来越多，养尊处优，厚之以不资之禄，尊之以莫贵之爵，深表忧虑，认为日引月长，长此以往，是无法满足、养活他们的。在这一点上，陆楫的思想同陆深是一脉相承的。"[3] 徐阶也曾称赞陆深的著作中不乏涉及经济思想的篇幅，提醒世人勿要忽视："其文之在经济者，虽不尽显于时，而所谓'辅经纪事、通达政务'之文，犹幸有征于此。然则集之刻，固尚论公者，所不可废哉。"[4]《上

---

[1]［明］陆深：《俨山集》卷八十六《题蜀本〈史通〉》，《四库全书》第1268册，上海古籍出版社，1987年版，第552页。

[2]［明］陆楫：《蒹葭堂稿》，《续修四库全书》第1354册，上海古籍出版社，1997年版，第646页。

[3]　王守稼：《晚明上海士大夫及其社会思潮》，《史林》1987年第4期。

[4]［明］徐阶：《世经堂集》卷十三《陆文裕公集序》，明万历徐𬤝刻，清康熙二十年（1681）补刻本。

海县竹枝词》中亦收录有专门提及陆深经济思想的小诗，足见陆深长于经济之学的故事已经得到了较为普遍的认可："今古兼通陆俨山，农书徐相著朝班。讲求经济续年日，谁谓书生政不关。"通过以上的梳理，不难发现，陆深不仅在传统的文史领域造诣精深，而且在经济学方面也拥有常人所不及的敏锐眼光，这就为其子陆楫乃至从孙陆锡熊在经济领域的继承和突破提供了不可或缺的早期给养。

二、陆瀛龄与陆锡熊

陆锡熊能够取得不逊于六世从祖陆深的卓越成就，母亲与祖父可谓功不可没。陆锡熊母亲曹锡淑与父亲陆秉笏的秦晋之好，还要追溯至其父辈的相知与交游。陆秉笏早在幼年便因父亲陆瀛龄而结识了曹氏之父，两家可谓世交："以给谏公（曹一士）少时又与我父（陆瀛龄）交谊最深，雍正癸卯同受知侯官郑都宪，得选拔贡。余髫龀学为文，执弟子礼，从给谏公游，两家世好，历有年所。"[1] 曹氏乃上海当地望族，曹氏之父曹一士为雍正八年（1730）进士，曾任顺天壬子乡试同考官、翰林院编修、山东道监察御史等职，因古学和谏直而有闻于朝野。曹锡淑为曹一士次女，生于康熙四十八年（1709），卒于乾隆八年（1743），年仅三十五岁。少时便喜读《楚辞》《李商隐集》，熟习《昭明文选》。有《晚晴楼诗稿》四卷，《晚晴楼诗余》一卷。曹锡淑自幼便接受了良好的家庭教育，祖母对她钟爱有加并亲授诗词，为她的文学修养打下了坚实的基础。《四库全书总目提要》在介绍其诗集时亦指出曹氏家庭浓厚的诗学氛围："锡淑字采苻，上海人。兵科给事中一士之女，适同里举人陆正笏。一士有《四焉斋诗集》，其妻陆凤池亦有《梯仙阁余课》。锡淑承其家学，具有轨范，大致以性情深至为主，不规规于俪偶声律之间云。"[2]

---

[1]［清］陆秉笏：《曹锡淑行略》，清乾隆年间抄本。

[2]［清］永瑢等：《四库全书总目》卷一八五别集类存目十二《晚晴楼诗稿》，清乾隆武英殿刻本。

从诗歌的主要内容和风格特色来看，曹氏的诗作大多不出思亲怀人等常见闺阁主题的范围，难得之处在于摆脱了女子的柔弱纤细，而能暗合诗教传统的温柔敦厚之旨："夫人秉承庭训，幼而颖异，喜读书，与其姊适叶氏者俱以能诗称……遗诗数百篇，先生（秉笏）手掇其尤者，厘为三卷。其中大都思亲怀姊之作，缠绵往复，至性蔼然，深有合于温柔敦厚之旨。"[1] 亦有时人评价其诗既有典古为新的匠心巧思，又兼有不让须眉的严正之气："余读兹集，见其味腴撢芳，璃敷玉藻，则妙造自然也。绮句绘章，烂然有第。则典古为新也。高乎如日星，远乎如神仙，遇之自天，泠然善也……迄今读其词，严正之气令人肃然起敬，兹集其有遗风欤……若夫咏絮颂椒，恐无关于宗经之意。即推名媛，不敢与诸曹齿。"[2] 透过这些来自他者视角的描述和反馈，大致可以了解到曹氏的家学和诗风，对于陆锡熊早年所接受的诗文教育，也便有了初步的印象。

曹锡淑对儿子陆锡熊的启蒙教育是专业而严格的，她深知"少壮工夫老始成"的道理，故而分外珍惜光阴，早早便对儿子的学习关心有加，可以说，曹氏不独学识渊博，而且在教子方面颇得其法。在儿子正式入学之前，她便以《四书》来启蒙其心智，此后又延及六经、汉唐诗歌及历代史书，既囊括了传统学问的各个领域，又做到了循序渐进、由易到难："忆昔汝母教汝严，寸晷何曾轻作辍。教汝初攻四子书，七岁入塾提携切。教汝亲师肄六经，戒以工夫毋灭裂。教汝汉魏三唐诗，指点源流与派别。教汝夜读升庵词，二十一史若眉列……汝今纪岁十有三，莫逐儿童甘顽劣。大凡伟器擅自藏，不矜智巧尚朴讷。汝母当时千万言，不堪觑缕声呜咽。汝需常体汝母心，神兮归来亦欢悦。"[3] 以陆锡熊的诗歌学习为例，曹氏可谓最为擅长，故而也是用力最勤的一个方面。她会因为儿子的偶出妙语而喜形于色，也会因为学诗不佳而痛加训斥，丝毫不会念及陆锡熊的年幼而加以姑息："熊儿晨入馆，稽察甚严，常密令乳媪从门外侦其心之专否。晚则

---

［1］［清］梁国治：《晚晴楼诗稿序》，清乾隆年间抄本。

［2］［清］蒋季锡：《晚晴楼诗稿序》，清乾隆年间抄本。

［3］［清］陆秉笏：《晚晴楼诗稿跋》，清乾隆年间抄本。

责阅《通鉴》，亲授以古今各体诗。搦管得一聪慧语，喜形于色，否则痛切训诫，甚至榎楚。不以幼稚无知，存姑息念……尝谓：'此非闺阁事，我不过以此规训儿女耳。'弥留时，犹喃喃不绝口，以读书成名为嘱。"[1]然而更多的情况下，曹氏仍然是一位温柔耐心的慈母，她会在为儿子讲授诗歌的写作方法时，亲自作诗以为示范，如《灯下课熊儿古诗拈示一绝》便是这一场景的再现："夜长灯火莫贪眠，喜汝翻诗绕膝前。汉魏遗风还近古，休教堕入野狐禅。"[2]在与善诗的亲人相聚时，亦不忘一起督促陆锡熊的诗歌写作，如这首《月下同两弟并大儿玩赋》："挈来月下同吟赏，稚子喧哗解念诗。花影一庭疑白昼，穿帘风细漏声迟。"[3]从汉魏三唐诗歌的时代分期到不同诗歌的源流派别，从宏观的理论学习再到具体诗歌的创作实践，曹氏对儿子的诗学教育可谓倾注了大量的心血。无怪乎父亲陆秉笏曾叮嘱儿子要牢记母亲的教诲，并且妥善整理她的诗集，也算是对母亲辛劳付出的一种回馈：

> 汝母心中点点血，洒来化作珠玉屑。三年藏弄箧衍中，意兴萧索不忍阅。讵知汝母不得寿，不寿之寿诗不灭……宗族姻党交口称，谓是闺中女豪杰……造物尤忌巾帼才，古老名媛谁耄耋？只今抚卷强自嘲，收拾遗编幸无缺。汝劈刻溪誊录之，以待锲中允题词。馆阁传谢女，班姑许相埒。勖哉小子识弗忘，诗卷长留名姓熟。弥留况复重叮咛，魂魄虽散心仍结。[4]

陆锡熊十岁时母亲曹氏去世，此后他便开始跟随祖父陆瀛龄继续自己的学业。陆瀛龄，字景房，号仰山。生于康熙十九年（1680），与曹给事一士并以古学有闻于当时。雍正元年（1723），受知侯官郑都宪，以拔贡入京师，为公卿推

[1]［清］陆秉笏:《曹锡淑行略》，清乾隆年间抄本。
[2][3]［清］曹锡淑:《晚晴楼诗稿》，清乾隆年间抄本。
[4]［清］陆秉笏:《晚晴楼诗稿跋》，乾隆年间抄本。

许。乾隆八年（1743）除安徽石埭县教谕，出己资修葺学舍，教授诸生读书。后摄知县事，甫三月而县大治，以秩满乞归。年八十卒，诰赠通议大夫、翰林院侍读学士加三级。著有诗文集《赘翁诗遗》《赘翁胜语》，尝辑古代迄明诗话数百家，总为《古今诗话》。此外又有杂著《仰山杂记》《鸡窗随笔》《退闲录》《金台集》等。陆瀛龄的学识人品颇得时人称誉，甚至被认为可与文裕公陆深相媲美："自其先文裕公深后，虽多学行兼优之士，莫有如瀛龄者……陆氏文献旧门，石埭公学行尤高。"[1] 陆瀛龄淡泊名利而潜心治学的态度，不仅是他个人的珍贵品德，也为整个家庭营造了质朴慕学的风气。

陆锡熊乃是陆瀛龄之长孙，故而在其诞生伊始，便得到了祖父深切的关注和疼爱。当陆瀛龄收到喜得孙儿的家信时，难掩激动的心情而写下了长诗一首，对孙儿今后的仕宦生涯寄予了美好的祝愿："老子行年五十五，闻报得孙喜欲舞。时方献岁寓长安，街头正闹迎春鼓。取椒酒，进辛盘，一曲高歌手拍拊。前瞻后顾情何许，我家世泽长，青云常接武。愧予落拓老江滨，浪迹来依天尺五。东隅失矣冀桑榆，玉树成荫犹望汝。他年鼓箧蚤升堂，束躬砥行循绳矩。得意翱翔翰墨场，挥毫对客惊鹦司。读尽人间有用书，为时舟楫为霖雨。汝能一一副我期，我纵颓然堪自诩。"[2] 在陆瀛龄的日常诗作中，亦能时时见到或表扬、或惦念孙儿的诗句，浓烈的喜爱之情可谓溢于言表。例如他在《子舍寄诗遥祝》中写道"自惭妇未娴慈训，且喜孙能读祖书"，是对孙儿读书的骄傲和鼓励；在《忆笏儿》中云："金台浪迹笑冬烘，有子还堪慰阿翁。学士风流乔木在，秀才滋味菜根中。青缃世业期传笏，黄纸功名叶梦熊（儿生有兆）。明日三寅开岁首，茅庐长此被皇风。"[3] 诗中暗藏"笏""熊"二字，即指儿子陆秉笏及孙儿陆锡熊，可见诗题虽名为忆儿，陆瀛龄对孙儿的牵挂却丝毫不亚于其父。

陆锡熊十岁时跟随祖父赴安徽石埭县履职，在其指导下学习五经及唐宋诗

［1］［清］宋如林：《松江府志》卷五八"古今人传"，清嘉庆二十三年（1818）刻本。

［2］［清］陆瀛龄：《赘翁诗遗》，《乙卯迎春日家信至喜得长孙》，上海图书馆藏抄本。

［3］［清］陆瀛龄：《赘翁诗遗》，《忆笏儿》，上海图书馆藏抄本。

歌，并开始尝试诗文创作。陆锡熊也曾自述在母亲离世后，祖父便接替了母亲的角色继续督促自己的诗歌学习，学业才不至于中辍："余初就塾时，先慈太夫人即口授汉魏古诗，多能成诵。十岁，先祖通议府君任石埭学博，余从之官。先祖于课经余暇，令诵唐宋诸家诗，心辄好之，始学为吟咏。"[1] 这一段追随祖父的时光当是陆锡熊颇为美好的童年记忆，他在不惑年后赠予友人赴石埭为官的诗歌中，还曾饶有兴趣地回想起当年的种种情形："城西学舍小如舟，随宦童年惯钓游。着旧襄阳阅尘劫，诸生鲁国记风流。官程相送三千里，客梦回思四十秋。烦向书堂问双桂，看花人已雪盈头。"[2] 他还在诗末的自注中写道："家大父曾任石埭学博，双桂书堂，大父所题署斋名也。"这首诗歌整体上轻松明快而又隐含着一丝淡淡的忧伤，由此不难推断，对于少年时期的石埭生活，陆锡熊颇为感慨和怀念。在诗歌之外，这一时期的陆锡熊亦有不少文章创作，其《宝奎堂集》中便收录有《汉景帝论》《唐太宗论》《唐武后论》《补陈寿〈礼志〉自序》《〈石埭县志〉纠谬自序》《〈周礼〉读本跋》《拟刘勰以〈文心雕龙〉取定沈约书》《拟屏箴并序》八篇作品，基本上可以分属史学、经学和文学三类，可以想见，这些文章的背后少不了祖父陆瀛龄的引导和把关，这就从一个侧面反映出，在祖父的教育和影响下，少年陆锡熊的学术视野较之幼时已经愈发广阔且全面了。

陆瀛龄对陆锡熊的培养和教育，不单单体现在直接的诗文传授和研习，更体现在对优秀家学传统的认可与继承。饱读诗书的陆瀛龄本就拥有极强的家族荣誉感，早在陆锡熊出生之前的康熙六十一年（1722），他便重编过五世从祖陆深的《陆文裕公行远集》，一方面是为了秉承先人的遗训，另一方面也是出于发自内心的钦敬。在《陆文裕公行远集序》中，陆瀛龄这样写道："先文裕公挺生明代，岳岳公卿间，学术正，人品端，不独以文章重也，然读其文，可想见其为人。龄自总角时，先君子尝手哀全集，庭立而诏之曰：'我陆氏家学在是，立身

［1］［清］陆锡熊：《篁村集》卷一《〈陵阳前稿〉序》，清嘉庆十三年（1808）刻本。

［2］［清］陆锡熊：《篁村集》卷十二《送郭紫仲令石埭》，清嘉庆十三年（1808）刻本。

行已，当以公为法。小子识之，弗敢忘。'全集原刻凡一百八十卷，先伯祖吉云公宰永宁时，重付剞劂，虑其繁也，什存一二，簿书鞅掌，未暇编定公诸当世。今藏板尚存，龄谨奉庭训重编，卷次且补，其漫漶阙失者，海内君子即未睹其大全，亦可略见梗概，知先公之学术人品，有卓卓不可磨灭者，而文章特其余技云。五世从孙陆瀛龄谨识。"陆锡熊受学之后，陆瀛龄亦时常以家族中的先贤事例来激励他不忘家风，努力奋进："吾家文裕公以辛酉发解，学宪封公以辛酉列乡，万兹行世，勿忘祖武。"陆瀛龄对于陆氏家风的弘扬，无疑对孙儿家族观的培养起到了濡染和表率的作用，为陆锡熊日后振兴家学、光耀门楣埋下了珍贵的火种。

陆氏家族历经岁月的磨砺始终人才辈出，文脉悠长，陆锡熊作为清代的陆氏末裔，追溯其先祖不乏陆机、陆云的一类文学大家，又或是陆深一类的朝廷重臣，反观其家庭则有来自母亲曹锡淑和祖父陆瀛龄在诗文修养和家风教育方面的启蒙提携，这些世代相承的家族智慧无不为陆锡熊的成长提供了丰沃的给养，也为他日后成长为清代大儒打下了无比坚实的基础。

第二节　陆锡熊与《四库全书》的编纂

陆锡熊一生中最值得骄傲的成就，当属作为总纂官参与了《四库全书》的编撰工作。以往学界在评论《四库全书》的纂修之功时，于纪昀称颂尤多，于陆锡熊却所谈甚少，可以说陆锡熊的功劳在一定程度上被遮蔽了，其实这是有悖于当时史实的："长期以来，学术界对于陆锡熊在四库学方面的贡献只字不提，似乎他在四库馆中无足轻重。其实不然，纪、陆当时并驾齐驱，上下颉颃。纪昀专美于后世，陆锡熊则为其盛名所掩。名之显微，有幸有不幸焉。"[1]令人感到欣慰

---

［1］　司马朝军：《陆锡熊对四库学的贡献》，《图书情报知识》2005 年第 6 期。

的是，现在已有越来越多的学者关注到了陆锡熊对于《四库全书》编纂的独特贡献，开始为他正名，陆锡熊本应拥有的历史评价和学术地位也在学者们的努力下渐渐浮出水面。

欲言陆锡熊对于《四库全书》编撰的功绩，首先不得不提近年来新材料的发现和利用，将原有的研究向前大大推进了一步。《宝奎堂集》作为现今较易获得的陆锡熊文集，一直为研究者们所广泛使用，然而是书有关《四库全书》编纂的记载却十分寥寥，曾一度造成了研究的瓶颈，而南京图书馆藏《宝奎堂余集》的发现以及对国家图书馆所藏《颐斋文稿》作者乃是陆锡熊的辨明，恰好填补了先前相关史料的空白，陆锡熊之于《四库全书》编纂的来龙去脉终于变得明晰起来。简而言之，《宝奎堂余集》所收录的九十余篇文章中，与《四库全书》编撰有关者计有四篇，分别是：《为军机大臣议覆安徽学政朱筠采访遗书条奏》《恭拟文渊阁官制条例》《谨拟〈日下旧闻考〉凡例》和《谨拟〈历代职官表〉凡例》。《颐斋文稿》原题为陆费墀作，经张升、苗润博等学者考证其真实作者当是陆锡熊，而其中不仅收录有上述《宝奎堂余集》关涉《四库全书》编撰的四篇文章，还有两篇文章《初拟校阅〈永乐大典〉条例》和《初拟办理〈四库全书〉条例》同样显示出不凡的史料价值。接下来即以时间为序，以陆锡熊在四库馆中所参与的主要工作为核心，结合新近史料中的相关记述，力求客观而准确地还原陆锡熊纂修《四库全书》的整个过程。

一、筹备《四库全书》馆

《四库全书》的编修作为一项卷帙浩繁、参编人员众多的国家工程，其协调和运转必然不是一蹴而就的，显然有着高度的分工且有赖于密切的配合。通过对这部分材料的爬梳和整理，可以发现无论是从《四库全书》馆开馆前的准备，还是编撰过程中具体校勘条例的制定，以及成书之后的订讹、复校乃至善后工作，陆锡熊皆于其中发挥了不可忽视的作用，毫不夸张地说，《四库全书》编纂的始末，无不凝聚了陆锡熊恪尽职守的辛勤付出。

《四库全书》的编纂经历了一个从无到有、从模糊到清晰的变化过程。先是在乾隆三十七年（1772）正月初四，乾隆皇帝下令搜求各地遗书，其意在庋集群书并昭示文治之功："朕稽古右文，聿资治理，几余典学，日有孜孜。因思策府缥缃，载籍极博。其巨者，羽翼经训，垂范方来，固足备千秋法鉴；即在识小之徒，专门撰述，细及名物象数，兼综条贯，各自成家，亦莫不有所发明，可为游艺养心之一助。是以御极之初，即诏中外搜访遗书；并令儒臣校勘十三经、二十一史，遍布黉宫，嘉惠后学；复开馆纂修《纲目三编》《通鉴辑览》及《三通》诸书。凡艺林承学之士，所当户诵家弦者，既已荟萃略备。"[1] 同年十一月二十五日，时任安徽学政的朱筠就搜访遗书陈述了四条意见，主要包括急搜旧本和抄本、中秘书籍与外书互校、著录和校雠应当并重以及参考金石、图谱之学。尤为值得注意的是，他还就明代《永乐大典》的辑佚一事，提出了极为重要的建议："臣在翰林，常翻阅前明《永乐大典》，其书编次少伦，或分割诸书以从其类。然古书之全而世不恒觏者，辄具在焉。臣请敕择取其中古书完者若干部，分别缮写，各自为书，以备著录。书亡复存，艺林幸甚。"[2] 朱筠的奏折引起了乾隆皇帝的高度重视，他责令大臣商讨议奏。次年二月初六日，刘统勋、于敏中等军机大臣便上奏了覆朱筠所陈采访遗书的意见。这次条奏的撰写者中，本没有陆锡熊之名，然而在学者们的细心考辨之下，却发现这次条奏的拟稿人，实际为陆锡熊。

《宝奎堂余集》和《颐斋文稿》都收录有一篇名为《为军机大臣议覆安徽学政朱筠采访遗书条奏》的文章，将这篇文章与乾隆三十八年（1773）二月初六日以刘统勋之名而上呈的条奏相比较，便会发现二者存在着极高的相似度："将此稿与《纂修四库全书档案》所收该奏折相较，除极个别文字有差异外，其余完全相同，可见定稿完全采纳了陆氏之拟稿。正是此奏，真正推动了四库馆的开启，

［1］ 中国第一历史档案馆编：《纂修〈四库全书〉档案》，上海古籍出版社，1997年版，第1页。
［2］ ［清］朱筠：《笥河文集》卷一《谨陈管见开馆校书折子》，中华书局，1985年版，第3页。

故其价值极为重要，亦可视为陆氏对四库开馆之重要贡献。"[1] 这就说明，其时的陆锡熊很有可能也参与了大臣们关于朱筠访求遗书以及重纂《永乐大典》的讨论，并草拟了这份条奏，或许由于官微言轻，或是由于某些其他的原因而未将其名写入上奏人的行列。结合陆锡熊年谱来看，在此之后，他很快便在同年的闰三月份被任命为《四库全书》总办，或可进一步佐证陆锡熊和刘统勋、于敏中所上条奏与四库开馆的密切关系。

至于陆锡熊为何会参与草拟条奏之事，有学者在梳理了刘统勋和于敏中的交游资料之后指出，于敏中和陆锡熊私交甚笃，故而有可能条奏实为陆锡熊所拟定，而冠以刘统勋和于敏中之名："其时，于敏中为军机大臣、协办大学士，当亦列名此奏，而且，于敏中与陆氏关系非常密切，因此，此稿有可能是陆氏替于氏所拟，而以刘统勋、于敏中等军机大臣之名义上奏。"[2] 此后在入馆纂修《四库全书》期间，于敏中对陆锡熊亦多有信赖，屡屡让其代拟重要的条例，正如有学者的分析所云："至于后来在编修《四库》过程中于氏一直对陆氏多所倚重，让其代拟《大典》《四库》等办理条例，此稿应是开了一个好头。"[3]

《四库全书》馆开馆之后，面临的首要问题即为对《永乐大典》的辑佚整理。乾隆三十八年（1773）二月二十一日，刘统勋等上奏《大学士刘统勋等奏议定校核〈永乐大典〉条例并请拨房添员等事折》，为《永乐大典》的校勘工作拟定了"十三条"："臣等恪遵谕旨，将应行条例，公同悉心逐一酌议，谨拟定十三条，另缮清单进呈，恭请训示。"[4] 刘统勋所呈"十三条"的具体内容，现已不可考，幸运的是，《颐斋文稿》中有一篇《初拟校阅〈永乐大典〉条例》，乃是陆锡熊对于校核《永乐大典》的六条初步设想，虽然无法与刘统勋最终上呈的"十三条"进行对比，但通过与《永乐大典》辑佚成果的比较可以发现，陆锡熊所提出的建议大多在校勘整理的过程中得到了切实的执行和运用："'初拟校阅永乐大典条例'共收条例六条……第一条主要谈如何开列《永乐大典》征引书书单。这条基

---

[1][2][3] 张升：《陆锡熊与〈四库全书〉编修》，《史学史研究》2014年第2期。

[4] 张书才主编：《纂修四库全书档案》，上海古籍出版社，1997年版，第60页。

本被采用。第二条主要谈对上述引书单所收之书分类处理。这条基本被采用。第三条主要谈大典本书目应按《文献通考·经籍考》之分类排列。这条未被采用。第四、五、六条分别谈经部、史部、子部书的辑佚标准。这三条均被采用。"[1] 有基于此，不妨大胆地推测，陆锡熊在《初拟校阅〈永乐大典〉条例》中所提出的六条建议，其核心主张基本上被刘统勋勘定的"十三条"所采纳和吸收，也即是说成为了"十三条"参考的来源和依据。如果说前文所提到的《为军机大臣议覆安徽学政朱筠采访遗书条奏》，展现的是陆锡熊从建议谋划的外围层面参与了四库开馆的早期工作，那么《初拟校阅〈永乐大典〉条例》则显示出陆锡熊已经加入到了四库馆内核心工作的开展。梁启超曾指出《永乐大典》辑佚之于整个《四库全书》编纂的创始性作用："乾隆三十八年（1773），朱筠河奏请开四库馆，即以辑《大典》佚书为言，故《四库全书》之编纂，其动机实自辑佚始也。"[2] 从这一意义来说，陆锡熊参与《永乐大典》辑佚条例的拟定，无疑意味着他与《四库全书》编撰的关系越来越密切了。

不仅仅是《永乐大典》校阅条例的拟定，陆锡熊还根据乾隆皇帝的要求，在辑校的过程中为各书撰写提要。早在乾隆三十八年（1773）二月初六日，乾隆便在下旨将校核《永乐大典》提上议事日程之时，兼对提要之事做出了相应的要求："至朱筠所奏每书必校其得失，撮举大旨，叙于本书卷首之处，若欲悉仿刘向校书序录成规，未免过于繁冗。但向阅内府所贮康熙年间旧藏书籍，多有摘叙简明略节，附夹本书之内者，于检查洵为有益。应俟移取各省购书全到时，即令承办各员将书中要旨隐括，总叙崖略，粘贴开卷副页右方，用便观览。"[3] 此后又于乾隆三十八年（1773）八月二十五日下诏曰："办理四库全书处将《永乐大典》内检出各书，陆续进呈。朕亲加披阅，间予题评，见其考订分排，具有条理，而撰述提要，粲然可观，则成于纪昀、陆锡熊之手。二人学问本优，校书亦极勤

［1］ 张升：《陆锡熊与〈四库全书〉编修》，《史学史研究》2014年第2期。

［2］ ［清］梁启超：《中国近三百年学术史》，天津古籍出版社，2003年版，第294页。

［3］ 中国第一历史档案馆编：《纂修〈四库全书〉档案》，上海古籍出版社，1997年版，第55—56页。

勉，甚属可嘉。纪昀曾任学士，陆锡熊现任郎中，著加恩均授为翰林院侍读，遇缺即补，以示鼓励。"[1] 而此时距离《永乐大典》校核条例的颁布，也不过半年的时间，可以想见陆锡熊的勤勉和负责，为他赢得了不少同僚的交口称赞。

综上而言，陆锡熊在《四库全书》开馆之前，便已先行参与到了这一重大事件的决议和谋划之中；四库开馆伊始，又积极投入到《永乐大典》的辑校之中，不仅协助拟定了纲领性质的校勘条例，作为共同参照的工作准则，而且率先垂范，认真从事辑佚并撰写提要。这一系列活动固然离不开其座师于敏中的提携和帮扶，然而不可否认的是，陆锡熊自身的才华和努力才是其此后能够顺利总纂《四库全书》最为重要的因素。

二、编定条例及纂辑《提要》

《四库全书》开馆之后，先是对《永乐大典》进行了抢救性的辑佚和整理工作，这些最初的探索和努力也为后来纂修《四库全书》提供了宝贵的经验。收录于《颐斋文稿》的《初拟办理〈四库全书〉条例》，从时间上来推断，即是陆锡熊作于这一时期。这些条例有四十条之多，提纲挈领地指出了《四库全书》选取书籍的标准以及分类原则，较为直观地反映出《四库全书》编纂的初步设想，是颇为珍贵的早期资料："该文主要讨论《四库全书》的编纂原则，从总体构想到四部中每一小类的设置，内容颇为详尽。关于此条例之撰写时间，档案中并未留下直接记载，从其内容判断，当系四库开馆之初所拟。此《条例》内容大都与《四库全书》的实际部类相符，但也不尽相同者……总之，这份详尽的条例是研究陆锡熊四库学贡献最为重要的文献，充分体现了陆氏在《四库全书》实际编纂过程中所起的核心作用。"[2] 陆锡熊所拟定的这些条例，在日后《四库全书》的修

---

[1]　中国第一历史档案馆编：《纂修〈四库全书〉档案》，上海古籍出版社，1997 年版，第 288 页。
[2]　苗润博：《国家图书馆藏"陆费墀〈颐斋文稿〉"考辨——兼论陆锡熊对〈四库全书〉的贡献》，《中国典籍与文化》2014 年第 3 期。

撰中绝大部分都得到了很好的运用，再次证明了陆锡熊扎实的学术功底和审慎严谨的筹划能力。

　　除了从统领全局的角度提出建设性的条例，在《四库全书》具体的书籍纂修实践中，陆锡熊亦能有针对性地给出相应的参考意见。如《日下旧闻考》一书，本为乾隆皇帝责令于敏中进行编订和整理，然而于氏对是书的体例等方面没有把握，于是先后修书两封同陆锡熊商讨相关细节。先是在乾隆三十八年（1773）六月十七日，于敏中写信向陆锡熊咨询凡例的款式："昨奉办《日下旧闻考》，命仆总其成……又此书凡例，茫然无所绪，足下可为我酌定款式一两样，略具大概寄示，琐事相渎，幸勿辞劳，又拜。此事私办更胜于官办，并与蒋大人商之。"[1] 仅仅过了四日，于敏中便又致书重申此意："《日下旧闻考》款式极难，愚意欲尽存其旧而附考于后，其式当何如，可酌拟一二样，便当商择妥当，以便发凡起例耳。"[2]《宝奎堂余集》和《颐斋文稿》共同收录有一篇《谨拟〈日下旧闻考〉凡例》，当是陆锡熊在上述背景下为于敏中而作的。于氏后来确也收到了陆锡熊回复的凡例拟定建议，并对之表示赞同和认可："来书具悉，所定凡例大致极佳，感佩之至，俟细阅下报再复。"从表面看来，此次《日下旧闻考》凡例的拟定，好像是于敏中与陆锡熊私人之间的一次探讨合作，然而同时也不应忽视，《日下旧闻考》作为乾隆皇帝的敕撰之书，其后同样被纳入了《四库全书》的系统，因此陆锡熊对于《日下旧闻考》凡例的建议和拟定，从更为宏观的角度而言，亦是对《四库全书》具体编撰工作的支持和推动。

　　与《永乐大典》撰写提要的工作相类，《四库全书》在编纂过程中同样需要为所收各书撰写提要，这即是颇富学术价值的《四库全书总目提要》。《四库全书》所收书籍数量庞大，所涉内容又极为丰富驳杂，非有渊博的学识以及超凡的毅力，难以胜任此项工作。撰写《四库全书总目提要》的重任，就这样落在了陆锡熊和纪昀两位总纂官身上。就此，于敏中曾云："《提要》稿吾固知其

――――――――――

［1］［清］于敏中：《于文襄手札》，国立北平图书馆 1933 年影印本，第 9 通。

［2］［清］于敏中：《于文襄手札》，国立北平图书馆 1933 年影印本，第 11 通。

难，非经足下及晓岚学士之手，不得为定稿，诸公即有高自位置者，愚亦未敢深信也。"[1] 足见他对陆氏和纪氏二人充满了信赖和期待。上海图书馆今藏有《辨言》稿本一卷，其提要便是经过了陆锡熊的修改，且与定稿的《四库全书》本提要完全一致："从上海图书馆所藏提要残稿来看，《辨言》重写提要稿出自陆锡熊之手。在此篇提要旁另有朱笔批语：'依此本改。'此四字审为纪昀手笔。显然可见，陆氏参与了修改提要稿的工作。"[2] 陆锡熊亦曾坦言提要编写之辛苦，早已远逾古人："宋曾巩校史馆书仅成目录序十一篇，臣等承命撰次《总目提要》，荷蒙指示体例，编成二百卷。遭际之隆，实远胜于巩。"[3] 而陆锡熊的辛勤付出也得到了乾隆皇帝的认可和嘉奖，乾隆四十六年（1781）二月十六日，皇帝对提要的撰制颇为满意，特地予以表扬："《四库全书总目提要》现已办竣呈览，颇为详核，所有总纂官纪昀、陆锡熊著交部以优议叙，其协勘查校各员，俱著照例议叙。"[4] 可以说《四库全书总目提要》最能体现编纂者的学力和能力，在整个《四库全书》的编纂中占据着举足轻重的地位，也是陆锡熊心血凝聚之所在。

此外，陆锡熊还负责了拟定《文渊阁官制条例》及《历代职官表》凡例。乾隆四十一年（1776），陆锡熊充文渊阁直阁事。分别见于《宝奎堂余集》和《颐斋文稿》的《恭拟文渊阁官制条例》，应系陆锡熊作于这一时期。本条例仍为拟本，而定本则收录于《纂修四库全书档案》中，即《大学士舒赫德等奏遵旨详议文渊阁官制及赴阁阅抄章程折》。从两本奏折的具体内容来看，拟本条列了八条，而定本有六条，主要是关于文渊阁设官分职和管理制度的若干规定，定本较之拟本虽然也增加了部分内容，但在基本意思、文字乃至条例的顺序等方面都对拟本有所参考吸收，惟于个别文字进行了修改和再加工，可以认为是在拟本的基础上

[1]　[清]于敏中：《于文襄论四库全书手札》，乾隆四十年（1775），廿八日函。

[2]　司马朝军：《〈四库全书〉与中国文化》，武汉大学出版社，2010年版，第13页。

[3]　[清]陆锡熊：《篁村集》卷九《恭和御制经筵毕文渊阁赐宴》，清道光二十九年（1849），第10页。

[4]　中国第一历史档案馆编：《纂修〈四库全书〉档案》，上海古籍出版社，1997年版，第1292页。

修饰而成。这就意味着陆锡熊作为文渊阁的重要成员，不仅参与了此次条例的制定，而且由他初拟的这份条例也基本得到了众人的认同，在稍加修改之后成为定本而上奏皇帝。

《宝奎堂余集》和《颐斋文稿》还收录有一篇《谨拟〈历代职官表〉凡例》，乃是应乾隆皇帝纂修《历代职官表》的要求而创制的。乾隆四十五年（1780）九月十七日，乾隆皇帝敕纪昀、陆锡熊、陆费墀和孙士毅等人编纂《历代职官表》："我国家文武内外官职品级，载在《大清会典》，本末秩然。至于援古证今，今日之某官即前某代某官，又或古有今无，或古无今有，允宜勒定成书，昭垂永久，俾览者一目了然。现在编列《四库全书》，遗文毕集，著即派总纂总校之纪昀、陆锡熊、陆费墀、孙士毅等，悉心校核，将本朝文武内外官职阶级，与历代沿袭异同之处，详稽正史，博参群籍，分晰序说，简明精审，毋冗毋遗。其议政大臣、领侍卫内大臣、八旗都统、护军、统领、健锐火器营、内务府并驻防将军及新疆增置各官，亦一体详晰考证，分门别类，纂成《历代职官表》一书，由总裁复核，陆续进呈，候朕阅定。书成后，即以此旨冠于卷首，不必请序，列入《四库全书》，刊布颁行，以昭中外一统，古今美备之盛。"[1]此次奏折的撰写和上呈，陆锡熊已不再是隐姓无名的初拟人员，而成为了皇帝钦定的负责者，故而出现于陆锡熊文集中的这篇《谨拟〈历代职官表〉凡例》，应与最终的定本相差不大。

由于定本凡例的缺失，只能借助《历代职官表》一书来对陆锡熊初拟凡例的相关情况进行推测和考察。陆锡熊初拟凡例有十三条，根据学者的研究大致可得以下结论："细考此凡例可知，其内容类似于前述的修书条例，行文语气也是拟如何如何，并不是针对定稿而言的，因此，此凡例实为准备续修而作的，应撰于重新修纂《历代职官表》之初。其中，第1—6、8—11条为修书所采用；第7条未被采用；第12条未被采用；第13条未被完全采用。总之，此凡例基本被采

---

[1] 任松如：《〈四库全书〉答问》，巴蜀书社，1988年版，第156页。

用。据此，我们可以考察《历代职官表》的纂修原则、程序等，以及陆氏在重修此书中之具体贡献。"[1] 简言之，此次陆锡熊初拟的凡例依旧得到了绝大部分的认可和吸纳，成为了全书具有指导意义的编撰方针。《谨拟〈历代职官表〉凡例》正如此前为于敏中所作的《谨拟〈日下旧闻考〉凡例》一样，皆是于某一部书籍编纂的初始，针对整个编纂流程的具体原则而制定，陆锡熊对此类校勘凡例拟定的擅长，既是他积年以来从事校勘工作所总结出的实际经验，同时也是其学术素养的直接呈现。

《四库全书》告成之后，陆锡熊进行复校修缮。其间既因校书精良而得到嘉赏，亦有百密一疏之时而受到处分。例如在乾隆四十七年（1782），在短短数月之内便先后经历了赏罚两重天："四十七年五月，转大理寺卿。七月，撰《四库全书表文》进呈，得旨奖赏。十月，因四库馆进呈原任检讨毛奇龄所撰《师说》一书内，有字句违碍，总纂官未经签改，得旨，交部议处。部议降调，谕从宽留任。"[2] 然而更多的时候，陆锡熊则是因为乾隆皇帝对编修《四库全书》之重视而获得了特殊的优待，他曾多次受邀参加重华宫茶宴，享受到了超凡的恩遇："向来茶宴，多内直词臣，惟开四库馆时，总纂陆锡熊、纪昀，总校陆费墀，虽非内廷，每宴皆与。"[3] 还曾蒙乾隆皇帝赏赐时鲜瓜果："乾隆四十有二年十月二十九日，命以哈密瓜颁赐四库全书馆诸臣，异数也……伏念臣等叨列冰衔，谬编瑶笈。三万七千余卷，尚未谙隋志之名；一百五十四人，乃尽拜尧阶之赐。平居伏读，仰窥消夏之诗；此日分尝，真作逢春之草。恩逾常格，本非歌颂所名；感倍恒情，惟以文章为报。"[4] 至于平日里为犒赏纂书之劳而行的文房四宝之赐，更是常有之事："（乾隆）四十三年，议叙四库馆纂办诸臣，奉旨：'陆锡熊等虽已加恩擢用，但纂办各书，均为出力，著赏给缎匹、笔纸、墨

---

［1］张升:《陆锡熊与〈四库全书〉编修》,《史学史研究》2014 年第 2 期。

［2］［清］李桓:《国朝耆献类征初编》卷九十六 "陆锡熊", 清光绪十七年（1891）增刻本。

［3］［清］吴振棫:《养吉斋丛录卷十三》, 北京古籍出版社, 1983 年版, 第 149 页。

［4］［清］纪昀著, 孙致中等校点:《纪晓岚文集》卷八御览诗《恩赐四库全书馆哈密瓜联句恭纪一百五十四韵》, 河北教育出版社, 1995 年版, 第 470—471 页。

砚，以示奖励．'"[1]总而言之，陆锡熊在《四库全书》馆的履职生活，一方面不能放松自己所负责的总纂工作，另一方面也要完成皇帝敕撰的公文，出席各类相关活动，有时还会因为过失而面临处罚，不难想象其时陆锡熊所肩负的责任与压力。

乾隆五十年（1785）《四库全书》告成，然而陆锡熊与《四库全书》的关联并没有因此而中止。乾隆五十二年（1787）二月，陆锡熊迁都察院左副都御史。次月，即又因《四库全书》所收书籍审核不严的问题而遭到了革职留任的处分："（五十二年）三月，四库全书处呈续缮三分内，有李清所撰《诸史异同》一书，语多妄诞，总纂官未经掣毁，命交部严加议处。部议革职，得旨改为革职留任，八年无过，方准开复。"[2]自这一事件开始，《四库全书》又屡屡被指出存在较多讹误，这不禁令主持总纂的陆锡熊感到焦头烂额：乾隆五十二年（1787）六月十二日，因《四库全书》舛误较多，乾隆皇帝命令覆阅查改，并责令纪昀、陆锡熊二人承担修订补改之费用："著将文渊、文源、文津三阁书籍所有应行换写篇页，其装订挖改各工价，均令纪昀、陆锡熊二人一体分赔。"[3]不久之后的十月十日，和珅等又上奏文渊、文源、文津三阁所校出《四库全书》的讹误，陆锡熊被委任协同学政六员赴盛京再行校理："学政六员刘权之、翁方纲、郑际唐、潘曾起、张焘、吴槐，以上六员应令于差满后，同陆锡熊前往盛京看书。"终于在乾隆五十五年（1790）九月份，完成了所有书籍的校订和缮写，陆锡熊也得以官复原职："（乾隆五十五年）九月，奏：'所有书籍业经分阅各员全数校毕，覆行核签，亦已竣事，其中错落偏谬各书，随时缮写改正。此外漏写错写，应行另缮之本，俱即自行赔写完妥。'报闻。是年，恭遇覃恩，开复降职处分。"[4]在《四库全书》纂修完成之后的几年间，陆锡熊也曾因治书不善而被罚俸以致革职，针对朝

[1][2][4]［清］李桓：《国朝耆献类征初编》卷九十六"陆锡熊"，清光绪十七年（1891）增刻本。
[3] 中国第一历史档案馆编：《纂修〈四库全书〉档案》，上海古籍出版社，1997年版，第2026—2027页。

臣们提出的批评和建议，他竭尽全力去修正和弥补，为《四库全书》的修缮工作可谓任劳任怨。乾隆五十七年（1792），陆锡熊再次前往盛京复核文溯阁的《四库全书》，老病颓唐加之天寒路阻，最终卒于奉天：

> 初，《四库全书》之成也，君任编辑，不任校勘，而上命分写七，分自大内，文渊阁外，圆明园之文源阁、热河避暑山庄之文津阁、盛京之文溯阁各庋一部，又于扬州大观堂、镇江金山、杭州西湖皆建阁以庋之，而前校勘者不谨，舛错脱漏，所在多有，文溯阁书尤甚。君以是书旷代盛典，不可任其疵类，乃请自往校之。既而以为未尽，五十七年正月复往。会山海关道中冰雪冻沍，比至奉天病，以寒卒。预是书之役者众矣，公独勤其事而殁，可悲也。[1]

通过以上对陆锡熊与《四库全书》编纂全程的简要梳理，不难推测他对这项浩大工程所做出的突出贡献，正如有研究者的总结称："陆锡熊之于《四库全书》远不止于《总目》的编纂工作，从筹划四库开馆，到《永乐大典》辑佚，从拟定全书编纂纲领，再到四库馆官修诸书的策划，陆氏几乎参与了《四库全书》编纂过程中的每个重要环节，发挥了统筹全局、发凡起例的关键作用。"[2]这一评价可以说是符合史实且颇为中肯的。

三、陆氏藏书与《四库全书》

《四库全书》作为一项融采编、校勘、撰目等工作为一体的系统性工程，前

---

[1]［清］王昶：《春融堂集》卷五十五《都察院左副都御史陆君墓志铭》，《续修四库全书》第1438册，上海古籍出版社，2002年版，第219页。

[2] 苗润博：《国家图书馆藏"陆费墀〈颐斋文稿〉"考辨——兼论陆锡熊对〈四库全书〉的贡献》，《中国典籍与文化》2014年第3期。

期有赖于大量书籍的搜求和汇总，后期则倚重于资深馆员更为深入的整理和辨证。如果说前文所探讨陆锡熊在《四库全书》编纂过程中所发挥的校勘、撰目等作用，侧重在后期的技术实施层面，那么接下来要论述陆锡熊藏书、献书的相关活动，则着眼于书籍的皮集和流传对《四库全书》编纂的影响，是属于前期的资料储备层面。

陆锡熊作为经由科举入仕的传统文人，爱书藏书亦是他的一大爱好。陆心源的《皕宋楼藏书志》曾记载他藏有明代嘉靖年间赵康王朱厚煜居敬堂刻本《补注释文黄帝内经素问》二十四卷；丁丙在《善本书室藏书志》中也提到陆锡熊曾藏有元代张宪所撰《玉笥集》的抄本：“《玉笥集》十卷陆耳山钞本，汪鱼亭藏书……集为常山丞黄玉辉发其先世藏本以梓行。成化五年，浙江按察司副使提督学校安成刘钎为序。此本有云间陆耳山锡熊识，谓钱塘施舍人直舍，见有《玉笥集》钞本，借归录副留案头，不知为谁取去。今舍人贰守宜春，戒行有日，因假四库官本付楷书，手疾写成帙以归行笈，愧不及原本之精楷也。又有汪鱼亭藏阅书一印。”[1] 可以说这一部分本是基于兴趣的收集和储备，乃成为了陆锡熊此后向《四库全书》馆进献藏书的基础条件。

陆锡熊所献书籍有以下几个特点。首先，捐献图书数量多。陆锡熊将家中藏书借与《四库全书》馆作为编纂之用，并非出自他个人的主观意图，而是为了响应官方求书、献书的号召。早在乾隆皇帝为《四库全书》的编撰而下达求书令时，最初的收书效果并不理想，于是便有官员提到了在京官员亦有不少善本可资采用，这才开启了京官献书的惯例：“臣等遵旨纂办《四库全书》，现将《永乐大典》所载及内府旧藏书目详检办理，其外省采访遗书，自必日就衰辑，而京师旧家藏书及京官携其家藏书籍自随者，亦颇有善本，足资采录。”[2] 在这之后，官方鼓励并广开献书之路，《四库全书》的收集工作得到了极大改善，其中地方督抚学政以及民间私人收藏所进献的图书数量最为可观：“这些从全国各地征集而

---

[1] 韦力编：《古书题跋丛刊》，学苑出版社，2009 年版，第 430 页。

[2] 中国第一历史档案馆编：《纂修〈四库全书〉档案》，上海古籍出版社，1997 年版，第 93 页。

来的图书，被称之为'各省采进本'和'私人进献本'。它们占据了《四库全书》全部著录、存目书籍的绝大部分，是《四库全书》的主要来源。"[1] 而私人进献中又有藏书名家和在京官员的区别，时任《四库全书》总纂官的陆锡熊，其献书即属于京官进献的类别。

通过查阅《四库全书总目》的记载可以约略得知，陆锡熊总共献书 18 种（见如下《据〈四库全书总目〉所制陆锡熊献书表》）。从其所献书籍的数量来看，虽然与江浙一带的私人藏书家乃至部分在京官员相比尚有不小的差距，民间的藏书名家献书数量有多达七百种者，京官献书多者亦能达到百种以上："当时藏书家自己送馆备用者，为私人进献本。有奉旨进献者，有自愿进献者。进书至五六七百种者，为浙江之鲍士恭、范懋柱、汪启淑，江苏之马裕四家。进书至百种以上者，为江苏之周厚堉、蒋曾莹，浙江之吴玉墀、孙仰曾、汪汝瑮以及在京之黄登贤、纪昀、励守谦、汪如藻等。进献之书，有家藏本，有家刊本，有购进本。家藏本系借用性质。"[2] 然而若将目光扩大到整个京官群体则会发现，陆锡熊的献书数量却还算是名列前茅的。有研究者在《〈四库全书〉官员献书群体考略》一文中开列了一份《四库全书总目》收录四库馆臣献书的名单，据其可知陆锡熊的献书数量在 55 人中位列第 7。而献书数量与官职和文化水平的正相关性，似乎也能从一个侧面证明："馆臣献书数量与其官职、文化水平成正比。馆臣的官职、文化水平越高，献书数量越多，且图书涵盖范围越广，反之亦然……此外，这份书目清单也间接反映了献书人的读书旨趣。"[3] 四库馆臣多为饱学之士，所献书籍往往较其他京官为多，基本可以反映京官献书的总体情况，在这批学者之中，陆锡熊的献书数量仍然是首屈一指的。

---

[1] 郭向东：《文溯阁〈四库全书〉的成书与流传研究》，西北师范大学 2004 年博士学位论文，第29 页。

[2] 任松如：《〈四库全书〉答问》，巴蜀书社，1988 年版，第 24 页。

[3] 吴元：《〈四库全书〉官员献书群体考略》，《图书馆工作与研究》2015 年第 3 期。

据《四库全书总目》所制陆锡熊献书表

序号	书名及卷数	著者	四部归属	《四库全书总目》收录情况
1	《易汉学》八卷	［清］惠栋	经部	收录
2	《易观》四卷	［清］胡淳	经部	存目
3	《资治通鉴目录》三十卷	［宋］司马光	史部	收录
4	《稽古录》二十卷	［宋］司马光	史部	收录
5	《入蜀记》六卷	［宋］陆游	史部	收录
6	《客杭日记》一卷	［元］郭畀	史部	存目
7	《管子》二十四卷	［春秋］管子	子部	收录
8	《灵枢经》十二卷	［春秋］佚名	子部	收录
9	《宣和博古图》三十卷	［宋］王黼	子部	收录
10	《法苑珠林》一百二十卷	［唐］释道世	子部	收录
11	《象山集》二十八卷《外集》四卷 附《语录》四卷	［宋］陆九渊	集部	收录
12	《精华录训纂》十卷	［清］王士禛	集部	存目
13	《晚晴楼诗草》二卷	［清］曹锡淑	集部	存目
14	《对床夜语》五卷	［宋］范晞文	集部	收录
15	《榕城诗话》三卷	［清］杭世骏	集部	存目
16	《沈氏乐府指迷》一卷	［宋］沈义父	集部	收录
17	《玉台新咏考异》十卷	［清］纪容舒	集部	收录
18	《安雅堂诗》《安雅堂拾遗诗》《安雅堂拾遗文》二卷 附《二乡亭词》四卷	［清］宋琬	集部	存目

其次，所献图书内容广泛。抛开数量的因素，从陆锡熊所献藏书的种类和内容来看，又有几个特点值得引起注意。正如在表中所显示的，陆锡熊的献书种类丰富，内容涵盖了经史子集四个部分，且不乏一定的系统性，从这一点来说，他的学术眼光和专业素养可以说不亚于私人藏书家："一部分官员，如纪昀、周永年、励守谦、英廉、陆锡熊等等，他们呈送的图书内容广泛，经史子集四部兼有，对作者也没有特别的限定，他们呈送的图书与各地藏书家呈送的图书没有什

么区别，其间的差异主要是在数量的多少上。"[1] 而在这之中，尤以集部文献的数量最多，占到了陆锡熊献书总数的 44%。陆锡熊本以史学之能为人所称道，所献藏书的主体也应为史部文献才是，然而大量集部文献的出现，似乎在纠正以往先入为主的偏见，用事实展示了他喜好文学的另外一面。

有研究者指出，《四库全书》的私人进献本中，常常表现出家族性或师友性的特点，即献书时会适量地将家族中先人的创作或是师友同侪的作品一同进献，以期能够获得官方的认可而被收录《四库全书》之中，借此来为亲友扬名，像是《玉台新咏考异》一书，便是纪昀的父亲纪容舒所撰。通过对陆锡熊所献集部藏书著者的爬梳和挖掘，可知他也未能免俗，《晚晴楼诗草》即是陆锡熊之母曹锡淑的创作。对于这一问题应该辩证地看待，一方面举贤唯亲式的献书方法破坏了书籍选取的公平环境，造成了恶劣的影响；而另一方面，确有价值的私人作品借机得以存世并流传，于文献的保存又有一定的裨益："这也意味着，如果没有他们子孙中这些在京任职的官员，他们中大部分人的著作也就没有可能收录代表国家最高声誉的文化府库。家族献书，弥补了图书收集的某些'盲点'。从这个意义上来说，这些图书及其作者是很幸运的。不过问题的另一方面在于：从《四库全书》的编纂来说，又未必如此。由于这些图书大多未经收藏家拣选，亦未经各地主政者择取，所以在质量上参差不齐。这些图书大多被列入四库'存目'——四库馆臣两级分类中的次一级位置，这也从一个角度反映了《四库全书》对这部分图书的评价。"[2]

探讨陆锡熊对《四库全书》编纂的贡献，仅仅着眼于他入馆之后的技术指导是远远不够的，还必须充分考虑他参与献书的早期支持。如果说《四库全书》的校勘、整理和编目，是作为总纂官陆锡熊的分内应做之事；那么将家中藏书献出以充实《四库全书》的整体内容，则在一定程度上体现了他在职责之外的学者风范和人文情怀，这两者可以说是相辅相成而又彼此促进的，共同揭示了立体而又丰满的陆锡熊形象，缺失其中的任何一方都会造成陆锡熊形象的片面和单薄。

---

[1][2] 江庆柏：《四库全书私人呈送本中的家族本》，《图书馆杂志》2007 年第 1 期。

第三节　乾隆盛世与陆锡熊的诗文

陆锡熊幼年即入塾读书，及长又入紫阳书院修习举子之业，至二十六岁乡试中举，二十八岁得中进士，其受学入仕的经历不出传统的科举应试范畴，就此不难想象，在经史之学的研修之外，诗歌文章的学习和探究也当是其很长一段时间内的主要着力方向，这与许多典型文人的成长模式也是一致的。对陆锡熊诗文创作情况的考察与探讨，一来可以透过文学作品进一步了解其性格生平等个人特点，为构建陆锡熊的历史形象提供信而有征的文献材料，二来能够借此发见他的诗学主张及文学思想，进而把握其在纂修《四库全书》时所秉承的文学理念，再行添附真实可信的旁证。

一、《篁村集》的传世意识

陆锡熊的诗歌创作数量丰富且持续时间较长，他生前曾自辑所作诗歌，惜其未竟而卒，长子陆庆循复为收集整理，于嘉庆十四年（1809）刊刻出版，是为《篁村集》："是集为其所作古今体诗，乃其子秀农庆循所重编，目录后有秀农识语。耳山少学为诗，篇什甚富……后秀农因即所存，重编是集，统以年次编排，而尽去其诸稿名目，仍录诸稿小序于目录中，以志手泽。合存诗八百余首，而附以诗余二十一阙。其曰《篁村集》者，犹是耳山所题之总名也。"[1] 此后因遭遇沿海外侮入侵，底版毁于战火，其孙陆成沆遂于道光二十九年（1849）重刻，名之为《篁村诗集》，今《续修四库全书》集部第1451册所收陆锡熊诗集即据后者影印。此外又有南京图书馆藏《篁村余集》抄本一册，亦可与前两个版本互为发明参照。

---

[1]［清］周中孚：《郑堂读书记》卷七一集部一之下别集类二，中华书局，1993年版，第1421页。

不论是陆锡熊之子陆庆循编刊的《篁村集》，还是其孙所编的《篁村诗集》，内容主体都是取自陆锡熊自己所汇总的诗歌底本，主要由《陵阳前稿》《东归稿》《陵阳后稿》《浴凫池馆稿》《席帽稿》《橐中稿》《雪帆稿》七部分组成。值得一提的是，陆锡熊在编纂这些作品时，有意识地以时间为序进行了初步的分类，这一处理首先使得诗歌编年的问题得以迎刃而解，便于读者将诗歌创作与具体的行事活动相结合，取得了一种"诗史互证"的效果。再者，通过对前后诗歌在描写内容、写作风格、诗法技巧等方面的对比，可以勾勒出一条诗学演进的脉络，更为直观地感受其在诗歌创作领域的缓慢变化与渐臻成熟。

陆锡熊自十岁开始写作诗歌，不同时期的作品曾被他归入了不同的诗稿之中，并且分别以小序的形式冠于卷首，以起到对创作背景的简介作用："辛亥之春，乃手自编次，曰《陵阳前稿》、曰《东归稿》、曰《陵阳后稿》，为往来石埭少作。曰《浴凫池馆稿》，则自归里后至举乡所作。曰《席帽稿》，则通籍时所作。又以庚寅典试广东所作，编为《橐中稿》。乙巳楚游之作编为《雪帆稿》，各撰小序列之首，简其余诸稿尚未彻编而先子遽捐馆舍。"[1] 这些置于卷首的自注小序，可谓是了解陆锡熊诗歌创作的绝佳材料。例如他介绍《陵阳前稿》的成书经历时，就揭示了祖父在诗学道路上带给他的引导作用，其《篁村集序》云："十岁，先祖通议府君任石埭学博，余从之官。先祖于课经余暇，令诵唐宋诸家诗，心辄好之，始学为吟咏。而以有妨举业，亦不多作。草稿久已不存。昨读礼归家，偶从败箦中检得数章，多先祖以丹黄批抹，手泽如新，泫然流涕，因录之为《陵阳前稿》。石埭博士官舍在陵阳山麓，汉窦子明登仙处也。"《东归稿》所收则为他读书海滨期间的作品，《篁村集序》云："余年十七，先祖命归里应童试，未售。培心顾丈为余姑之夫，留余读书海滨者一年。存诗数首，录之为《东归稿》。"（卷一）紧随其后的《陵阳后稿》，则为祖父致仕归乡，陆锡熊追随其还家之后的诗歌作品。乾隆十八年（1753）至乾隆二十四年（1759）的六年间，陆锡

---

[1]［清］陆庆循：《〈篁村集〉序》，清嘉庆十三年（1808）刻本。

熊结识了若干吴门文友，多有唱和之作，于是汇集而为《浴凫池馆稿》："余自癸酉岁从先祖父通议府君归里。越明年，补博士弟子员，旋肄业紫阳书院。数往来吴门，与四方贤士大夫游吟坛酒社，更唱迭和，所得篇什稍多。迄己卯举于乡，盖先后里居者六年，存诗若干篇，辑为二卷。浴凫池馆者，余家园水榭，少日读书处也。"（《篁村集》卷二）自乡试获举至得中进士抵京入直的三年间，作诗数十首，陆锡熊将其编为《席帽稿》："余己卯乡试获贡礼部。庚辰计偕入都磨勘殿一举，因馆庄邸者一年。辛巳成进士，六月归里。会圣驾南巡，献赋行在所，蒙恩召试，授中书舍人，遇缺即补。壬午六月抵京入直，前后三年，存诗数十首，都为一卷，曰《席帽稿》。"（《篁村集》卷四）此后陆锡熊在京履职，与师友同侪亦不乏唱酬往来，其中出典广东乡试期间的诗歌作品，则被他单独收录于《囊中稿》："庚寅五月，余以宗人府主事，奉命偕简户部昌璘典广东乡试，六月四日出都，十一月还朝，往返半载。途中得诗百余首，取《史记·陆生传》语，名之曰《囊中稿》。"（《篁村集》卷四）方其妻子去世，陆锡熊归家卜葬，其间一度拜访远方的好友，这部分诗歌被他名之为《雪帆稿》："余遭家艰，甲辰二月抵舍，卜地营葬，至冬末始克襄事。明年植松楸，筑丙舍，料理粗毕，乃以十月买舟访同年孙补山中丞于粤东。抵豫章而补山适奉召入朝，遂不果行。复沂江至鄂渚而归，丙午正月旋里。时与张孝廉立人同舟，偶有吟咏，立人辄为余抄录成帙，因名之曰《雪帆稿》。"（《篁村集》卷五）这些不同时期的创作后来一起被归入了《篁村集》，仍然以时间的先后顺序而前后相属，可以认为是从诗歌的角度全面而生动地展示了陆锡熊的人生历程。

仔细分析陆锡熊《篁村集》的体例，可以发现有两个方面颇为独特：以时间为顺序编排自己的诗歌，诗歌系年便与生平年谱具有了一定程度的互鉴功能，诗集中隐含着作者的年谱，年谱又因为诗歌的融入而变得详实鲜活，此其一；每卷卷首所附的小序，用于揭示本卷的创作缘由或撰写背景，这一形式固然是古已有之的诗歌书写范式，然而结合陆锡熊所从事的《四库全书》编纂之业综合考虑，将其视为每卷之提要亦无不可，如此一来，卷首小序就不再只是诗集的附庸，而成为了提点全集的纲目与线索，此其二。从更为深入的层面来剖析，《篁村集》的编纂其实透露出一种严谨而又理性的史学态度，与普通文人诗集的编撰有着较大的区别，不妨大胆地推测，这与作者陆锡熊参与《四库全书》的撰修或许存在着极为密切的关系。陆锡熊着手编纂《篁村集》时，史载称"乾隆辛亥，手自编次"，可知是在乾隆五十六年（1791），其时《四库全书》的编纂工作已基本结束，故而陆锡熊在纂修期间所养成的编订作风，极有可能进一步体现在了其个人诗集《篁村集》的编纂上，《篁村集》所展现出的独特体例，即为《四库全书》编纂规则的化用与缩影。

《篁村集》囊括了写景诗、咏物诗、悼亡诗、御制诗等常见的诗歌主题，尤为值得注意的是，其中收录了大量与友人交游的诗作，对于探求陆锡熊的人脉网络以及诗学倾向，无疑具有重要的参考价值。接下来即以《篁村集》中的这部分诗歌为主体，讨论陆锡熊诗歌的艺术成就。为行文之方便，本文暂拟总称其为交游诗。需注意的是，此处所指的交游诗是一个较为笼统的概念，若具体划分则又包括了唱酬、赠答、宴游、送别等多种诗歌题材，然其主旨却不出交友往还的核心要义，故而不再做更为细致的区分。

通观陆锡熊的交游诗创作，虽然也不乏宴席联句一类的应酬之作，但大部分作品还是颇能体现他的技巧水平和真挚情感。例如他十余岁时写有一首《次韵送卞宪斯归銮江》："花间酒盏竹间棋，难忘悲歌拓戟时。胥浦春潮舟下稳，舒溪秋雨雁来迟。一窗贮月长相望，双鲤凭风寄所知。君到平山堂畔路，醉翁行处草离离。"[1]诗歌回忆了与友人相处的欢乐时光，感情真挚而内敛，更为难能可贵的是，颔联、颈联对仗工稳，整体诗风亦疏朗有致，考虑其时尚在少年，能写出如此诗作已属不易。而本诗采用了"次韵"的唱和方式，也在一定程度上增加了写作的难度："次韵，是和韵的一种方法，或谓之步韵、叠韵、依韵，唐宋诗词创作中已熟见，即用前人已有之诗的韵脚来押韵，以创作同类诗型作品。其间有凡

---

[1]　[清]陆锡熊:《篁村集》卷一《次韵送卞宪斯归銮江》，清道光二十九年（1849）陆成沅刻本。

原篇所押韵部之韵字皆可使用与惟有原篇韵字方可使用的宽严之别；即使只使用原篇韵字，又有韵字顺序可调换与不可调换的宽严之别。次韵一般要求较严，若较宽者往往则以'用韵'谓之，以作为区别。"[1] 可见，其时的陆锡熊不仅在诗歌的感情抒发方面做到了真挚而有节制，于创作技巧方面也已经具备了较为纯熟的经验。

有些交游诗虽写友朋雅集，却一反热闹喧腾的惯常笔法，独于闹中取静，俗中求雅，可谓是陆锡熊澹泊心境的真实写照："凉月松际生，流光满溪白。开轩引兰酌，幽襟契泉石。禽翻竹风疏，人语桐露滴。不有池上吟，谁为永今夕？"[2] 全诗营造了一个空灵幽静的氛围，意象的呈现虽有些许清冷却并不令人感觉牵强做作，末尾与魏晋时期的玄言诗有着异曲同工之妙，升华了佳期难得的写作主旨，尤值得称道。又如这首《赠张默存同年》，毫不掩饰地展示出自己蹇不如人的辛酸，然而在自嘲中又暗含有安慰好友的温情："桃李争春艳，青松独后雕。闲身厌城郭，生计杂渔樵。曳履容台贵，看云子舍遥。谁怜老同谱，双鬓日萧萧。"[3] 陆锡熊为官之后，随着官职渐重，周围的朋友也愈来愈多，对于朋友题画、题署之类的请求，他也多是来者不拒，因此《篁村集》中常常有这类富有文人情怀的小诗，无不展现出陆锡熊平易近人的儒士之风。他曾为蒋士铨的《归舟安稳图》题赠，于诗中不仅称赞了蒋氏的生花妙笔，还对他乞归以奉养母亲的孝行给予了褒扬："俶装春仲已秋仲，卜宅洪州定蒋州。七品便酬宦事了，半年重为故人留。文章馆阁双簪笔，妇子江湖一钓舟。漫向昔贤论出处，有谁白发劝归休？"[4] 此幅《归舟安稳图》在当时汇聚了众多名家的题赠之笔，而尤以陆锡熊的题作最为时人所重，从一个侧面反映出他的文坛地位，袁枚《随园诗话》卷八这

［1］罗时进：《清代江南文化家族雅集与文学创作》，《文学遗产》2009 年第 2 期。
［2］［清］陆锡熊：《篁村集》卷三《青瑶池馆夜集分赋得石字》，清道光二十九年（1849）陆成沉刻本。
［3］［清］陆锡熊：《篁村集》卷四《赠张默存同年》，清道光二十九年（1849）陆成沉刻本。
［4］［清］陆锡熊：《篁村集》卷七《题蒋心余前辈〈归舟安稳图〉》，清道光二十九年（1849）陆成沉刻本。

样记载道：

> 苕生太夫人钟氏，名令嘉，晚号甘荼老人。生心馀，四岁即断竹
> 丝，作波磔，教之识字……乙酉岁，心馀奉母出都，画《归舟安稳图》，
> 一时名公卿题满卷中。尹文端公谓余曰："此卷中无佳作，惟太夫人自
> 题七章，陆健男太史四首，足传也。惜未抄录。"[1]

陆锡熊的交游诗创作始于其少年学诗之时，一直延续到晚年，从时间跨度来看，贯穿了他诗歌创作的始终，可以说最能体现他的个人情感与诗品性格。这些诗作有的直抒胸臆，有的质朴诚挚，有的澹泊简净，无不从一个个生动的侧面共同勾勒了陆锡熊的个人形象。从这一意义来说，交游诗的功能便不仅仅局限于面对他者时，提示人物往来的线索，同时也是回望自身时，诗人表白心迹、展现真我的载体，因此，交游诗所具有的双重价值值得引起关注和研究。

二、应制诗与盛世精神

在陆锡熊的诗歌创作中，应制奉和诗也有必要单独一说。根据前人的分析，这部分诗歌数量并不多："陆锡熊诗集恭和御制的诗作共有 25 首，占诗歌总数的3%，无论和本集相比还是和乾隆帝诗歌御制诗总数相比，都只是九牛一毛。"[2]之所以将其拈出并考察，主要基于两个原因：一是它代表了陆氏人生岁月中最为独特的仕宦经历：与当朝天子有着频繁且近距离的接触；二是普遍被人目为文学性不强的应制诗歌，陆锡熊仍然写出了自己的风格和特色。

陆锡熊的应制诗歌大多作于皇帝因特定缘由而举行的宴席之上，往往围绕既定的宴会主题而展开，颇有命题作文之意，相对而言较受拘牵而不够自由。陆锡

---

［1］ ［清］袁枚：《随园诗话》卷八，浙江古籍出版社，2004 年版，第 161—162 页。

［2］ 赵贤慧：《陆锡熊及其诗歌》，安徽大学 2017 年硕士学位论文，第 143 页。

熊的这部分诗作在综合考虑题旨和圣意的前提下，大多采取典雅稳重的诗风，情感的抒发也力避直露张扬，尽量做到与身份相匹配的内敛和醇厚，例如这首作于重华宫茶宴的七言律诗，就极大程度地契合了《历代职官表》的主题："鸳班鹭序庆师师，六典参稽古是资。体仿旁行宜作谱，制超历代倍勤咨。开元格令编沿革，长水官仪慎职司。自奉折中钦圣训，千秋金鉴凛深思。"[1] 这一时期陆锡熊还参与了许多联句诗的创作，其风格亦多以冲和雅致为主。所谓联句诗，同样是诞生于宴会雅集等特殊场合的一种诗歌形式，要求众人各自撰写一句或几句，连缀而成完整的诗篇："大概到了东晋、刘宋之际，同题诗又衍生出联句（连句）之制……联句诗这一特殊的同题诗要求几人联句（一般是各四句），意思前后照应贯通，俨然一人之作，而且用韵同部。"[2] 时人即有关注其宴飨诗歌者，并评价称有冲和粹美之气："即其使馆往来、宾筵酬赠，随作随弃，而吉光片羽，流落人间，亦自有冲和粹美气象。"[3] 致力于清代文学研究的学者严迪昌亦曾指出冲和、典雅等要义乃是康熙、雍正、乾隆三朝被推为正宗的诗歌品格："在康、雍、乾三朝间即已建构成庞大的朝阙庙堂诗歌集群网络，覆盖之面极为广阔，从而严重地影响并改变着清初以来的诗界格局，导引着诗风走向：淡化实感，扼杀个性……其所呈现的翰苑化、贵族化、御用化风尚固是空前的，随之而鼓胀起的纱帽气、缙绅气同样是空前的。于是冲和、典雅、雍容、静穆等审美意义上的气体格调被'天家'又一次扶持、推举为正宗的雅醇品格，诗坛一次次地树起杏黄大纛而被'招安'着。"[4] 虽然严迪昌在此以批判的口吻讨论其时的庙堂诗歌创作，却对进一步把握陆锡熊的应制诗创作提供了一条可供参考的思路。

　　此外，陆锡熊的应制诗歌创作还有一个极为重要的特点，即长于在诗中通过

［1］［清］陆锡熊：《篁村集》卷九《癸卯新正蒙恩召入重华宫茶宴以职官表命题联句即席恭和御制元韵二首》，清道光二十九年（1849）陆成沅刻本。

［2］赵以武：《唱和诗研究》，甘肃文化出版社，1997年版，第5页。

［3］［清］吴锡麟：《宝奎堂文集序》，清道光二十九年（1849）陆成沅重刻本。

［4］严迪昌：《清诗史》，人民文学出版社，2011年版，第20—21页。

夹注的形式增加信息量，扩充诗歌的阅读空间。如这首《恭和御制经筵毕文渊阁赐茶作元韵》："御炉香袅书初展，延阁春生辇乍移。楹列高低环座密（文渊阁上下俱环列书架），茵敷左右押班迟（鸿胪馆引侍讲诸臣分东西两班入赐茶）。少蓬预直惭稽古（宋秘书监有大蓬、少蓬之称，臣蒙恩充直阁事，即系仿宋制所设新衔，殊为荣幸），中簿勤编励省私（臣等奉命纂辑《四库全书总目》，现在编次成帙）。敢说文章能报国，勉思葳业答昌期。"[1] 这些夹注有的意在介绍诗句所涉及的背景，有的则在解释官职的沿革，大大突破了原诗在字数方面的限制。又如这首作于避暑山庄的应制诗，不仅将时事写入了夹注，甚至还对新近编成的《热河志》进行了简单的点评："砥平驰道接天门，咫尺蓬壶上晓暾。弦诵诸生同鲁国（热河新建黉序，入学岁有定额。每逢圣驾临幸，学臣率诸生道左恭迎，彬雅可观，人文蔚起），舆图九域愧王存（前经命儒臣辑成《热河志》，考据精详，皆王存《九域志》所未及也）。吉祥光拥如来佛，继述功垂有道孙。长颂那居拜王会，年年玉帛奉坚昆。"[2] 陆锡熊在诗歌的写作之中融入对时事和地志的评价，也便具有了以史料入诗的意味，这就打通了文学和史学的界限，使得文学书写不再只是诗人之诗，更是富有乾嘉朴学气息的学人之诗。

综合以上对于陆锡熊诗歌的梳理和考索，大致可以得到以下推论：交游类诗歌在陆锡熊总体诗作中占据较大的比例，风格偏向简约自然，最能代表他的个人性格和诗学成就；应制诗歌虽然在其诗作中所占比例不大，却颇能反映他的身份属性和崇尚考据的时代之风，风格方面则侧重于冲和典雅，呈现了他作为四库馆臣的人生另一面。在交游诗歌的写作中，陆锡熊几乎没有富于学理的深奥夹注，而在应制诗歌的内容中，亦鲜见直率真挚的情感表达，可以说这两类诗歌在多数情况下是互相背离的，然而它们却又是互鉴互补的，共同建构了陆锡熊作为诗人

---

[1]［清］陆锡熊：《篁村集》卷九《恭和御制经筵毕文渊阁赐茶作元韵》，清道光二十九年（1849）陆成沅刻本。

[2]［清］陆锡熊：《篁村集》卷九《恭和御制至避暑山庄即事得句元韵》，清道光二十九年（1849）陆成沅刻本。

和学人的完整形象。

三、盛世高歌：《宝奎堂集》

与诗歌创作相比，陆锡熊的文章写作似乎在时人的评价中享有更高的声誉，吴锡麟曾评价其文章气势宏大且辞藻高翔，是其深厚内蕴的外化和具现："先生少颖悟，读书一过不忘，撰文亦不假思索，大率蕴蓄于中而腾跃于外，故其气宏深而博大，其辞藻耀而高翔……余读《宝奎堂文集》，窃叹先生已往而光景常新，然后知文章自有道也。"[1] 陆锡熊文章的沉稳大气可以说与其文学观是一脉相承的，相较于文学创作的美学功能，他更推崇文学在传承学问、教化人心方面的社会功能，简言之即文以载道的文学观："独司寇公当日续修《宋元通鉴》，博综同异，尽祛陈桱、薛应旂固陋之习；辑《一统志》，贯穿精核，遗稿犹在内阁，以余鲁钝，亦尝遍读，知其湛深。学术有功后世，而不徒在乎声律比偶之词。"[2] 也正是由于秉持着这样的文学理念，陆锡熊的文章创作具有颇为明确的倾向性，辞赋、游记、小品之类的纯文学作品在其文集中极为少见，富有实用性质的序跋、传记、碑诔之文包括进献给皇帝的各类札子、表文数量却相对丰富，时人王昶便早已注意到了陆锡熊在进御文章撰写方面的优长，并称赞道："平日进御之作，工而不秾，婉而能切，同人推为莫及。至诗文，随手散佚，殁后搜箧中，得数百首，皆应酬之作，非其称意者。"[3] 在前人已有结论的基础上，接下来结合陆锡熊具体的文章创作，对其应用文尤其是敕撰类文章再行做一番探讨。

学者们在研究陆锡熊的文章写作时，多以其《宝奎堂集》作为参考的底本。关于《宝奎堂集》的版本，王昶后人严良训曾介绍先后经历了陆庆循和

[1] [清] 吴锡麟：《宝奎堂文集序》，清道光二十九年（1849）陆成沅重刻本。

[2] [清] 陆锡熊：《宝奎堂集》卷七《徐丽六朗斋吟稿序》，清道光二十九年（1849）陆成沅重刻本。

[3] [清] 王昶著，周维德辑校：《蒲褐山房诗话新编》，齐鲁书社，1988 年版，第 94 页。

陆成沅的两次刊刻："嘉庆十五年版，喆嗣庆循刊《宝奎堂集》《篁村集》藏于家，旋以海疆不靖，板毁于火。道光二十八年版，余建藩于豫，哲孙成沅为臬司李，惧其遗泽将湮，就行箧所携原集，谋复刊刻，遵先志也。"[1]《续修四库全书》集部第1451册所收《宝奎堂集》即为道光二十九年（1849）陆成沅重刻本。

除此之外，今南京图书馆还藏有名为《宝奎堂余集》的抄本一部，同样可作为了解陆锡熊文章撰著的重要资料。依据学者的研究可知，该本《宝奎堂余集》与流传较广的《宝奎堂集》在内容方面存在一定的承续关系，或许是当时的稿本与刊本："《宝奎堂余集》所收之文（共92篇）与《宝奎堂集》所收之文（共102篇）相较，其中有29篇题目相同（其中6篇题目虽同，但内容不一样或不完全一样），而且，这29篇中大多数在《余集》的篇名前钤有'存'字朱记，意思应该是指拟选其入刊本。由此可知，《余集》应为编刻《宝奎堂集》之稿本。"[2]这一新材料的发现为厘清《宝奎堂集》的版本来源以及丰富对陆锡熊文章创作的认识，都起到了莫大的帮助。

国家图书馆又有题为陆费墀所著的《颐斋文稿》一部，经学者考辨，实为陆锡熊所作。苗润博曾在其文章中指出，从主要内容来看，南京图书馆所藏《宝奎堂余集》与国家图书馆所藏《颐斋文稿》属于定本与修改稿本的关系；从时间上来推断，《宝奎堂余集》的成书时间约在乾隆末年版，而《颐斋文稿》的成书则已到了嘉庆年间："《宝奎堂余集》当是根据陆锡熊集外之文编辑而成，从国家图书馆藏稿本不避嘉庆帝讳来看，此稿本当抄成于乾隆末年……笔者推断此稿应系陆锡熊殁后不久，后人根据其遗稿统一抄录编辑而成，而其修改定稿则已在嘉庆朝，可能就是在编刻《宝奎堂集》时完成的。"[3]

[1]［清］严良训：《宝奎堂文集序》，清道光二十九年（1849）陆成沅重刻本。

[2]张升：《陆锡熊与〈四库全书〉编修》，《史学史研究》2014年第2期。

[3]苗润博：《国家图书馆藏"陆费墀〈颐斋文稿〉"考辨——兼论陆锡熊对〈四库全书〉的贡献》，《中国典籍与文化》2014年第3期。

综上可知，现今所能收集到的陆锡熊文集共计有三种，分别为：收录于《续修四库全书》的道光二十九年（1849）刊《宝奎堂集》、南京图书馆所收《宝奎堂余集》以及国家图书馆所藏《颐斋文稿》。三个版本文集的成书顺序大致是：《宝奎堂余集》—《颐斋文稿》—《宝奎堂集》。这三版文集就其主要内容而言大同小异，但值得注意的是，《宝奎堂余集》和《颐斋文稿》中收录了若干篇与《四库全书》编纂相关的文章，是最终定本的《宝奎堂集》中所缺失的，因其揭示了陆锡熊在四库馆中的独特贡献，故而属于颇为难得的一手资料，应当引起研究者们的重视。

乾隆二十七年（1762），二十九岁的陆锡熊入直军机处，因为工作性质的关系，对文章撰写的即时性要求较高，于是他便经常住在任所，史载其“襆被直宿，经旬不归”，其严谨踏实的工作态度由此可见一斑。此后经历了数年的磨砺，他的公文写作水平变得愈发纯熟，《松江府志》曾记载他的这段经历称：“上海陆君锡熊，为文不假思索。在军机时，适用兵金川，夜半尝传旨七道，援笔立成，拟进无一字易。”面对连传七道的圣旨，陆锡熊的拟奏既迅速又精确，为战事情报的传递赢得了宝贵的时间。正是由于他杰出的文笔和才华，当他迁官翰林院时，军机处的同事们才感到恋恋不舍：“癸巳八月得旨改翰林院侍读，即援例辞。军机诸同事，皆欲攀留。刘文正公曰：‘翰林职在文章，陆君虽去，此其倚藉，正不少也。’”任职军机处的经历，尽管是短暂而繁忙的，却为他日后处理同类文书的撰写工作，打下了坚实的基础。

进入翰林院工作的陆锡熊，与皇帝的关系更为密切，故而这一时期的文章写作，大多与应制拟作有关。吴锡麒称“先生在翰林时，自奉旨纂辑各书外，其制草及一切典礼诸章奏，皆出其手”，足见乾隆皇帝对他的信赖和倚重。《陆锡熊副宪行述》亦载：“每遇国家行庆大典礼，制诏所宣，皆出公手。尝蒙恩赐朱批上谕全部，以微臣而沾重赉，盖异数也。”乾隆四十二年（1777），孝圣宪皇后宾天，陆锡熊受命撰写了《孝圣宪皇后谥册文》：“孝圣宪皇后宾天，凡大祭殷奠上尊谥典礼严重，应奉文字无敢属笔者，于文襄特举以属之。”这篇文章充分显示出陆锡熊的深厚笔力，全文典雅而不呆板，流畅而不落俗，可谓高度契合了孝圣宪皇后尊贵的身份。此外，陆锡熊亦就其他主题写有《和硕诚亲王碑文》《为王大臣贺平定金川表》《为总裁进〈旧五代史〉札子》等文章，皆能从各个方面反映他端正周密而又大气不俗的行文特点。兹举《封土尔扈特舍楞郡王册文》为例，感受陆锡熊在面对如此重大事件的历史书写时，所采取的稳重雅致、刚柔相济的文风：

> 寰宇同风，殊域凛尊亲之戴；云霄布泽，天家昭典物之隆。唯革旧俗以抒忱，会其有极；斯考彝章而命德，奉以无私。尔舍楞裔本漠陲，心依魏阙，属穷荒之暂息，迁地居难，遂合部之偕，徕瞻天路。近从狩习周陛之制，班朝沾酺宴之光，怀我好音，尔克自求夫多福，复其邦族。朕唯一视以同仁，择水草而攻驹，俾享升平之乐；配方旗而建隼，永图生聚之安。特建崇班，式彰异数，兹以册印封尔为札萨克多罗弼里克图郡王，于戏嘉顺节以推恩庸，以示绥怀之礼，备藩封而守度，尚无忘恭敬之心，茂对宠光，往膺禄位。钦哉。[1]

陆锡熊的敕撰文写作，之所以能够深得皇帝的认可，一方面离不开他数年积累的写作经验以及醇厚的文学功底，另一方面则在于他能够根据不同的主题和场合适时作出调整，以求得语言和文体实现最大程度的匹配。史称他的应制文书写最大的优势即在于得体，可谓是相当中肯的评价："凡有经进之作，莫不嘉奖备至，赍予骈蕃。论者窃谓为人臣子，遭际如此，岂非异数，而不知其所以契合上心者，无他，惟立言之得体也。"[2] 陆锡熊的晚辈吴锡麟也曾感慨，自己虽然屡掌应奉文字，但较之陆氏还是相差甚远："若余者，叨随词苑几三十年，其间凡四

---

［1］［清］陆锡熊：《宝奎堂集》卷一《封土尔扈特舍楞郡王册文》，清道光二十九年（1849）陆成沅重刻本。

［2］［清］吴锡麟：《宝奎堂文集序》，清道光二十九年（1849）陆成沅重刻本。

掌应奉文字，而拘牵常格，无所短长。每忆先生酒坐之谈，真觉立咫焉而汗浃襟也。"[1]可见，陆锡熊在应奉文章写作方面的游刃有余，俨然已经成为了后辈追随和效仿的目标，这也从一个侧面诠释了他撰文水平之高。

第四节　陆锡熊的家国情怀

陆锡熊的著作远不止前文所提到的《篁村集》和《宝奎堂集》，他在历史、地志、职官、经济等领域亦有不凡的贡献，时人称赞他博学多识，尤为提倡实学而反对抱残守缺的陋习："公博涉经史，不名一家，尤恶俗学专己守残之陋，故大理承公绪论，益自殖学以大其门。"[2]《松江府志》认为他甚至可与多位知名大儒比肩："锡熊淹雅宏达，贯穿古今。与阎若璩、顾炎武、朱锡鬯相上下。"时至今日可知，陆锡熊的人生价值不仅仅在于他作为总纂官的身份编修了《四库全书》，更因为他在众多著作中所体现出的学术态度，以及作为传统文人的家国情怀。

一、史地研究与文化担当

陆锡熊的史学之才，在当时的学者中早有公论，李慈铭在其《越缦堂读书记》中指出，陆锡熊在编纂《四库全书》之时，即显示出非凡的考订功力："耳山后入馆而先殁，虽及见四部之成，而目录颁行时已不及待，故今言四库者，尽功归文达。然文达名博览，而于经史之学实疏，集部尤非当家。经史幸得戴、邵之助，经则力尊汉学，识诣既真，别裁自易；史则耳山本精于考订，南江尤为专

---

[1]［清］吴锡麟：《宝奎堂文集序》，清道光二十九年（1849）陆成沇重刻本。
[2]［清］钱大昕：《潜研堂文集》卷四十五《封通议大夫日讲起居注官文渊阁直阁事翰林院侍读学士加三级陆公墓志铭》，商务印书馆，1935年版，第698页。

门，故所失亦鲜。"[1]张之洞在《书目答问》中亦将陆锡熊目为史学家，并认为其文集兼具一定的史学价值，即所谓"既工词章，间有考订"。那么，陆锡熊的史才是否是在编纂《四库全书》期间培养而成的呢？不妨对陆锡熊的史学脉络进行梳理和回溯。

结合陆锡熊的年谱不难发现，早在十余岁追随祖父任职石埭期间，陆锡熊便已萌发了从事史学研究的兴趣。《宝奎堂集》中收录有九篇作于这一时期的文章，其中既有《拟屏箴》一类的拟作，又有《汤亮孙传》一类的传记，更不乏《汉景帝论》《唐太宗论》《唐武后论》一类的史评，还有《陈寿礼志自序》《周礼读本跋》一类的序跋，但就其内容而言，却无一例外都与史学密切相关，故而不难推断，陆锡熊日后的史学才能，乃是在其少年之时便已崭露头角了。陆锡熊入直京官后，又曾接过王昶编纂《通鉴辑览》的工作："余适云南后，以陆舍人锡熊董其事，阅十年始成之。"可以说进一步锻炼了他的史学能力。少年时期的史学兴趣，加之中年以后的史学接力，使得陆锡熊的史学接受历程表现为一条完整而未曾中断的学问线索，成为支撑其人生发展的重要动力。

提起陆锡熊的史学成就，便不得不提他对于史志编纂的独特贡献。同样是在问学石埭的少年时期，陆锡熊就开始关注到了当地县志中所出现的讹误，并尝试着进行弥补和修正。他在《石埭县志纠谬自序》一文中写道："夫志与史并行而不悖者也。史者权舆乎志，志者辅弼乎史。若知不足以通天下之理，道不足以适天下之用，明不足以通难知之隐，文不足以达难显之情，必至当时目为秽，后世疑为伪，不如不作之为瘉也。方姚侯修志时，缵次者皆彬彬文士，故其书质而能文，约而能该，亦一时之良矣。然其间多与正史牴牾者，余因取而驳正之。夫以下愚至陋之士，而欲跌宕文史，测量前哲，自知过大无所避，然一时稽古之心，或有不能自止者夫。"[2]据这段自述显示，其时的陆锡熊不仅掌握了将正史与

[1]［清］李慈铭：《越缦堂读书记》，商务印书馆，1959年版，第1119页。

[2]［清］陆锡熊：《宝奎堂集》卷七《石埭县志纠谬自序》，清道光二十九年（1849）陆成沅重刻本。

县志进行对比互证的研究方法，更令人惊异的是，他对于"史"与"志"关系的思考和论断，已经超越了单纯的史学实践，而上升到了学理的层面，并且颇具学术的敏锐眼光。

陆锡熊在史志领域的贡献，最为人称道者当属他参加了《娄县志》的编刊工作。乾隆四十八年（1783），陆锡熊因母亲去世而归乡守制，有了一段暂时赋闲在家的时光。时任知县的谢庭薰有感于当地方志的缺失，于是借此机会延请陆锡熊进行《娄县志》的整理和编修："会大理卿陆公读礼家居，亟以此事恳请。大理典校中秘，允推巨笔。于焉严立体裁，慎辨区域，综核废兴，博征文献，逾年成书三十卷，余受而读之，洵善志矣。"[1]少时便对方志史籍饶有兴趣的陆锡熊，此时又经历了官修《四库全书》编纂的种种历练，再来处理《娄县志》的纂修可谓驾轻就熟。在参考古史撰写经验的前提下，陆锡熊于是志的编纂体例提出了自己的看法，主要体现在两个方面：一是乡贤人物不再设具体的门目分类，二是取消了疆域中的星野一类："悉本马、班之例，辨异于同，不烦不滥，诚良史裁也。而人物不分门目，疆域不列星野，尤为特识，真不沿世俗之陋者……而余独喜其核实综要，文约事该，尤得史家谨严之体。"[2]可以说，陆锡熊在编纂《娄县志》的过程中，既完成了对地方文献的纂辑和完善，同时也将自己对于史志书写的思辨和创新融入其中，真正体现了他作为史学家对于乡邦文献建设的关注和思考。《娄县志》编成之后，得到了众人的一致好评，谢埔称之为良史："兹以江东旧族，资于家世见闻，博采群书，旁搜图牒，成书若干卷。斟酌古今，详而有体，良史别裁，于斯为至。"[3]陈凤苞则认为该志的典核文风与班固不相上下："画然截然，体例悉当……典核似孟坚，而识又过之。"对于自己纂修《娄县志》一事，陆锡熊在诗文集中却只字未提，因此不能直接了解其编纂经过。另一方面，也说明了他谦逊澹泊的朴素性格。

---

［1］［清］闵鹗元：《娄县志序》，成文出版社，1974年版，第4—5页。

［2］［清］张铭：《娄县志序》，成文出版社，1974年版，第22页。

［3］［清］谢埔：《娄县志序》，成文出版社，1974年版，第10页。

舆图地理作为历史学的一个重要分支，自古以来便深受史学家们的关注，早期的舆地之学依托于官修史书而存在，此后逐渐分离并独立，至清代而发展为极盛："在中国漫长的历史时期内，皇朝的更迭、政权的兴衰、疆域的盈缩、政区的分合和地名的更改不断发生；黄河下游的频繁决溢改道又经常引起有关地区地貌及水系的变迁，给社会生活带来相当大的影响。中国古代发达的文化使这些变化大多得到了及时而详尽的记载，但由于在如此巨大的空间和时间中所发生的变化是如此复杂，已不是一般学者所能随意涉足，因而产生了一门专门学问——舆地之学（沿革地理）。到清代，沿革地理学的成就达到了高峰，是乾嘉学派学术成就的重要组成部分。"[1] 正是在这样的时代背景和学术氛围之下，陆锡熊对舆图地理学的贡献才得以应运而生。

陆锡熊文集《宝奎堂集》中收录有《炳烛偶抄》一卷，是其在历史学领域的代表作，也是了解他舆地学成果的重要依据："卷十《炳烛偶抄》二十九条，皆考证史事之文，盖取《说苑》'老年之学，如炳烛之明'意。本别成书，以甫得一卷，不能单行，特附于后。"[2] 此后有学人将其从《宝奎堂集》中单独析出，于是《炳烛偶抄》又有了单行本："本刊入其所著《宝奎堂集》中，吴穉堂摘出而重刊之。"是书虽为历史学著作，却多于文中探讨舆地之学，这一独特的现象也为当时许多学者所察觉，周中孚在《郑堂读书记》中将其归入史部史评类，并指出陆锡熊在这部著作中对《史记》《汉书》以及舆地考证的偏重："是编乃其辨证史事而作，凡三十则，考《史》《汉》者居多，间及《后汉》以下。其于舆地考证颇详。"[3] 李慈铭亦持同样的观点，且据此推测《炳烛偶抄》或为陆锡熊未完成之作："多论《史记》、两《汉》，其外仅《晋书》二条，《宋书》一条，《南史》一条，《隋书》一条，《金史》一条。盖未成之作。然所考甚核，于地理之学

---

[1] 葛剑雄、华林甫：《二十世纪的中国历史地理研究》，《历史研究》2002 年第 3 期。
[2] ［清］周中孚：《郑堂读书记》卷七一集部一之下别集类二，中华书局，1993 年版，第 1421—1422 页。
[3] ［清］周中孚：《郑堂读书记》卷三五史部二十一史评类，中华书局，1993 年版，第 167 页。

尤精。"[1]

不妨结合《炳烛偶抄》的相关内容，对陆锡熊的舆地学成就进行一番探讨。地名在不同历史阶段的厘定和勘误，包括其所经历的沿革和变化，向来是较为棘手的问题。在《炳烛偶抄》中，针对这一问题陆锡熊做了大量的纠谬工作，例如他辨析《史记》中"龙侯陈署"的龃龉不合，正是由于原文的脱漏而导致："《史记》表龙侯陈署，《索隐》曰：'庐江有龙舒县，盖其地。'按：《汉》表作龙阳侯。考楚有龙阳君，吴置龙阳县，属武陵郡，当是其地。或《史记》表脱一'阳'字。"[2] 然而对于古史记载中的不解之处，陆锡熊又告诫后人不能仅凭一己的理解去妄加删改，而应该审慎地进行考证核查。他借《晋书》地名的一则案例，批评了今人擅改古书的自作聪明，警醒学者多加注意："《晋书·朱序传》'义阳人'，不著县名。序，孙修之《宋书》有传。监本作义兴平氏人。案《志》，平氏县属义阳郡，兴字乃校者妄改。"[3] 关于地名的读音问题，他也能综合多种地志的记载互相发明，给出令人信服的参考："阏氏节侯冯解散，阏字，《史》《汉》皆无音。惟司马贞云：'县名，属安定。'按《地理志》，安定郡有乌氏县。《郡国志》作乌枝县。盖阏可读乌，氏可读枝，音相近也。《史记·赵世家》'秦、韩相攻而围阏'，与《正义》引《括地志》今名乌苏城，可证乌即阏音之转。"[4] 可见在舆地之学的多个方面，陆锡熊的研究都已有所涉及乃至深入，他的许多考证和观点也颇富洞察力，只可惜限于篇制短小的缘故，这部《炳烛偶抄》尚未能引起更多学者的注意，这也应该成为今后学界努力的一个方向。

在《炳烛偶抄》之外，乾隆四十七年（1782），陆锡熊同纪昀等人还奉敕编纂了一部《河源纪略》，同样可以窥见他的舆地学成就。《河源纪略》的编纂初衷是为了探寻黄河的源头，乾隆皇帝在敕文中指出："星宿海西南有一河，名阿勒坦郭勒，蒙古语阿勒坦即黄金，郭勒即河也。此河实系黄河上源，其水色黄，回

---

［1］［清］李慈铭：《越缦堂读书记》，商务印书馆，1959年版，第421页。

［2］［清］陆锡熊：《炳烛偶抄》不分卷，商务印书馆，1937年版，第5页。

［3］［4］［清］陆锡熊：《炳烛偶抄》不分卷，商务印书馆，1937年版，第7页。

253

旋三百余里，穿入星宿海，自此合流。至贵德堡水色全黄，始名黄河。"[1] 于是责令四库馆臣探本讨源，订正以往记录中的讹误，并将成书录入《四库全书》以昭传信。《河源纪略》共有图说、列表、辨讹、纪事等七大类目，对于黄河所流经地域的物产、古迹、风俗等都有一定的介绍，亦不失为了解陆锡熊舆地学贡献的一种材料。

二、家学传承与经济思想

陆氏家族之所以能在明清之际再次迎来家族发展的高峰，不得不归功于其深厚的家族文化底蕴。就家学的传承而言，除了已为研究者所广泛关注到的文学和史学积淀，陆氏家族在这一时期还拓展出了全新的家学领域——对经济问题的多面关心与持续探讨。以此为准绳稍加梳理，便会发现陆锡熊家族中始终不乏关注经济者，七世从祖陆深"以经济自许，惜后世仅以文章称显"；六世从祖陆楫更是明代不可多得的经济思想家："他不仅面对当时日渐枯竭的财政，提出了解决宗室禄米问题的办法；而且他还大胆提倡消费，论述消费对经济的拉动作用。他的一系列关于消费的论述，在当时的思想界可谓空谷足音。"[2]祖父陆瀛龄同样是"文行并茂，兼有经济才"[3]，其父陆秉笏"尤恶俗学专己守残之陋"，可以说陆锡熊对于史学之中经济领域的关注，便是受到了家学熏染的结果。只可惜他未有专门的著述来进一步申明其经济思想，仅能依托于其有限的史学笔记，佐以时人的介绍和评价，初步勾勒陆锡熊史学思想中的经济理念。

从微观角度而言，陆锡熊有对经济史料的梳理辩证，又有对经济政策的建言献策，这些隐没在诗文集中的吉光片羽，集中展示出他对于经济问题的重视

[1] [清] 纪昀、陆锡熊等编：《河源纪略》，故宫博物院影印本，1931年版，第1页。

[2] 黄彩霞：《林中的响箭——评明代中叶陆楫的经济思想》，《安徽史学》2003年第3期。

[3] 李玉宝：《明清上海陆深家族作家考论》，《盐城师范学院学报》2016年第1期。

与思考。前文提到的史学专著《炳烛偶抄》，内容虽多涉及考史及舆地之学，但在其中还是存在不少陆锡熊对经济史料的关心，例如他纠正赈灾粮米的实际数量："《隋书·食货志》：'开皇中，杞、宋、陈、亳、曹、戴、谯、颍等州水灾，天子开仓赈给，前后用谷五百余石。'案：文当作五百万余石，疑脱万字。"[1]如果没有日常生活经验的积累以及对于食货史料的特别留心，很难会对这类微小的记录错误产生质疑，这就说明了陆锡熊对经济史料的关注已非一日之久。

在他的文集《宝奎堂集》中，有《拟循古节俭奏》和《耗羡有无利弊策》二文亦颇能体现其与时俱进的经济思想。结合我国传统的历史语境可知，节俭与奢侈作为相辅相成而又彼此制衡的一对概念，引发了各个朝代有识之士的热烈探讨。陆锡熊的六世从祖陆楫便因提倡奢侈而成为了明清时期极具代表性的经济思想家，在他看来，商贾富豪的奢侈行为能够带动更多的行业发展，在一定程度上可以实现经济层面的共同富裕："所谓奢者，不过富商大贾、豪家巨族自侈其宫室、车马、饮食、衣服之奉而已。彼以粱肉奢，则耕者、庖者分其利；彼以纨绮奢，则鬻者、织者分其利。"[2]虽然陆楫崇尚奢侈的思想并不为时人所理解，然而从经济发展的漫长历史进程来看，他的这一理念无疑具有超越时代的前瞻性与预见性："作为一名独立学者，陆楫的思想多少反映了当时正在崛起的商人阶层的愿望。他对文化传统与经济之间关系的分析与当今的文化经济学中的某些核心观点不谋而合。从桑巴特到麦肯德里克等西方学者都十分重视奢侈性消费对于经济发展的刺激和推动作用。"[3]

陆锡熊并没有沿袭先人崇尚奢侈的经济主张，而是回到了力主节俭的大众论调。他的《拟循古节俭奏》列举了历史上诸多因节俭而兴、因奢侈而败的帝王案

［1］［清］陆锡熊：《炳烛偶抄》不分卷，商务印书馆，1937年版，第3页。

［2］［明］陆楫：《蒹葭堂稿》卷六《禁奢论》，明嘉靖四十五年（1566）刻本。

［3］原祖杰：《文化、消费与商业化：晚明江南经济发展的区域性差异》，《四川大学学报》（哲学社会科学版），2010年第5期。

例，侧重从经济角度劝告皇帝奉行节省的措施，可谓是其经济思想与传统谏言相结合的极佳范例："臣愚以为陛下宜断自圣心，参稽往制，以复古化，不当因循苟且，有厚自奉养之心。今齐三服官，作工数千；蜀广汉主，金银器官费巨万。夫竭民之财以奉，主上所求无穷，而其力有尽。今民苦饥馑而厩马食粟且万匹，非所以示为民父母也。"[1]值得注意的是，陆锡熊于乾隆朝强调节俭的必要性，并非是对先祖陆楫崇奢论的简单拒斥，而是充分考虑了当时的经济发展状况和社会变化，综合做出的理性判断。有研究者指出，伴随着经济水平的迅速提升，乾隆一朝的奢侈之风也在与日俱增，对整个经济生态起到了不可估量的影响："大量财富潮水般涌向消费领域，奢靡之风日兴。上到帝王、官僚，下到商人、百姓，其价值观念和生活态度均发生了或发生着质的变化。"[2]在这一严峻的经济形势下，陆锡熊深知"世异则事异，事异则备变"的道理，故而重提节俭论的主张，不仅是为了整顿经济秩序，更重要的是维护君主专政的国家体制，避免因经济领域的放纵导致政治局面的动乱："是故奢侈成俗，转转相效。大夫僭诸侯，诸侯僭天子。嫁娶过度，祭葬越礼，衣服剑履乱于主上，然不自知其僭也，习为故常，偷视一切，荡然无复礼义之心。陛下又不为矫正弊，将安所底乎？"[3]据此可见，陆锡熊的崇古节俭论，凝聚了他对当时经济和政治情势的多重思考，在继承家族对经济问题敏感的基础上又与时俱进地加以变通发展，充分体现了他缜密的思维和深谋远虑的智慧。

在具体的经济政策制定层面，陆锡熊撰有《耗羡有无利弊策》一文，围绕税制中耗羡归公与否的问题，从正反两方面论证了问题的利弊所在：当耗羡未归公时"民困难苏，官箴日阙"，待雍正年间将耗羡归公的税法确定下来之后，很快便收到了显著的成效："举积弊而一空之，官吏绝依附之徒而苞苴之风息，公费有支销之款而箕敛之累除。而又即其中设养廉银两以优赡臣僚，俾官与民两受其

---

［1］［3］［清］陆锡熊：《宝奎堂集》卷二《拟循古节俭奏》，清道光二十九年（1849）陆成沅重刻本。
［2］ 刘志勇：《盛世危机：清乾隆时期的整体性腐败》，《江西社会科学》2018 年第 12 期。

便，诚万世之法程也。"[1] 既然历史的经验已经展示出耗羡归公制度的极大优越性，那么积极加以提倡实施也就显得势在必行："臣愚以为耗羡之制，斟酌尽善，固可为久远之规，今日所虑亦惟在司其事者之奉行不善而已。盖耗羡有恒数，而不肖者辄思加重，平余养廉有常支而滥费者，不免动及正帑，将恐耗羡之外更生耗羡，而利孔日开，民乏日甚，有大足为成制之害者。此前宪昭垂之下，不可无随时补救之宜也。"[2] 可以说，无论是经济领域的风气问题，还是关涉国计民生的制度问题，陆锡熊都给予了相当程度的关注，从一个侧面显示出他对微观经济问题的细节把控能力。

从宏观角度而言，陆锡熊的经济思想又不单单有向具体问题挖掘的深度，还蕴含着向系统性与学理性开拓的高度，关于这一点，陆锡熊本人或未自知，借助时人的评价与指摘，可知其整体思想的深邃与周密。吴锡麒曾称赞陆锡熊的经济思想不仅存在于他的记述之中，更为博大的体现尚在文字之外："余在京师，辱先生下交，与之言恒讷然不出于口，及其纵论古今水利、兵刑、食货诸大事，数其利弊，又如掌上螺纹，始知其经济之大，非可独于文字求之。然即以文字论，固已自有不朽在。"[3] 李元度则为展示了陆锡熊在经济史籍方面的着力脉络，指出自杜佑《通典》、马端临《文献通考》以至当朝《会典》，乃是他挖掘参考的主要依据，并且为此后同类著作的诞生起到了导夫先路的作用："先生自以蒙恩遇逾常格，不当以词臣自画，晚年益覃心经济学，尝取杜氏《通典》、马氏《通考》，合以本朝《会典》，凡食货、农田、盐漕、兵刑诸大政，皆审其因革利弊，口讲手缮之。未就而卒。其后有钦定《皇朝通典》《通考》诸书，由先生发其端也。"[4] 可见学者们对陆锡熊的经济思想，不仅具有了一定的了解与认识，而且充分注意到了其在整个学术史中的地位和价值，为全面解析陆锡熊的形象提供了难

---

[1][2] [清]陆锡熊：《宝奎堂集》卷二《耗羡有无利弊策》，清道光二十九年（1849）陆成沅重刻本。

[3] [清]吴锡麒：《宝奎堂文集序》，清道光二十九年（1849）陆成沅重刻本。

[4] [清]李元度著，易孟醇点校：《国朝先正事略》卷四二"文苑"，岳麓书社，1991年版，第1127页。

得的早期资料。

陆锡熊出生于陆氏名门，他的人生历程既显示出世家大族代代相传的某些共性，又映现出陆氏家族独有的家学传承。七世从祖陆深和祖父陆瀛龄对经济领域的措意留心，以及六世从祖陆楫经济思想对他的启示，都在潜移默化地影响着陆锡熊的经济观。与家族中先人的经济持见相比，陆锡熊的经济思想有其富于时代风貌的独特性，这便是在朴学盛行的学术背景下，将经济视角作为对传统经史之学进行再挖掘的手段，对经济问题的剖析不再单纯是就事论事，而是进一步与治国理政相结合，上升到了政治的维度，这也便很好地解释了《拟循古节俭奏》最终的落脚点，之所以在于"太平之基可立致也"，正是与陆锡熊的经济政治观密不可分的。

三、和平策略与军事书写

如果说地方志的编纂和对经济领域的热心，展现的是陆锡熊对乡邦文化建设的担当和对陆氏家学传统的继承，尚且局限在一地一族的范畴，那么对军事领域内国之大事的书写记录，就更能显示出他高瞻远瞩的家国情怀。

乾隆皇帝的雄才大略，在我国历史上可谓首屈一指，他在位期间，国富民强，文化繁荣，将"康乾盛世"推向了新的高度。更值得一提的是，在乾隆勇于进取的政策之下，清军对外展开了大规模的军事作战，地理版图不断扩大，统一的多民族国家正逐渐形成。乾隆晚年曾总结自己有"十大武功"："十功者，平准噶尔二，定回部一，打金川为二，靖台湾为一，降缅甸、安南各一，即今之二次受廓尔喀降，合为十。"[1] 在这十次军事征战中，至少有五次被陆锡熊记录，分别以表、诗歌、册文、诰命等形式，反映在他的诗文创作中。其中，奏表作为进呈给皇帝御览的文章，往往用热情洋溢的笔调歌颂战役获胜后的喜悦，虽不乏浮夸

---

[1]《西藏历史汉文文献丛刊》编辑委员会：《西藏历史汉文文献丛刊》，《钦定廓尔喀纪略》，中国藏学出版社，2006 年版，第 56 页。

和美饰的成分，却也间接再现了时代的大事。例如平定缅甸之后，陆锡熊便奏上《为王大臣贺平定缅甸表》以表达歌颂盛德的激动心情："臣等忝列具僚，恭逢盛事，奉德音而动色，如亲挟纩于军中。缄誓表而驰诚，徒愧请缨于阃外。叶止戈之为武，颂至德而运量难名。觊益地之成图，仰神规而赞扬，曷罄谱歌词于槃木，恰同胪介寿之觞，焕瑞曜于离方，喜益茂延厘之箓。"[1]

而在乾隆三十五年（1770）进献的《为总裁进〈平定准噶尔方略〉表》，又充分展现出作为是书纂修官的陆锡熊满满的学人本色，他先是在表文中简略追述了圣祖康熙和世宗雍正经略准噶尔的历史，然后介绍了这部《平定准噶尔方略》的编纂体例："《方略》曰前、曰正、曰续，汇三朝之训典而兼赅，系日、系月、系年，书两部之荡平而悉备……为书百七十卷而奇，程功讬始于亥春，阅时十有五年之久。"[2]与颂扬盛世的其他表章不同，陆锡熊的这篇表文充满了浓郁的学术气息，可谓是其军事书写中较有特色的一篇代表作。乾隆四十一年（1776），乾隆皇帝平定大小金川，陆锡熊又作《为王大臣贺平定金川表》和七言长诗《平定两金川大功告成恭纪》以示庆贺："扬波书竹罪难罄，愤懑气结均灵颢。定西将军印如斗，有诏阿桂厘中权。师仍西路更南路，副以明亮分双甄。暴腾健锐娴步伐，索伦精甲思张弩。大旗猎猎车阗阗，其一敌万徒七千。将能将兵帝将将，敌忾一意金同坚。"[3]这首长诗以简劲刚健的语言描绘了阿桂将军带领下王师出征的雄壮气势，少了些应制颂诗的机械而多了些文人边塞诗的真挚，无论从内容上还是体制上，都是对其军事书写的丰富与拓展。

除了上述以臣僚身份创作的贺表与诗歌，陆锡熊还为乾隆皇帝草拟了若干册文和诰命，同样是其军事书写的重要组成部分。乾隆三十六年（1771），游牧于额济勒（今伏尔加河）一带的土尔扈特蒙古部众，因政治、民族、宗教等多重因

---

［1］［清］陆锡熊：《宝奎堂集》卷三《为王大臣贺平定缅甸表》，清道光二十九年（1849）陆成沅重刻本。

［2］［清］陆锡熊：《宝奎堂集》卷三《为总裁进〈平定准噶尔方略〉表》，清道光二十九年（1849）陆成沅重刻本。

［3］［清］陆锡熊：《篁村集》卷七《平定两金川大功告成恭纪》，清嘉庆十三年（1808）刻本。

素的复杂影响，在首领渥巴锡、策伯克多尔济、舍楞的带领下，举部东归，回到了祖国的怀抱。为嘉奖众人深明大义的归顺行为，乾隆皇帝赐封渥巴锡为乌讷恩素珠克图旧土尔扈特部卓里克图汗，策伯克多尔济为乌讷恩素珠克图旧土尔扈特部布延图亲王，舍楞为青色特奇勒图新土尔扈特部弼里克图郡王，陆锡熊为作《封土尔扈特舍楞郡王册文》以及《封土尔扈特沙喇扣肯贝子诰命文》。此时话语者身份的转变，也促成了他在文风上的差异："沙喇扣肯，志切输忱，情殷慕化，溯漠庭之自出，少克承家，会朔部之靡宁，居思乐宇，爰叩关而请觐，乃逐队以偕朝……讫教协拱辰之义，宜无替于承恩。疏封开奕叶之祥，庶有辞于永世。"[1] 短短的诰命之中，既交待了土尔扈特部族归顺的缘由，又对归顺之后的众人提出了恭敬拱辰的殷切希望，字里行间无不彰显出天朝上国的雍容气度与庄重威严。

　　需要指出的是，陆锡熊对于国家战事的盛世书写，不可否认会因其地位立场而具有一定的美化倾向，故而不可作为信史来对待，应以辩证的眼光加以更为全面的考察。以平定缅甸事件为例，尽管在陆锡熊的笔下，缅甸很快臣服，清军取得了压倒性的胜利："头目则投戈系组，乞命须臾；缅酋则袭锦封函，革心祈请。率南人以受约，奢天威而若藿倾阳。"[2] 但从真正的史实来看，清缅双方实则僵持甚久，最终是以议和的方式结束了战争："从乾隆三十年冬至乾隆三十四年底，清军深入缅境剿逐，但屡遭败绩，四易主帅，在取得阶段性胜利后，与缅方在老官屯议和。但双方均未遵守和约，清廷闭关禁市，双方不战不和，直到乾隆五十三年，缅方纳贡，清朝正式册封缅甸国王，双方恢复宗藩关系。"[3] 要之，陆锡熊诗文中所展示出的战事赞歌，一方面倾注了他鸣时代之盛的家国情怀，另一方面也暴露了其虚美隐恶的阶级局限性，对此应当保有清晰的认识。

---

［1］［清］陆锡熊：《宝奎堂集》卷一《封土尔扈特沙喇扣肯贝子诰命文》，清道光二十九年（1849）陆成沅重刻本。

［2］［清］陆锡熊：《宝奎堂集》卷三《为王大臣贺平定缅甸表》，清道光二十九年（1849）陆成沅重刻本。

［3］李治亭：《论清代边疆问题与国家"大一统"》，《云南师范大学学报》（哲学社会科学版）2011年第1期。

参考文献

一、著作及方志

曹一士：《四焉斋诗集》，《四库全书存目丛书》影印本。

陈继儒：《捷用云笺》，《四库未收书辑刊》影印本。

陈继儒：《太平清话》，《四库全书存目丛书》影印本。

陈继儒：《偃曝谈余》，《四库全书存目丛书》影印本。

董含：《三冈识略》，《四库未收书辑刊》影印本。

董其昌：《董其昌全集》，上海：上海书画出版社，2014年版。

范镰：《云间据目抄》，《丛书集成三编》本。

范廷杰修，皇甫枢纂：乾隆《上海县志》，清乾隆四十九年（1784）刻本。

冯金伯：《词苑萃编》，《词话丛编》本，北京：中华书局，2005年版。

顾炳权：《上海历代竹枝词》，上海：上海书店出版社，2018年版。

顾公燮：《丹午笔记》，南京：江苏古籍出版社，1985年版。

顾起元：《客座赘语》，北京：中华书局，1997年版。

顾清修：正德《松江府志》，《上海府县旧志丛书·松江府卷》，上海：上海古籍出版社，2011年版。

归有光：《震川先生集》，上海：上海古籍出版社，2007年版。

郭经修：《上海志》，北京：中华书局，1940年版。

何良俊：《何翰林集》，《明别集丛刊》影印本，合肥：黄山书社，2015年版。

何三畏：《云间志略》，明天启间刻本。

胡寄窗：《中国经济思想史》，上海：上海人民出版社，1981年版。

胡文楷：《历代妇女著作考》，上海：上海古籍出版社，1985年版。

黄溍：《金华黄先生文集》，《续修四库全书》影印本。

孔齐：《至正直记》，上海：上海古籍出版社，1987年版。

李乐：《见闻杂记》，明万历间刻本。

李绍文：万历《云间人物志》，北京：人民文学出版社，2006年版。

李文耀修：乾隆《上海县志》，清乾隆十五年（1750）刻本。

李雯：《蓼斋集》，《清代诗文集汇编》影印本。

李修生编：《全元文》，南京：凤凰出版社，2004年版。

李延昰：《南吴旧话录》，上海：上海古籍出版社，1985年版。

刘祁：《归潜志》，北京：中华书局，1983年版。

陆钲纂修：《陆氏宗谱》，清乾隆二十年（1755）抄本。

陆楫：《兼葭堂稿》，《续修四库全书》影印本。

陆楫：《兼葭堂稿》，《明别集丛刊》本，合肥：黄山书社，2015年版。

陆楫等辑：《古今说海》，成都：巴蜀书社，1988年版。

陆起龙辑：《陆文裕公行远集》，《四库全书存目丛书》影印本，济南：齐鲁书社，
　　1997年版。

陆深：《俨山集》，《影印文渊阁四库全书》本，上海：上海古籍出版社，1993年版。

陆深：《俨山外集》，《影印文渊阁四库全书》本，上海：上海古籍出版社，1993年版。

陆深：《俨山续集》，《影印文渊阁四库全书》本，上海：上海古籍出版社，1993
　　年版。

陆锡熊：《宝奎堂文集》，清道光二十九年（1849）刻本。

陆锡熊：《篁村集》，清嘉庆十三年（1808）刻本。

陆锡熊：《篁村诗集》，清道光二十九年（1849）刻本。

缪荃孙等撰：《嘉业堂藏书志》，上海：复旦大学出版社，1997 年版。

莫如忠：《崇兰馆集》，《四库全书存目丛书》影印本。

《浦东辞典》编辑委员会编：《浦东辞典》，上海：上海书店出版社，1996 年版。

祁承爜：《澹生堂藏书目》，清光绪二十年（1894）会稽徐氏刻本。

钱谦益：《列朝诗集小传》，上海：上海古籍出版社，1983 年版。

单锷：《吴中水利书》，《影印文渊阁四库全书》本，上海：上海古籍出版社，1993
年版。

上海古籍出版社编：《明代笔记小说大观》，上海：上海古籍出版社，2005 年版。

上海市地方志办公室编：《上海乡镇旧志丛书》，上海：上海社会科学院出版社，
2004 年版。

上海市地方志办公室、上海市闵行区地方志办公室编：《上海府县旧志丛书》，上
海：上海古籍出版社，2011 年版。

《上海通志》编纂委员会编：《上海通志》，上海：上海社会科学出版社，2005
年版。

石英中：《石比部集》，《四库全书存目丛书》影印本。

宋如林等修，孙衍星等撰：嘉庆《松江府志》，《续修四库全书》影印本。

唐锦：《龙江集》，《明别集丛刊》本，合肥：黄山书社，2013 年版。

唐锦修：弘治《上海志》，《天一阁藏明代方志选刊续编》本。

陶宗仪：《南村辍耕录》，北京：文化艺术出版社，1998 年版。

田艺衡：《留青日札摘抄》，《丛书集成新编》本。

王大同修：嘉庆《上海县志》，清嘉庆十九年（1814）刻本。

王逢：《梧溪集》，《知不足斋丛书》本，上海古书流通处，1921 年影印本。

王夫之：《读鉴通论》，北京：中华书局，1975 年版。

王士性：《广志绎》，清康熙十五年（1676）刻本。

王世贞：《弇州山人四部稿》，《影印文渊阁四库全书》本，上海：上海古籍出版
　社，1993 年版。

王守仁撰，吴光等编校：《王阳明全集》，上海：上海古籍出版社，2018 年版。

王嗣槐：《宋诗选序》，《四库未收书辑刊》影印本。

魏源：《魏源集》，北京：中华书局，1976 年版。

夏言：《夏桂州先生文集》，《明别集丛刊》本，合肥：黄山书社，2015 年版。

谢庭薰修，陆锡熊纂：乾隆《娄县志》，乾隆五十三年（1788）刻本。

徐阶：《世经堂集》，《明别集丛刊》本，合肥：黄山书社，2015 年版。

徐树丕：《识小录》，台北：新兴书局，1985 年版。

薛瑄：《读书录》，明嘉靖三十四年（1555）刻本。

严嵩：《钤山堂集》，《四库全书存目丛书》影印本。

杨光辅：《淞南乐府》，上海：上海古籍出版社，1989 年版。

杨潜修：绍熙《云间志》，北京：方志出版社，2008 年版。

杨钟羲：《雪桥诗话续集》，民国间吴兴刘氏求恕斋刻本。

叶梦珠：《阅世编》，上海：上海古籍出版社，1981 年版，

应宝时修：同治《上海县志》，清同治十年（1871）刻本。

永瑢等撰：《四库全书总目》，北京：中华书局，1965 年版。

尤侗：《艮斋杂说》，《续修四库全书》影印本。

尤侗：《明史拟稿》，清康熙三十一年（1692）刻本。

张瀚：《松窗梦语》，北京：中华书局，1985 年版。

张廷玉等：《明史》，北京：中华书局，1974 年版。

张云章：《朴村文集》，《四库禁毁书丛刊》影印本。

张之象修：万历《上海县志》，明万历十六年（1588）刻本。

朱存理辑录，韩进、朱春峰校证：《铁网珊瑚校证》，扬州：广陵书社，2012
　年版。

朱丽霞：《明代江南家族与文学——以上海顾、陆家族为个案》，郑州：河南人民出版社，2012 年版。

卓人月：《古今词统》，沈阳：辽宁教育出版社，2000 年版。

邹逸麟、刘君德：《上海地名志》，上海：上海社会科学院出版社，1998 年版。

二、论文

陈亮霖：《晚明松江书派研究》，台湾"国立"屏东教育大学硕士学位论文，2007 年。

陈炳智：《陆深家书之研究》，台湾师范大学硕士学位论文，2009 年。

郭向东：《文溯阁〈四库全书〉的成书与流传研究》，西北师范大学博士学位论文，2004 年。

韩云珠：《陆家嘴上看潮头》，《新民晚报》2009 年 9 月 18 日。

黄彩霞：《林中的响箭——评明代中叶陆楫的经济思想》，《安徽史学》2003 年第 3 期。

江庆柏：《四库全书私人呈送本中的家族本》，《图书馆杂志》2007 年第 1 期。

李玉宝：《明清上海陆深家族作家考论》，《盐城师范学院学报》2016 年第 1 期。

李昭鸿：《陆楫及其〈古今说海〉研究》，台湾文化大学博士学位论文，2011 年。

李治亭：《论清代边疆问题与国家"大一统"》，《云南师范大学学报》（哲学社会科学版）2011 年第 1 期。

刘志勇：《盛世危机：清乾隆时期的整体性腐败》，《江西社会科学》2018 年第 12 期。

罗时进：《清代江南文化家族雅集与文学创作》，《文学遗产》2009 年第 2 期。

苗润博：《国家图书馆藏"陆费墀〈颐斋文稿〉"考辨——兼论陆锡熊对〈四库全书〉的贡献》，《中国典籍与文化》2014 年第 3 期。

施礼康：《古代上海地区私家藏书概述》，《史林》1987 年第 3 期。

司马朝军：《陆锡熊对四库学的贡献》，《图书情报知识》2005 年第 6 期。

谭其骧：《上海得名和建镇的年代问题》，《文汇报》1962 年 6 月 21 日。

王守稼：《晚明上海士大夫及其社会思潮》，《史林》1987 年第 4 期。

吴元：《〈四库全书〉官员献书群体考略》，《图书馆工作与研究》2015 年第 3 期。

王正书：《上海浦东明陆氏墓记述》，《考古》1985 年第 6 期。

杨月英：《陆深年谱》，复旦大学硕士学位论文，2008 年。

原祖杰：《文化、消费与商业化：晚明江南经济发展的区域性差异》，《四川大学学报》（哲学社会科学版）2010 年第 5 期。

张升：《陆锡熊与〈四库全书〉编修》，《史学史研究》2014 年第 2 期。

赵贤慧：《陆锡熊及其诗歌》，安徽大学硕士学位论文，2017 年。

周巍：《浦东文脉：陆深陆楫家学研究》，上海师范大学博士学位论文，2014 年。

图书在版编目(CIP)数据

　　陆家嘴与上海文化:上海陆氏家族文化研究/朱丽霞,周庆贵,薛欣欣著. —上海:上海书店出版社,2021.11
　　(江南文化研究)
　　ISBN 978 - 7 - 5458 - 2103 - 1

　　Ⅰ.①陆… Ⅱ.①朱… ②周… ③薛… Ⅲ.①家庭道德-研究-上海-明清时代 ②文化史-研究-上海-明清时代 Ⅳ.①B823.11

　　中国版本图书馆 CIP 数据核字(2021)第 195372 号

责任编辑	赵　婧　解永健
封面设计	郦书径
特约编辑	尤裕森

陆家嘴与上海文化:上海陆氏家族文化研究

朱丽霞　周庆贵　薛欣欣　著

出　　版	上海书店出版社	
	(201101　上海市闵行区号景路 159 弄 C 座)	
发　　行	上海人民出版社发行中心	
印　　刷	常熟市文化印刷有限公司	
开　　本	710×1000　1/16	
印　　张	18	
字　　数	210,000	
版　　次	2021 年 11 月第 1 版	
印　　次	2021 年 11 月第 1 次印刷	
ISBN 978 - 7 - 5458 - 2103 - 1/B·106		
定　　价	72.00 元